Vorlesungen

über die

Astronomie,

zur Belehrung derjenigen, denen es an mathematischen Vorkenntnissen fehlt.

Von

H. W. Brandes,

Professor in Leipzig.

Erster Theil.

Mit Kupfern.

Leipzig,
bei G. J. Göschen. 1827.

Vorrede.

Es wird wohl kaum einer Entschuldigung bedürfen, daß ich statt einer nöthig gewordenen neuen Auflage der Briefe über die Astronomie eine andre Art des Vortrags gewählt habe. Wenn man sein eignes Werk zum dritten Male nach einem Zeitraume von 15 Jahren wieder überarbeitet, so ist es wohl natürlich, daß man mit manchem Einzelnen nicht mehr ganz zufrieden ist, und sich einbildet, man werde in einer neuen Darstellung seinen Zweck noch besser erreichen, — wenigstens war das der Grund, warum ich diese gänzliche Umarbeitung versucht habe. Indeß glaubte ich, da meine frühere Arbeit mit dem Beifall des Publicums beehrt worden ist, den dort befolgten Plan auch jetzt im Auge behalten zu müssen, und habe daher auch in diesem veränderten Vortrage eben so wenig Vorkenntnisse vorausgesetzt und eben die einfache, möglichst verständliche und doch nicht allzu oberflächliche Darstellung beizubehalten gesucht, die ich dort mir zum Ziele gesetzt hatte.

Die Kupfertafeln aus den Briefen sind beibehalten worden, theils weil nach der Natur der Sache doch seh nahe übereinstimmende wieder erforderlich gewesen wären, theils um den Preis dieses Buches etwas zu vermindern. Das Inhaltsverzeichniß ist so eingerichtet, daß es zugleich, als ein ziemlich vollständiges Register über alle vorkommenden Kunstausdrücke, zum Nachschlagen dienen kann; und aus diesem Grunde ist es weitläuftiger, als für eine bloße Anzeige des Hauptinhaltes nöthig wäre. Daß ich mich bemüht habe, die neuesten Entdeckungen anzuführen und zu erklären, versteht sich so sehr von selbst, daß ich es kaum zu bemerken brauche.

Möge es mir gelungen seyn, auch in dieser Darstellung den Wünschen billiger Leser Genüge zu leisten, und möge meine Arbeit beitragen, die Kenntniß derjenigen Wissenschaft, die für Verstand und Gemüth so ungemein viel Befriedigendes gewährt, weiter zu verbreiten.

Leipzig d. 18. Januar 1827.

H. W. Brandes.

Inhalt.

Erste Vorlesung. Einleitung. Seite 1 — 8

Zweite Vorlesung. Auf- und Untergang der Gestirne. Fixsterne. Umdrehung der Himmelskugel. Pol. Polarstern. Aequator des Himmels. Erscheinungen der täglichen Bewegung der Himmelskugel in andern Gegenden der Erde. Zenith. Gegenden unter dem Aequator, und unter dem Pole. Das Mittagsfernrohr. Verticallinie. Parallelkreis. Meridian. Mittagskreis. Der Meridiankreis. Niveau. Wasserwage. Verticalkreis. Parallactisches Fernrohr. S. 9 — 23.

Dritte Vorlesung. Die Erde ist keine Ebne. Bestimmung der Krümmung der Erde. Polhöhe. Kugelgestalt der Erde. Bestimmung ihrer Größe. Sphäroidische Gestalt der Erde. Ihr Durchmesser in Fußen. S. 24 — 35.

Vierte Vorlesung. Durchgang der Sterne durch den Meridian. Geographische Länge und Breite. Pole und Aequator der Erde. Ungleiche Größe der Längengrade. Längenunterschied in Zeit und im Bogen. Erster Meridian. Unterschied zwischen Breite und Polhöhe auf der sphäroidischen Erde. Gebrauch der künstlichen Erdkugel. Antipoden. Gebrauch der künstlichen Himmelskugel. S. 36 — 45.

Fünfte Vorlesung. Eigne Bewegung des Mondes. Eigne Bewegung der Sonne. Ungleiche Erscheinung der Sterne in verschiedenen Jahreszeiten. Die Sonne im Widder u. s. w. Sonnenbahn am Himmel. Ecliptik. Die 12 Zeichen des Thierkreises. Nachtgleichen. Aequinoctien. Aequinoctialpunkte. Solstitien. Erscheinungen der Sonne in verschiedenen Gegenden der Erde. Zonen der Erde. Wendekreise. Polarkreise. Seite 46 — 55.

Sechste Vorlesung. Atmosphäre der Erde. Bestimmung ihrer ungleichen Dichtigkeit. Barometer. Brechung der Lichtstrahlen. Strahlenbrechung in der Atmosphäre. Refraction. S. 56 — 64.

Siebente Vorlesung. Darstellung der Erscheinungen der Sonne an der künstlichen Himmelskugel. Declination der Sonne. Zeichen der Ecliptik. Höhe und Azimuth der Sonne. Dämmerung. Helle Nächte. Zenithdistanz. Abweichung. Declination. Gerade Aufsteigung. Rectascension. Declinationskreis. Breite und Länge der Gestirne. Rückgehen der Nachtgleichen. Präcession. Wendekreise. S. 65 — 72.

Achte Vorlesung. Weg des Mondes an der Himmelskugel. Phasen des Mondes. Neumond. Mondesviertel. Vollmond. Sonnenfinsternisse. Knoten der Mondbahn. Totale, partiale, ringförmige Sonnenfinsternisse. Mondfinsternisse. Verschiedene Stellungen des Mondes nach Verschiedenheit der Jahreszeiten. Warum der Mond am Horizont größer erscheint. S. 73 — 83.

Neunte Vorlesung. Ungleiche Erscheinung der Sonnenfinsternisse in verschiedenen Standpunkten. Bestimmung der Finsternisse nach Zollen. Sternbedeckungen. Parallaxe. Horizontalparallaxe. Höhenparallaxe. Aequatorealparallaxe. Längenbestimmung durch den Mond. Chronometer. Die Planeten. Sie sind dunkle Körper. S. 84 — 95.

Zehnte Vorlesung. Zeitbestimmungen. Ein Tag. Sterntag, Sternstunde. Sonnentag. Wahrer Mittag. Wahrer Sonnentag. Mittlerer Sonnentag. Ungleichheit der wahren Sonnentage; woher sie entspringt. Schiefe der Ecliptik. Mittagslinie. S. 96 — 102.

Elfte Vorlesung. Mondenjahr. Auf- und Untergänge der Gestirne; der acronyctische und der heliacische. Schaltjahre. Ordnung derselben im Gregorianischen und im Julianischen Calender. Alter Stil, neuer Stil. Tropisches Jahr; siderisches Jahr. Vergleichung des Mondenjahrs mit dem Sonnenjahre. Berechnung der Neumonde. Mondescirkel. Goldne Zahl. Epacte. Mondesalter. Ostervollmond. Sonntagsbuchstab. Sonnencirkel. Chronologische Kennzeichen. S. 103 — 110.

Zwölfte Vorlesung. Ueber den Nutzen der Hypothesen. Rotation der Erde. Widerlegung der Einwürfe. Directer Beweiß aus Benzenbergs Fallversuchen, aus der beobachteten Rotation anderer Planeten. S. 113 — 122.

Dreizehnte Vorlesung. Directer Beweiß für die Axendrehung aus der Gestalt der Erde. Anziehende Kraft kleiner Körper auf einander; anziehende Kraft der Berge. – Ohne Rotation wäre die Erde eine Kugel. Wirkung der Schwungkraft auf der sich drehenden Erde. Ungleichheit der Schwere auf der Erdoberfläche. Gesetze des freien Falles. S. 123 — 132.

Vierzehnte Vorlesung. Bewegung geworfener Körper auf der Erde. Bewegung eines geworfnen, um die Erde laufenden Körpers. Bestimmung der den Mond in seiner Bahn erhaltenden Kraft. S. 133 — 140.

Funfzehnte Vorlesung. Nähere Betrachtung der ungleichen Entfernung der Sonne von uns. Micrometer. Scheinbare Größe der Sonne. Ungleiche Bewegung der Sonne. Bewegung der Erde um die Sonne. Einwürfe gegen die Bewegung der Erde. Scheinbare Bewegung der Venus und des Mercurius. Untere Planeten. Obere Planeten. Elongation. Obere und untere Conjunctionen. Beide Planeten sind dunkle, um die Sonne laufende Korper. Phase. S. 141 — 149.

Sechzehnte Vorlesung. Scheinbare Bewegung des Mars. Opposition. Rückläufige Bewegung, rechtläufige Bewegung. Beweise für die Bewegung der Erde aus der scheinbaren Bewegung des Mars. Noch einige Beweise für die Bewegung der Erde. S. 150 — 159.

Siebzehnte Vorlesung. Uebereinstimmung der scheinbaren Bewegung der Venus mit der Hypothese, daß die Erde sich bewegt. Erklärung der Entstehung der Jahreszeiten. Bestimmung der Umlaufszeit des Mars; Bestimmung seiner Entfernung von der Sonne. Eben die Größe für die Venus aufzufinden. Entfernung der Erde von der Sonne. Erklärung der scheinbaren Bewegungen nach Tycho's System. Heliocentrischer Ort. S. 160 — 170.

Achtzehnte Vorlesung. Bestimmung der Gestalt der Erdbahn. Keplers Methode, die Gestalt der Erdbahn, und dann die Gestalt der Marsbahn zu finden. Die Marsbahn ist eine Ellipse. Die beiden ersten Keplerschen Gesetze. Brennpunkt der Ellipse. Knoten der Bahnen. Apsidenlinie. Aphelium, Perihelium, heliocentrische Breite, geocentrische Breite. S. 171 — 178.

Neunzehnte Vorlesung. Bestimmung des Abstandes der Sonne von der Erde, nach Aristarchs Methode, durch die Parallaxe des Mars, durch die Vorübergänge der Venus vor der Sonne. Zeitpunkte dieser Vorübergänge, Grund ihrer Seltenheit und ihrer ungleichen Perioden. Orte, wo der Vorübergang am längsten und am kürzesten dauert; aus dieser

Ungleichheit hergeleitete Sonnenparallaxe. Vorübergänge des Mercurius. Tafel der Abstände und Umlaufszeiten der Planeten. Bestimmung der wahren Größe der Planeten. Tafel für die Durchmesser der Sonne und der Planeten. S. 179 — 188.

Zwanzigste Vorlesung. Newtons allgemeine Gesetze für den Lauf der Planeten. Theoretischer Grund für das erste Keplersche Gesetz. Radius Vector. Centralkräfte. Bestimmung der elliptischen Bahn. Hauptgrund gegen das Tychonische Sonnensystem. S. 189 — 198.

Ein und zwanzigste Vorlesung. Wie man die Masse der Planeten und der Sonne bestimmt hat. Fallraum der auf der Sonne freifallenden Körper. Perturbationen. Störungen. Entfernung der Fixsterne. S. 199 — 206.

Zwei und zwanzigste Vorlesung. Einige nähere Nachweisungen über die Einwirkung der Sonne auf die Bahn des Mondes um die Erde. Tabelle über die Abstände und Umlaufszeiten der Monde der übrigen Planeten. Ring des Saturns. S. 207 — 216.

Drei und zwanzigste Vorlesung. Erklärung des Rückgehens der Nachtgleichen. Es wird durch die Attraction der Sonne auf die nicht genau kugelförmige Erde hervorgebracht. Nutation der Erdaxe. Fortrücken der Mondesknoten; ungleiche Lage der Mondbahn gegen den Aequator. Fluth und Ebbe. Abhängigkeit der Erscheinungen von der Stellung des Mondes. Wirkung der anziehenden Kraft der Sonne. Wirkung des Mondes. Springfluth, Nippfluth. Masse des Mondes. S. 217 — 233

Vier und zwanzigste Vorlesung. Allgemeine Angaben über die scheinbaren und wahren Bahnen der Cometen. Parabel. Elemente der parabolisch berechneten Bahn. Halley's Comet.

Bestimmung der Bewegung in gegebenen parabolischen Bahnen. Regeln für die Bestimmung der wahren Bahn eines beobachteten Cometen. S. 234 — 247.

Fünf und zwanzigste Vorlesung. Störungen, wodurch die Bahn des Cometen von 1,70 verändert wurde. — Der Enckesche Comet. Ueberblick der bisher gewonnenen Kenntnisse. S. 248 — 255.

Einleitung.

Nacht der Welten, wie wir im dunkeln Worte schaun
Den, der ewig ist!
So schauen wir in dir, geheimnißvolle Nacht,
Den, der ewig ist!

Klopstock.

Erste Vorlesung.

Die Betrachtung des Sternenhimmels hat für jedes menschliche Gemüth etwas so Anziehendes, die Pracht seiner Weltenheere und die unwandelbare Ordnung ihrer Bewegungen hat selbst für den unkundigen Beobachter etwas so Wundervolles, daß es unter Menschen, deren Verstand nur irgend an ein Denken über das, was sie umgiebt, gewöhnt, und deren Herz nur irgend für höhere Gefühle empfänglich ist, kaum einen geben möchte, der nicht den Wunsch hegte, etwas mehr von den Erscheinungen des Himmels zu wissen, die Natur jener fernen Weltkörper erkennen, und die Gesetze ihrer Bewegungen entdecken zu können. Selbst der Ununterrichtete, so wie er im Donner die Stimme Gottes deutlicher zu vernehmen glaubt, obgleich sie mit tausend Stimmen auch aus der ihn näher umgebenden Natur zu ihm redet, so erkennt er in den Sternen die Hand der Allmacht, während er die Wunder der irdischen Schöpfung mit ungerührtem Auge ansieht. Selbst der kälter Urtheilende, dem sonst nur das fürs Leben Nützliche etwas gilt, der wissenschaftliche Bestrebungen nur so fern schätzt, als sie der menschlichen Gesellschaft wahre oder scheinbare Vortheile bringen, in dessen Seele der reine Trieb nach Wahrheit erloschen ist, — selbst dieser gesteht der Sternkunde einen über jene Rücksichten hinausreichenden Werth zu, und fühlt sich gedrungen zu bekennen, daß sie etwas durch sich selbst wissenswürdiges darbiete.

Um wie viel mehr darf ich denn nicht hoffen, daß Sie, meine hochgeehrten Herren, geneigt seyn werden, dieser Wissenschaft Ihre Aufmerksamkeit zu schenken! Ihnen ist die edle Wißbegierde nicht fremd, die in der Forschung selbst ihre Freude, und in dem Erkennen der Wahrheit ihre Belohnung findet. Sie haben nie den Gedanken in sich unterdrückt, daß das Buch der Natur nur darum offen vor uns da liegt, damit wir darin lesen sollen, daß wir mitten unter den Geschäften und Sorgen des Lebens das höhere Bedürfniß des Geistes, täglich zu tieferer Einsicht zu gelangen, nicht vergessen dürfen, und daß es eine zu der Bestimmung des Menschen wenig passende Trägheit verräth, wenn man nur dem seine ungetheilte Aufmerksamkeit widmet, was irdische Vortheile gewährt. Und in der That, das Beispiel der thätigsten Männer, denen das Gemeinwohl am meisten verdankte, zeigt, daß man bei einer wohl geordneten Thätigkeit, selbst ohne sich der geselligen Mittheilung zu entziehen, ohne sich die Freuden des Umgangs mit geistreichen Freunden zu versagen, ohne den Genuß häuslicher Freuden aufzuopfern, ohne die Erziehung seiner Kinder zu vernachlässigen, Zeit gewinnen kann, um jenem Bedürfnisse des Wissens Genüge zu thun, und Verstand und Herz mit neuen Schätzen zu bereichern.

Und wenn gleich der nächste Zweck der Untersuchungen, die ich Ihnen in diesen Stunden vorzulegen gedenke, nur der seyn wird, die Erscheinungen des Himmels, ihre Ursachen und Gesetze wissenschaftlich zu erklären, zu zeigen, auf welchem Wege die Astronomen die Kenntnisse erlangten, welche zu besitzen sie sich rühmen: so wird es doch auch nicht an Veranlassung fehlen, diejenige höhere Stimmung des Geistes zu wecken, deren Belebung man sich von keiner Wissenschaft mehr als von der Astronomie zu versprechen pflegt. Jede ächt wissenschaftliche Untersuchung auf die rechte Weise geführt, hat etwas den Geist Erhebendes in sich. Selbst der Vortrag der tiefsinnigsten mathematischen Lehren erfüllt den Leser oder Hörer mit Freude, wenn er in dem Dunkel einer ihm ganz fremden Untersuchung, zweifelnd, ob er in den ihm bekannten Sätzen Mittel zur Beantwortung der aufgeworfnen Fragen finden werde, den ersten Lichtstrahl erblickt, der ihn den Weg der weiteren Forschung entdecken läßt, wenn er allmählig immer deutlicher sieht, wie eine richtige Betrachtung des schon Bekannten ihn immer näher zu jenem, so tief verborgen geglaubten Ziele hinführt, wenn er das Ziel endlich erreicht, und statt des Labyrinths, worin er sich zu verirren fürchtete, nur die regelmäßige Fortführung der längst bekannten Wege vor sich sieht. Hier ist es nicht immer der Gegenstand, der ihn so sehr anzieht; aber Bewunderung des Lehrers, der so Verborgenes ans Licht zu ziehen wußte, Bewunderung der menschlichen Geisteskraft, die alle Tiefen so glücklich durchforscht, Freude über die eigene, durch jede Forschung neu gestärkte Kraft, die ihm die Hoffnung gewährt, in immer leichterem Fortschreiten zu einer, unendlichen Wachsthums fähigen Vollkommenheit zu gelangen, — das ist es, was ihn wärmer und inniger belebt, und ihm eine Befriedigung gewährt, die dem, bloß nach vergänglichen Zwecken Strebenden, fremd ist. Aber diese Befriedigung wird noch genußreicher, wenn die Natur uns den Gegenstand der Betrachtung darbietet. Sie schmückt jede Erscheinung mit Reizen, die schon unsre Sinne anlocken, und unsre Wißbegierde dadurch doppelt anregen. Sie läßt unsre Forschung nie unbelohnt, indem selbst da, wo wir das uns vorgesteckte Ziel der Untersuchung nicht erreichen können, wo unsre Bestrebungen in Hinsicht auf die Entdeckungen, die wir uns versprechen, ohne Erfolg bleiben, ihr unendlicher Reichthum uns auf andre Weise entschädiget, uns ungesuchte Wahrheiten finden läßt, während sie uns die zu verhehlen scheint, die wir zu finden hofften. Sie reizt auch dadurch unsern Forschungstrieb doppelt an, daß sie uns, indem wir ihre Gesetze verstehen lernen, gleichsam selbst die neuen Entdeckungen, die noch in der Ferne liegen, ahnden läßt, und statt der Freude, das Ziel unsrer Forschungen erreicht zu haben, uns die Freude gewährt, uns einen neuen, reicheren Schatz von räthselvollen Erscheinungen zu öffnen. So wie unsre Vergrößerungsgläser nie uns dahin führen werden, die feinsten Theile, vorzüglich der organischen Körper, zu erkennen, sondern immer uns noch eine regelmäßige Bildung, dessen was unserm Auge entschwindet, erblicken lassen; so wie unsre Fernröhre nie bis an das Ende der Weltenheere reichen werden, sondern uns an den letzten Grenzen unsrer geschärftesten Sehkraft stets neue Sternenheere mit immer gleicher Fülle in die Unendlichkeit ausgesäet, entgegen leuchten; — eben so zeigt sich auch die Natur unendlich reich in den Gesetzen ihrer Erscheinungen, und keine Zeit wird hinreichen, alle ihre Tiefen zu durchforschen.

Unter den Gegenständen aber, welche die Natur uns darbietet, verdient der Sternenhimmel wohl unbedenklich den ersten Platz. Ich könnte hier schweigen, denn das, was ich nur in matten Zügen schildern kann, liegt ja offen vor Ihnen, und darum führte ich Sie in diese schöne Sternennacht heraus, damit die Empfindungen, die sich in schwachen Worten nur andeuten lassen, durch das, was diese schöne Nacht Ihnen zeigt, Ihrem Geiste nahe seyn möchte; aber Sie haben mich aufgefordert zu reden, und ich wage es daher, in wenigen Worten das zu wiederholen, was in diesem Augenblicke oder in ähnlichen Augenblicken, am besten in der Stille der Einsamkeit, sich unserm Gemüthe aufdrängt.

Als wir heute diesen schönen Standpunkt betraten, brachen wir da nicht alle in das Lob dieser herrlichen Mainacht aus? — Welche Stille, welche milde Luft! — Sind es die Blüthendüfte, die von den blühenden Bäumen zu uns herauf steigen, oder ist es die milde Kühle der Nacht, die so belebend auf uns wirkt? — so redeten wir uns einander an. — Wir wurden still, um die feierliche Stille, die uns umgab, ruhiger zu genießen, dem leisen Rauschen der Bäume und dem Gesange der Nachtigall zu horchen. Da zogen die fernen Blitze, die prachtvoll am äußersten Horizonte hervorleuchten, unser Auge auf sich; — das erhabenste Schauspiel, was die Erde darzubieten vermag, in seiner ganzen Feierlichkeit, und doch mit einer milden Stille, ehrfurchtgebietend, aber nicht schreckend, lag vor uns da, und forderte uns zu Betrachtungen auf, reich genug um uns aufs würdigste zu beschäftigen. Aber dennoch konnten diese schönsten unter den irdischen Erscheinungen unsre Blicke und unsre Gedanken nicht lange fesseln, da sich unserm Auge etwas Größeres darbot. Der Mond ging unter, und nun erst traten aus dem mitternächtlichen Dunkel die Sternenheere in aller ihrer Pracht hervor; jeder neue Blick schien tiefer in den unendlichen Raum einzudringen, und neue zahllose Weltenheere uns zu enthüllen. Wer zählt ihr mächtig Heer! Ist nicht der Welten mehr, als des Sandes! —

Ich wage es nicht, die Betrachtungen auszusprechen, zu welchen dieser Anblick uns erhebt oder zu erheben vermag. Wenn unser Herz rein genug ist, um sich anbetend zu dem zu erheben, aus dessen allmächtiger Hand der Ocean der Welten hervorströmte, in welchem unser Auge und unsre Gedanken sich verlieren; wenn wir würdig sind es zu empfinden, daß wir Seines Geschlechts sind, von Ihm gestellt auf diesen Schauplatz, der Wunder Seiner Macht, Weisheit und Liebe, und berechtiget zu noch höhern Hoffnungen: so kann es keine Veranlassung geben, die diese Gedanken und Empfindungen lebhafter in uns hervor riefe; — Empfindungen, die das Reinste und Höchste enthalten, wozu der Mensch sich erheben kann. Diese Empfindungen bedürfen der Wissenschaft nicht; sie werden nicht tiefer, nicht inniger, wenn wir das näher kennen, was die Astronomen beobachtet und die Mathematiker berechnet haben; sie erheben uns vielmehr auf eine Höhe, wo selbst die erhabenste Beschäftigung des Verstandes gleichsam unter uns zurückbleibt. —— Aber der menschliche Geist ist zu schwach, um länger als Augenblicke in dieser Höhe zu verweilen; auch ist es nicht seine Bestimmung auf Erden, sich diesen Empfindungen oft und dauernd hin zu geben; ja wer sie in sich zu erzwingen strebt, raubt sich ihren wahren, vollen Genuß, er ist in Gefahr ein Frömmler zu werden, statt fromm zu seyn, und prunkvolle Worte der Andacht auszusprechen, während nur erkünstelte Gefühle, mehr sein Blut, als sein Gemüth erwärmen.

Jene Augenblicke soll unsre Wissenschaft nicht stören, ja sie kann eher mittelbar beitragen, sie herbeizuführen; aber das eigentliche, uns vorgeschriebene Tagewerk des irdischen Lebens ist Thätigkeit, also in Beziehung auf die Natur und ihre Erscheinungen, Thätigkeit des Verstandes, ernstes Streben das zu erkennen, was so wundervoll zu unsern Sinnen spricht; und dieses soll auch unser Zweck in den Unterhaltungen seyn, wofür Sie mir Ihre Aufmerksamkeit zu schenken geneigt sind.

Die Astronomie hat als Wissenschaft eine solche Vollkommenheit erreicht, daß wir im Stande sind, ihre wichtigsten Lehren auch in allgemein verständlichen Worten vorzutragen.

Diese Lehren beruhen auf so einfachen Gründen; die Folge der Schlüsse ist so natürlich, daß sie sich selbst dem als wahr und sicher zeigen, der keine mathematischen Kenntnisse besitzt. Kann dieser gleich nicht sich auf die Untersuchung einlassen, ob die Zahlen strenge richtig sind, welche der Astronom ihm angiebt, so wird er doch unbedenklich einräumen, daß die Bestimmung auf richtigen und verständlichen Gründen beruhe; er wird vielleicht fragen, ob denn die Beobachtung eine so große Schärfe erlaube, ob das Resultat der Rechnung strenge genau oder nur annähernd sey; aber ein Zweifel, ob der Astronom uns die Gesetze der Erscheinungen richtig angebe, ob wirklich das Weltgebäude so angeordnet sey, ob wir seine Größe auszumessen und seine Anordnung zu übersehn vermögen, wird ihm kaum übrig bleiben, weil er die Gründlichkeit der Schlüsse beurtheilen kann und sie anerkennt.

Um aber zu dieser Einsicht zu gelangen, müssen wir von der einfachsten Beobachtung der Gestirne anfangen; müssen nach und nach die Fragen aufwerfen, die sich dem Beobachter darbieten; müssen selbst aus den Beobachtungen uns die Antworten auf diese Fragen entwickeln: — dann wird es uns nicht schwer seyn, das gleichsam selbst aufzufinden, was wir als System der Astronomie aufzustellen pflegen.

Ich bin überzeugt, daß Sie diesen Untersuchungen nicht ohne lebhafte Theilnahme folgen werden; und wenn es mir gelingt, sie Ihnen mit der Einfachheit und Klarheit zu entwickeln, deren diese Entwickelung fähig ist, so hoffe ich, werden Sie theils in den Gesetzen und in der Ordnung, welche wir in den Bewegungen der Himmelskörper entdecken, theils in dem Scharfsinne, mit welchem man zu Entdeckung derselben gelangt ist, einen reichen Stoff zu der angenehmsten und würdigsten Unterhaltung finden.

Darstellung

der

scheinbaren Bewegung der Himmelskörper,

und der daraus unmittelbar hervorgehenden Folgerungen.

Sphärische Astronomie.

Die heitre Welt der Wunder ists allein,
Die dem entzückten Herzen Antwort giebt,
Die ihre ew'gen Räume mir eröffnet,
Mir tausend Zweige reich entgegen streckt,
Worauf der trunkne Geist sich selig wiegt.

Schiller.

Zweite Vorlesung.

Die erste Erscheinung, welche sich dem Beobachter des Himmels darbietet, ist der Aufgang und Untergang der Gestirne. Nicht bloß die Sonne und der Mond kommen zu bestimmten Zeiten im Osten über dem Horizonte hervor, und entziehen sich in Westen unserm Auge wieder, sondern auf ähnliche Weise sehen wir in jeder Stunde der Nacht neue Sterne über dem östlichen Horizonte hervorkommen, während andre in Westen sich hinter der Erde verbergen, oder durch die Gegenstände, welche dort den Gesichtskreis begrenzen, verdeckt werden. Aber hiebei zeigen sich mancherlei Ungleichheiten, welche Sie, da Ihnen die Himmelsgegenden hinreichend bekannt sind, leicht selbst beobachten können. Richten Sie Ihre Aufmerksamkeit auf einen ziemlich genau in Osten aufgehenden Stern: so sehen Sie ihn allmählig höher steigen, nach Süden zu fortrücken, und im Süden seine höchste Stellung erreichen, Sie sehen ihn dann gegen Westen herabwärts gehen, und in Westen sich unter die Grenze des Gesichtskreises oder unter den Horizont verlieren. — Beobachten Sie dagegen einen in Südost aufgehenden Stern, so bemerken Sie, daß auch er im Süden am höchsten steht, aber nicht die Höhe wie der vorige erreicht, und daß er in Südwesten untergeht; Sie bemerken, daß er weniger lange als jener über dem Horizonte verweilt, und daß die Dauer seines Verweilens über dem Horizonte desto kürzer ist, je näher dem Südpunkte er aufgeht und je geringer die Höhe ist, zu welcher er sich erhebt. — Sterne dagegen, die in Nordost aufgehen, beschreiben einen sehr hohen und weiten, erst in Nordwest den Horizont wieder treffenden Bogen, und verweilen lange über unserm Horizonte.

Um diese Erscheinung selbst zu beobachten, richten Sie Ihre Aufmerksamkeit auf die in den jetzigen Frühlingsmonaten Abends erscheinenden, aber am südlichen Horizont nur einen kleinen Bogen durchlaufenden Sterne des Centauren, die nur auf kurze Zeit aus den Dünsten des Horizonts hervortreten, und vergleichen Sie mit der Erscheinung dieser Sterne den weiten Bogen, welchen der helle Stern in der Leier durchläuft; dieser steigt, nachdem er wenig von Norden entfernt aufgegangen ist, in Osten herauf, und obgleich Sie ihn bei der Kürze der Sommernächte nicht durch seinen ganzen Bogen verfolgen können, so bemerken Sie doch im Zeitraume einiger Stunden, daß er bis grade über uns hinaufsteigt, und in seinem weiten Bogen erst nahe gegen Norden zu, den Horizont wieder erreichen würde. Eine ähnliche Beobachtung können Sie zu jeder Jahreszeit anstellen, wenn Sie Sterne nahe am südlichen Horizont sich bemerken, und mit ihrem Wege denjenigen vergleichen, welchen die in Nordost heraufsteigenden Sterne durchlaufen.

Die Sterne in der Leier und eben so alle die, welche sehr nahe gegen Norden hinaufgehn, verweilen nur sehr kurze Zeit unter dem Horizonte; aber es giebt nun sogar Sterne, die nie untergehn.

Wenn wir nämlich die Sterne ins Auge fassen, welche sehr nahe am nördlichen Horizonte stehen, so sehen wir, daß sie von Westen her fortrückend sich zwar dem Horizonte nähern, ihm in Norden am nächsten kommen, aber sich dann, ohne unterzugehen, wieder erheben, und einen ganzen Kreis am Himmel durchlaufen. Dieser Kreis ist kleiner bei den Sternen, die höher über dem nördlichen Horizonte stehen, und daher erscheint uns zum Beispiel die Bewegung der Sterne im kleinen Bären viel langsamer, als die Bewegung der Sterne des großen Bären; ja es giebt einen Ort am nördlichen Himmel, wo die Sterne fast gar keine Bewegung zeigen, so daß wir namentlich den Polarstern, der im Schwanze des kleinen

Bären steht, zu jeder Stunde der Nacht fast genau in derselben Stellung finden.

Wenn wir diese Erscheinungen alle mit Einem Blicke zu übersehen suchen, so zeigt sich uns der ganze Sternenhimmel als eine Kugel, die sich, wie um eine Axe gedreht, um uns bewegt. Die Sterne behalten unter sich genau einerlei Stellung, während sie ihren Kreislauf, der ungefähr eine Zeit von 24 Stunden fordert, vollenden; wir finden zum Beispiel die 7 Sterne im großen Bären immer als dieselbe Figur bildend wieder, er mag ganz tief im Norden, den Schwanz nach Westen gekehrt, stehen, oder wir mögen ihn hoch gegen den Scheitelpunkt hinauf erblicken, wo sein Schwanz gegen Osten gewandt ist; — und nicht bloß ist diese gegenseitige Stellung gleich geblieben, während wir die Sterne kennen, sondern alle Beobachtungen zeigen uns, daß selbst vor Jahrtausenden die Sternbilder sich eben so wie jetzt zeigten. Aus diesem Grunde heißen diese Sterne Fixsterne.

Diese, als unveränderlich erscheinende Sternenkugel, die sich über uns wölbt, und die Erde umfaßt, scheint sich also mit einer täglich gleichen Bewegung um die Erde zu drehen, und zwar so, daß ein Punkt, der nahe bei der Schwanzspitze des kleinen Bären liegt, der Angelpunkt oder Pol dieser Drehung ist, weshalb auch der beinahe mit ihm zusammen treffende Stern, Polarstern heißt; die ihm benachbarten Sterne durchlaufen kleine; die von ihm entfernteren Sterne größere Kreise bei ihrer täglichen Bewegung. *)

Sie werden es mir wohl nicht verdenken, m. h. H., daß ich Sie hier und noch eine geraume Zeit von dieser Sternenkugel so unterhalte, als ob sie eine feste Kugel wäre; — die Beobachtung zeigt uns für jetzt noch nichts anders, und da wir nur beobachtend ein System zu bilden, uns vorgesetzt

*) Wenn man den großen Bären kennt, so findet man den Polarstern leicht, wenn man durch die Sterne a. b. (Fig. 1.) eine Linie zieht; der nächste größere Stern, den diese Linie trifft, ist der Polarstern.

haben, so wäre es unrecht, wenn wir jetzt schon mehr andeuten wollten, als diese ersten Beobachtungen ergeben. Wir befinden uns jetzt ganz in dem frühesten Kindesalter der Astronomie, wo wir Sonne und Gestirne als im entfernten Ocean weit jenseits der Grenzen bekannter Länder, auf- und untergehend ansehen, und über die wahre Gestalt der Erde und die Entfernung der Gestirne noch keine Fragen aufzuwerfen wagen.

Die Frage aber werfen wir mit Recht auf, ob denn jene Behauptung, daß eine sich drehende Sternkugel alle Erscheinungen erkläre, in strengerem Sinne richtig sey, denn die bisher nur erwähnten, oberflächlichen Beobachtungen können hierüber keine vollkommene Entscheidung geben. Wir wollen, um diese Frage zu beantworten, uns sogleich mit einer Kugel ausrüsten, auf welcher mit einiger Genauigkeit, so gut es möglich seyn mag, die Sterne aufgezeichnet sind; wir wollen sie so befestigen, daß sie sich um eine Axe drehe, deren eines Ende P (Fig. 2.) dem Schwanze des kleinen Bären nahe ist, das andre ihm gegenüber liegt. Bei der Drehung der Kugel um die Axe P S sehen wir dann, daß die dem Punkte P nahe stehenden Sterne kleinere Kreise, die von ihm entfernteren, größere Kreise durchlaufen, und daß derjenige Kreis A Q am größesten ist, der sich in gleichen Entfernungen von beiden Enden der Axe P S befindet. Dieser Kreis heißt der Aequator des Himmels. Da alle Sterne ihren Kreislauf in 24 Stunden vollenden, so muß uns die Bewegung der im Aequator stehenden Sterne am schnellsten erscheinen, und die über den Aequator hinaus, gegen F G zu stehenden Sterne, müssen schon wieder eine langsamere Bewegung haben. Und dieses findet sich in der That so. Wenn man ein Fernrohr so aufstellt, daß es unverrückt die ihm einmal gegebene Stellung behält, so kann man leicht die Zeit beobachten, die ein Stern gebraucht, um das Feld des Fernrohres ganz zu durchlaufen, wenn man das Fernrohr so gestellt hat, daß er durch die Mitte des Feldes rückt. Bei der Beobachtung dieser Zeit, in welcher der eine oder der andre Stern durch das Feld des Fernrohrs geht, findet man die eben erwähnte Verschiedenheit. Braucht zum Beispiel in einem Fernrohr *) einer der Sterne im Flugel der Jungfrau (welcher dem Aequator nahe steht,) 3 Minuten der 180 Secunden, um durch das Feld des Fernrohrs zu gehn, so braucht die tief im Süden stehende Schulter des Centauren 220 Secunden; nur einige Secunden mehr gebraucht der Stern im Halsbande des Jagdhundes, weil jener südwärts fast eben so weit als dieser nordwärts vom Aequator steht; die Sterne im Schwanze des Drachen, nahe über dem Rücken des großen Bären, gebrauchen 550 Secunden, und so ferner. Diese Zeiten stimmen, wenn man sie berechnet, genau mit der Größe der Kreise überein, die sie nach ihrem Abstande vom Pole durchlaufen. **)

Auch von der Gleichförmigkeit der Umdrehungsbewegung und der täglich völlig gleichen Wiederkehr der Erscheinungen, können wir uns durch eine leichte Beobachtung überzeugen. Lassen wir nämlich das Fernrohr in immer ungeänderter Stellung, so rücken nach und nach andre Sterne vor demselben vorbei, und wenn wir nur bei denjenigen die Zeit des Vorübergangs beobachten, die genau den Durchmesser des Feldes durchlaufen, so ist die Zeit des Durchganges bei ungeänderter Stellung für alle gleich, und nach 24 Stunden erscheint jeder aufs Neue im Fernrohr. Es läßt sich nämlich, weil die Axe der Himmelskugel ihre Lage unveränderlich behält, leicht übersehen, daß wenn das Fernrohr einmal gegen den Aequator gerichtet ist, alle vorbei rückende Sterne sich im Aequator befinden; ist es einmal auf Sterne gerichtet, die genau in der

*) Statt der hier genannten Sterne kann man auch andre wählen, und wird immer ähnliche Verhältnisse für die am Aequator, und die mehr oder minder davon entfernt stehenden Sterne finden.

**) Um den Aequator am Himmel leicht aufzufinden, will ich hier einige Sterne bemerken, die ihm nahe stehn. Der unterste Stern im Kopfe des Wallfisches, der oberste im Gürtel des Orion, (Fig. 7.) der Hinterfuß des Löwen, und zwei ansehnliche Sterne im unteren Flügel der Jungfrau, der Stern in der Brust des Antinous, und das Wassergefäß des Wassermannes.

Mitte zwischen dem Pole und dem Aequator stehen, so sind alle durchgehende Sterne gleichfalls in der Mitte zwischen Pol und Aequator, und so weiter.

* *

Bisher haben wir die Erscheinungen der Sterne bloß so betrachtet, wie sie sich uns grade auf unserm jetzigen Standpunkte darstellen; aber mit Recht fragen wir, ob denn alle Bewohner der Erde diese Erscheinungen ganz eben so sehen? — Das ist nicht in allen Rücksichten der Fall! — Wenn wir in südlichern Gegenden reisen, so sehen wir zwar die Umdrehung der ganzen Sternenkugel auf eben die Weise; aber der Polarstern und der ihm nahe liegende Pol des Himmels selbst, erscheinen dem nördlichen Horizonte näher; daher gehen manche Sterne unter, die in unsern Gegenden den Horizont nie erreichen. Dagegen sieht man die Sterne, die bei uns nur einen kleinen Bogen am südlichen Himmel durchlaufen, viel höher herauf steigen, und südlich von ihnen erscheinen Sterne, die wir nie zu sehen bekommen. Setzt man diese südwärts gerichtete Reise weiter fort, so gelangt man in eine Gegend, wo der Nordpol ganz zum Horizont herabgesunken ist, wo die Sterne der Jungfrau, des Antinous, die Sterne im Gürtel des Orion, welche alle sich in der Nähe des Aequators am Himmel befinden, nahe am Scheitelpunkte (oder Zenith) vorbeigehen, und wo die Sterne am südlichen Horizonte ihre Stellung eben so langsam ändern, wie die den Nordpol umgebenden Sterne, oder mit andern Worten, wo man den Südpol des Himmels ungefähr im südlichen Horizonte sieht, den Nordpol im nördlichen Horizonte. Diese Gegend, die wir unter dem Aequator liegend, nennen, genießt also des Vorzuges, alle Sterne zu sehen, die es an der Himmelskugel giebt; statt daß es für uns eine Menge nie aufgehender und daher uns ganz unbekannter Sterne giebt, erscheinen sie dort in den verschiedenen Stunden der Nacht alle vom Nordpol bis zum Südpol. Alle verweilen 12 Stunden über dem Horizonte und eben so lange unter dem Horizonte; und es giebt dort keine nie untergehende Sterne, so wie es keine nie aufgehende giebt. Reiset man noch weiter südwärts, so erhebt sich der Südpol des Himmels über den Horizont, die Sterne, die ihn umgeben, gehen nun nicht mehr unter; aber dagegen gehen die Sterne des kleinen Bären und andre dem Nordpole nahe stehende Sterne nicht mehr auf, sondern bleiben gänzlich unter dem Horizonte verborgen. In diesen Gegenden also sind die Erscheinungen denen ganz ähnlich, welche wir in unserm Wohnorte nördlich vom Aequator beobachten, nur mit dem Unterschiede, daß es dort der Südpol mit den ihn umgebenden Sternen ist, der sich über dem Horizonte befindet, daß der Aequator des Himmels dort nördlich vom Zenith liegt, und daß die in Osten aufgehenden Sterne in Norden ihre größte Höhe erreichen.

Ich habe wohl kaum noch nöthig zu erwähnen, was wir auf einer nach Norden gerichteten Reise bemerken würden. Dort würde uns, je weiter wir nach Norden gelangten, desto mehr, der Nordpol gegen den Zenith herauf rücken; Sterne, die bei uns noch auf einige Zeit sich unter dem Horizonte verbergen, würden nicht mehr untergehen; die südlichen Sterne, die bei uns nur eine geringe Höhe erreichen, würden gar nicht mehr aufgehen. Die ganze Himmelskugel scheint sich dort um eine mehr nach dem Zenith zugekehrte Axe zu drehn, und wenn nicht das ewige Eis im hohen Norden uns hinderte, so würden wir endlich an einen Punkt gelangen, wo der Nordpol des Himmels gerade über uns, im Zenith, stände, und alle Sterne ganze Kreise, mit dem Horizonte parallel, durchliefen. An diesem Orte, den wir unter dem Pole liegend, nennen würden, geht, wie wir nach allen Erscheinungen schließen dürfen, kein Stern auf oder unter, sondern die einmal sichtbaren Sterne durchlaufen ihre ganzen Tagekreise oberhalb des Horizonts, die übrigen aber, alle Sterne nämlich, die südlich vom Aequator stehen, werden dort nie sichtbar.

In allen Gegenden der Erde also bieten sich die Erscheinungen als einer sich um uns drehenden Sternenkugel entsprechend dar, und zeigen nur darin eine Verschiedenheit, daß der Horizont am einen Orte Sterne verdeckt, die am andern sichtbar werden. Wo wir uns auf der Erde befinden mögen, immer glauben wir im Mittelpunkte dieser großen Sternenkugel zu seyn; wir bemerken nicht, daß wir den südlichen Sternen näher gekommen sind, wenn wir südwärts gereist sind, und sehen daraus, daß Reisen von 1000 Meilen so gut wie gar nichts sind, gegen die Größe dieser ungeheuern Kugel.

* *

Die Folgerungen, die sich hieran knüpfen lassen, will ich für unsre nächste Unterhaltung aufsparen; dagegen aber Sie jetzt noch mit einigen Bemerkungen, über die Instrumente, deren man sich zu genaueren Beobachtungen bedient, unterhalten.

Unter diesen nimmt das Mittagsfernrohr den ersten Platz ein. Bekanntlich ist es Mittag, wenn die Sonne in Süden steht, und diese Himmelsgegend selbst wird daher auch gegen Mittag liegend, genannt. Jenes Fernrohr ist dazu bestimmt, die Sterne genau in ihrer höchsten Stellung über dem Horizonte zu beobachten, und muß daher höchst sorgfältig nach dem genauen Süden, wo dieser höchste Stand erreicht wird, gerichtet seyn, zugleich aber sich auf Sterne in verschiedenen Höhen richten lassen. Es ist deshalb mit einer gegen das Fernrohr senkrechten Axe verbunden, deren genau rund gedrehte Enden auf zwei Unterlagen ruhen. Dieser Axe giebt man eine, mit der größten Sorgfalt berichtigte, horizontale Lage, damit bei der Drehung sich das Fernrohr in einer gegen die Erde senkrechten Richtung bewege. Wir wollen annehmen, diese Axe sey aufs genaueste von Osten gegen Westen gerichtet, und völlig horizontal, so steht das Fernrohr, man mag es höher oder niedriger richten, immer gegen Sterne gewandt, die sich genau südlich vom Scheitelpunkte, oder wenn man es bis nach der Nordseite hinüber wendet, die sich genau nördlich vom Scheitelpunkte befinden. In diesem Fernrohre ist ein verticaler, das ist gegen den Horizont senkrechter, Faden ausgespannt, der durch die Mitte des Feldes geht, welches man übersieht; wenn alles vollkommen eingerichtet ist, so stehen die Sterne genau am höchsten, oder die im Norden unterhalb des Poles vorbeigehenden, genau am tiefsten, wenn sie an diesem Faden vorbeigehen. Ein Zweck dieses Instruments, der sich schon jetzt erklären läßt, ist der, zu bestimmen, in welchen Abständen die Sterne, die einen gleichen Kreis am Himmel beschreiben, nach einander folgen. Denn wenn man eine sehr genau gehende Uhr hat, die völlig strenge 24 Stunden anzeigt, von einem Durchgange eines Sternes bis zum nächsten Durchgange desselben Sternes durch das Fernrohr; so wird man, bei unveränderter Stellung des Fernrohrs, allen Sternen, die 1 Stunde oder 2 Stunden nach jenem, zuerst beobachteten, hinter dem Faden des Fernrohrs vorbei gehen, ihre genaue Stelle auf dem Kreise, auf welchem sie sich sämmtlich befinden, und der ein Parallelkreis des Aequators heißt, anweisen können. Wenn man also diese Beobachtung in verschiedenen Höhen, bei verschiedenen Stellungen des Mittagsfernrohrs, anstellt, so erhält man bei jeder neuen Stellung eine neue Folge von Sternen, die man in Rücksicht auf ihre gegenseitige Lage, in der Richtung von Ost nach West kennen lernt. Doch ist dieß nicht das einzige: sondern wenn die Uhr mit immer gleichem Gange fortgeht, so kann man auch für Sterne auf verschiedenen Parallelkreisen bestimmen, welcher der östlichere oder westlichere ist; denn wenn ich gestern einen, nahe am Zenith stehenden Stern, genau hinter dem Faden sah, als es 1 Uhr war, soweiß ich, daß er, weil ich des Ganges meiner Uhr sicher bin, auch heute genau um 1 Uhr wieder hinter dem Faden erscheint; richte ich also um eben die Zeit das Fernrohr heute auf niedrigere Sterne, und beobachte dort einen Stern um 1 Uhr 2 Secunden, so weiß ich, daß er um so viel als diese 2 Secunden fordern, östlicher als jene, aber freilich in einem ganz andern Parallelkreise steht.

Wenn wir also, wie es auf unsern künstlichen Himmelskugeln (Fig. 2.) geschieht, welche die Sterne in ihrer richtigen Ordnung darstellen, die Kreise von einem Pole zum andern ziehen, die man Meridiane oder Mittagskreise nennt, so lehrt das Mittagsfernrohr uns, welche Sterne auf demselben Meridiane stehen, oder zu gleicher Zeit ihre höchste Stellung erreichen, und an welchen verschiedenen Meridianen wir die Sterne aufzutragen haben, die nicht gleichzeitig im Süden erscheinen. Denn wenn wir die ganze Kugelfläche durch solche, gleich weit von einander entfernte Meridiane, in 24 genau gleiche Theile zerlegten, und irgend einen Stern auf einen derselben aufzeichneten, so würden offenbar die Sterne, welche innerhalb einer Stunde nach jenem durch das Fernrohr gingen, in der ersten Abtheilung ihren Platz finden, die Sterne hingegen, welche im Verlauf der zweiten Stunde beobachtet wären, würden in die zweite Abtheilung gehören, und es wäre leicht, durch eine Theilung in halbe Stunden, Viertelstunden u. s. w. ihnen ihren Platz noch genauer anzuweisen.

Doch damit wissen wir nur, wie die Sterne auf einander folgen, aber noch nicht, in welcher Stellung wir sie, den einen dem Pole näher, den andern weiter entfernt vom Pole, auftragen sollen; es ist daher noch ein zweites Instrument nöthig, um diesen Mangel zu ersetzen. Dazu dient am besten der Meridiankreis, — ein in Grade, Minuten u. s. w. getheilter, ganzer Kreis, der ebenfalls genau gegen Süden und Norden gerichtet, im Meridiane aufgestellt ist, oder auch der, in Fig. 12. und 14. abgebildete Quadrant. An ihm wird das Fernrohr ebenfalls in die verschiedenen Stellungen gebracht, die jeder durch den Meridian gehende Stern fordert, und man beobachtet den Durchgang des Sterns durch den Mittelfaden des Fernrohrs. Aber da man hier nun zugleich am Kreise abliest, wie weit die Richtung des Fernrohrs vom Horizont, oder noch besser, wie weit sie vom Pole des Himmels entfernt ist, so hat man damit sogleich diejenige Bestimmung für jeden Stern, die wir so eben noch vermißten.

Ich übergehe die Beschreibung der Einrichtungen, die hier stattfinden, um sich zu überzeugen, daß der Stern genau durch die Mitte des Fernrohrs gehe, die Einrichtungen, welche dazu dienen, um selbst bis auf die feinsten Theile genau die Verschiedenheit in der Stellung anzugeben, und alles andre, was zu einer umständlichen Beschreibung der Instrumente führen würde; da es bekannt genug ist, daß die Künstler es hierin bis zu einem ungemein hohen Grade von Genauigkeit gebracht haben, so besorge ich eben nicht, daß Sie die Möglichkeit sehr genauer Beobachtungen mit diesen Instrumenten bezweifeln werden.

Dagegen gehört hieher die Beantwortung der Frage, wie man sich der genau richtigen Aufstellung versichert. Bei dem Mittagsfernrohr kömmt es, sobald der Künstler das seinige richtig gethan, die Axe der Drehung genau senkrecht auf die Mittellinie des Fernrohrs angebracht, und die runden Zapfen der Axe genau cylindrisch gedreht hat, nur darauf an, daß man die Drehungsaxe genau horizontal, und genau von Osten nach Westen gerichtet, aufstelle. Da man diese Stellung nicht sogleich ganz strenge erhalten kann, so sind an der Axe Schrauben angebracht, die zur Berichtigung der Fehler beider Stellungen dienen, vermittelst welcher man nämlich die eine Unterlage ein wenig heben und senken, und auch sie nach horizontaler Richtung so verrücken kann, wie es erforderlich ist, um der Axe die Richtung von Osten nach Westen zu geben. Um zu finden, ob es in Beziehung auf die horizontale Lage der Axe noch einer Berichtigung bedarf, bedient man sich eines, an der Axe angebrachten Niveaus, und diese Wasserwaagen richten die Künstler so genau ein, daß sie die horizontale Stellung fast ohne irgend einen Fehler angeben; die Schraube muß also so lange nachhelfen, bis in dieser Hinsicht die Stellung richtig ist.

Um zu untersuchen, ob die Richtung von Westen nach Osten richtig ist, oder ob das Fernrohr bei seiner Drehung wirklich immer auf Sterne gerichtet bleibt, die genau in Süden oder Norden stehen, wendet man es am besten gegen nördliche Sterne, die man sowohl unterhalb als oberhalb des Poles durch den Meridian gehen sieht. Jeder Stern verweilt genau eben so lange an der Ostseite, als an der Westseite des wahren Meridians, das ist: des von Norden nach Süden, oder durch den Pol gezognen und durch das Zenith gehenden Kreises, und für die Sterne also, deren Durchgang man sowohl oberhalb als unterhalb des Poles beobachten kann, brauchen wir nur Achtung zu geben, ob zwischen diesen Durchgängen genau zwölf Stunden verfließen. Ist die Axe genau horizontal, so bewegt sich das Fernrohr gewiß in einem Verticalkreise, das heißt: in einem Kreise, der durch den Scheitelpunkt geht, also senkrecht gegen den Horizont ist; wenn nun dieser vom Mittagskreise abweicht, so liegt der Pol, um welchen die Sterne ihre Bewegung vollenden, nicht genau in ihm, sondern etwa wie B in Fig. I. wenn DAE jener verticale Kreis ist. Da nun bei dieser unrichtigen Lage die Tagekreise eines Sternes von diesem Kreise nicht in zwei gleiche Hälften getheilt werden, so ist die Zwischenzeit zwischen den beiden Durchgängen des Sterns durch das Fernrohr, nicht 12 Stunden, sondern größer für die eine Hälfte, kleiner für die zweite Hälfte, und man muß daher die Stellung verbessern, bis beide Zwischenzeiten gleich werden. Auf eine ähnliche Weise wie das bloße Mittagsfernrohr, bringt man auch den Mittagskreis in seine richtige, nach Süden gewandte Stellung. Bei ihm ist noch eine dritte Berichtigung der Stellung nöthig, wenn man auf ihm sogleich die richtigen Abstände vom Pole will ablesen können; aber darauf komme ich in der Folge zurück.

Dagegen will ich jetzt doch noch die Aufstellung des Fernrohrs erwähnen, die man parallactisch nennt. Das Mittagsfernrohr, es mag nun allein stehn oder mit dem Mittagskreise verbunden seyn, ist zwar sehr bequem zu genauen Bestimmungen, die bloß den Ort des Sternes angeben sollen, dient aber gar nicht, um ein Gestirn längere Zeit und außer dem Meridian zu beobachten; vielmehr geht der Stern in kurzer Zeit vorüber, und da das Fernrohr nach dieser Richtung hin nicht fortgerückt werden kann, so ist die Beobachtung in einem sehr engen Zeitraume begrenzt. Bei der parallactischen Aufstellung des Fernrohrs findet dagegen eine freie Drehung um eine Axe, die der Himmelsaxe das ist, der nach dem genauen Himmelspole gezognen Linie parallel gestellt ist, statt, und hier kann man daher den Stern so lange man will verfolgen. Bei jeder Stellung des Sternes nämlich bleibt ja sein Abstand vom Pole, das ist der Winkel, den die vom Auge nach dem

Sterne und nach dem Pole gezognen Linien mit einander machen, ungeändert; wenn also die Axe CD (Fig. II.) immer gegen den Pol gerichtet ist, das Fernrohr AB aber mit ihr unter einem unveränderlichen Winkel verbunden bleibt, so braucht man nur AB um die Axe CD zu drehen, um den Stern im Fernrohre zu behalten. Diese parallactischen Instrumente sind so eingerichtet, daß man das Fernrohr in jedem Winkel gegen die Axe feststellen kann, während diese fest aufgestellt, ihre Richtung immer behält, und dadurch kann man also für Sterne, die minder oder mehr vom Pols entfernt sind, die angemessene Richtung erhalten, und genießt so, wenn die Axe richtig steht, den Vortheil, daß man ohne langes Aufsuchen, wenn man den Stern einmal im Felde hatte, ihn immer selbst dann, wenn er zum Beispiel, bei Tage nur schwach sichtbar ist, leicht wieder auffinden kann.

Diese Bemerkungen über Instrumente mögen für jetzt genügen.

Dritte Vorlesung.

Die Beobachtungen, welche man an verschiedenen, nordwärts oder südwärts von einander liegenden Orten über die tägliche Bewegung der Sterne angestellt hat, führen uns zwar nicht zu einer nähern Kenntniß der Sternenkugel, aber sie geben uns eine Bestimmung der Gestalt der Erde.

Wenn wir die Oberfläche der Erde, so wie eine Land-Ebne sie uns darstellt, betrachten, so finden wir eben keinen Grund sie für etwas andres anzusehen, als im Ganzen für eine Ebne. Am Meere belehrt uns eine etwas sorgfältigere Aufmerksamkeit, daß sehr entlegne Gegenstände, Schiffe zum Beispiel, die wir sich vom Ufer entfernend sehen, uns nicht bloß durch ihre Entfernung unkenntlich werden, sondern je weiter sie sich entfernen, desto mehr vom Meerhorizonte verdeckt werden, so daß wir den untern Theil des Schiffes nicht mehr sehen können, während Masten und Segel noch deutlich über dem Rande des Horizontes hervorragen. Aber diese schwache Andeutung, daß die Meeresfläche gewölbt, keine vollkommene Ebne sey, würde uns über die Gestalt der ganzen Erde doch nur sehr unvollständig belehren.

Jene Beobachtungen der Sterne dagegen zeigen uns sogleich einen Weg, um die Gestalt der Erde vollständiger zu bestimmen. Auch sie zeigen zuerst nur, daß die Erde gewiß keine Ebne seyn kann. Denn wenn es auch allenfalls denkbar wäre, daß auf einer ungemein großen Ebne bei einer südwärts gerichteten Reise die nördlichen Sterne sich dem Horizonte zu nähern, die südlichen höher über ihm herauf zu steigen schienen, so würden doch unmöglich ganz neue Sterne oberhalb des südlichen Horizontes erscheinen können; ja auch jenes Herabsinken der nördlichen, und jenes Höherrücken der südlichen Sterne könnte nur stattfinden, wenn die Sterne nicht so ungemein weit von uns entfernt wären, wie wir es aus andern, schon angeführten Gründen, anzunehmen berechtiget sind. Die Erde hat also unstreitig eine von Norden gegen Süden gekrümmte Oberfläche, deren Gestalt wir zuerst in Beziehung auf diese Richtung wollen kennen zu lernen suchen.

Hiebei bietet sich uns, wenn wir jene in verschiedenen Gegenden angestellten Beobachtungen recht verstehen lernen wollen, zuerst die Frage dar, was denn eigentlich unsern Horizont bestimmt, und warum dieser uns andere Sterne zu sehen erlaubt, als Beobachtern an andern Orten. Wenn wir von Bergen und Thälern, von den geringen Ungleichheiten auf der Oberfläche der Erde, absehen, oder am besten, wenn wir uns auf das Meer versetzen, so können wir uns leicht überzeugen, daß wir nur einen sehr geringen Theil von der gewölbten Oberfläche desselben übersehen. Ohne jetzt schon behaupten zu wollen, daß die Erde eine Kugel sey, läßt sich dieß an einer Kugel von nicht zu geringer Größe am besten deutlich machen. Befestigen Sie auf einer Kugel von etwa zwei Fuß Durchmesser eine kleine Nadel, an deren oberem Punkte ein

Faden angeknüpft ist; so werden Sie diesem Faden rund um die Nadel herum Richtungen geben können, in welchen er die Kugel berührt. Wäre nun da, wo der Faden an der Nadel befestiget ist, ein Auge, so würde dieses, da das Licht in geraden Linien zu uns kömmt, von der Oberfläche der Kugel nur denjenigen Theil übersehen, der innerhalb jener durch den Faden angegebenen Berührungspunkte liegt. Alles was darüber hinaus ist, liegt hinter der Wölbung der Kugel versteckt, und die Linie, welche der berührende Faden auf der Kugel als die Reihe seiner Berührungspunkte bezeichnet, würde für jenes Auge die Grenze der Städte und Länder bezeichnen, die das Auge übersähe, wenn wir uns statt dieser Kugel die Erde dächten. Je näher gegen die Kugelfläche herab man den Faden an der Nadel befestigte, desto kleiner würde jener begrenzte Kreis werden, und desto weniger würde in allen diesen verschiedenen Lagen die Richtung des Fadens von der Ebne abweichen, die wir eine berührende Ebne an der Stelle wo sich die Nadel befindet, zu nennen berechtiget sind. In Rücksicht auf Gegenstände, die entfernt von der Kugel liegen, läßt sich leicht übersehen, daß ein Auge in O (Fig. 4.) keinen solchen Punkt, wie L oder A der unterhalb O F liegt, sehen kann, indem die undurchsichtige Kugel dieses nicht gestattet.

Genau so ließe sich bei jedem rundlich geformten Körper, also auch bei der Erde, schließen, und die Betrachtung erscheint bei der Erde nur darum etwas anders, weil die Wölbung der Erdoberfläche erst in sehr großen Entfernungen merklich ist, und daher unsre Gesichtslinien erst in sehr weiter Entfernung diese gekrümmte Fläche berühren. Es erhellt aber nun leicht, warum Beobachter, die sich an verschiedenen Punkten der gekrümmten Erdoberfläche befinden, einen verschiedenen Horizont haben. Wir wollen uns ACB (Fig. 4.) als einen Theil der Meeresoberfläche vorstellen, und in C so wohl als in H einen Beobachter so nahe an der Meeresfläche uns denken, daß seine Höhe als ganz unbedeutend könne angesehen werden; dann sieht der Beobachter in C zwar alle Gegenstände oberhalb F C D, aber der Punkt I ist ihm durch die Erde verdeckt; und auf ähnliche Weise sieht der Beobachter in H alles was über H I liegt, der Punkt I aber erscheint ihm im Horizonte, als Grenze der von der Erde unverdeckten Gegenstände. Sterne also, die sich nach der Richtung H I hin befinden, wie weit entfernt sie auch seyn mögen, liegen für den Beobachter C unter dem Horizonte, für den Beobachter H im Horizonte.

Um an diese Betrachtungen nun die genauere Beantwortung der Frage anzuknüpfen, wie uns die Beobachtung der Sterne über die Gestalt der Erde belehren könne, muß ich noch eine Bemerkung voranschicken. Die Sterne sind sehr entfernt, so daß Reisen von tausend Meilen uns ihnen nicht merklich näher bringen, und wir können daher Linien Cb, AB, EF (Fig. 3.) die von verschiedenen Punkten der Erde nach einem und demselben Sterne gezogen werden, als parallel ansehen *); — und folglich aus dem Winkel, den diese Linien Cb, AB, EF mit dem Horizonte machen, die ungleiche Lage des Horizontes der drei Orte C, A, E bestimmen. Aber diese ungleiche Lage des Horizontes ist eben das, was wir die Krümmung der Erde nennen.

Um dieß zuerst an einem bekannteren Beispiel zu erläutern, denken Sie sich einen Wanderer, der auf dem geraden Wege AB (Fig. 3.) und einen zweiten, der auf dem krummen Wege HCI fortgeht. Der erstere bemerkt freilich, wenn er von C nach F geht, daß er den Baum D und das Haus E hinter sich läßt; aber er müßte schon völlig bis B fortgehen, um das Gebäude N als neben sich liegend zu sehen; der zweite hingegen, der von C nach M geht, sagt schon in M, das Gebäude N liege ihm gerade zur Linken, weil er sein Gesicht nach L zu wendet; der letztere also sieht früher den Gegenstand N an seiner Seite, als der erste auf dem geraden Wege fortgehende, weil die Krümmung des Weges den letztern veranlaßt, sein Gesicht nach einer andern Richtung zu wenden.

*) Freilich sind sie unstreitig gegen einander geneigt, da sie zuletzt zusammen treffen, aber dieß ist so unbedeutend, daß wir es hier unbeachtet lassen können.

Ganz ähnlich ist es mit dem, was wir auf der Erde die Richtung nach dem Zenith nennen. Diese Richtung ist immer senkrecht auf den Horizont, und folglich, wenn (Fig. 5.) EAC einen Theil der Erdoberfläche vorstellt, deren Berührungslinien in E, A und C uns die Lage des Horizonts dieser drei Punkte angeben würden, so sind EG, AB, CD die nach dem Zenith gezognen Linien, so wie sie jedem dieser Orte entsprechen. Gesetzt also, ein Beobachter in A sähe nach der Richtung AB einen Stern genau in seinem Zenith, so würde der südlicher wohnende Beobachter in E, eben den Stern nach der Richtung EF nördlich vom Zenith erblicken, und endlich da Cb ebenfalls nach jenem Sterne zu geht, CD aber die Richtung nach dem Zenith des Beobachters C ist, so sieht der nördlicher wohnende Beobachter C, eben jenen Stern südlich vom Zenith.

Dieß sind die Erscheinungen, welche wir schon als auf der Erde statt findend kennen; aber es erhellt nun auch leicht, daß die Größe des Winkels GEF ein Maaß für die zwischen E und A stattfindende Krümmung der Erde abgiebt. Je stärker gekrümmt die Linie AE ist, desto größer ist der zwischen ihren, an A und E gezognen Berührungslinien entstehende Winkel, und desto stärker weichen auch die Richtungen der beiden Linien von einander ab, welche in A und E nach dem Zenith zu gezogen werden; also wenn der Abstand der beiden Punkte A, E, auf der Erde bekannt ist, und man den Winkel GEF mißt, um welchen der Stern, der in A im Zenith gesehen wird, in E vom Zenith entfernt ist, so hat man das Maaß der zwischen A und E statt findenden Krümmung.

Statt einen Stern zu wählen, der in einem der Beobachtungspunkte im Zenith erscheint, können wir auch sogleich diese Untersuchung an den Hauptpunkt der Sternenkugel, nämlich den Pol der Umdrehung, anknüpfen, und ich will deshalb die Regeln hier anführen, wie man die Lage des Himmelspoles an jedem Orte, seine Höhe nämlich über dem Horizonte, bestimmt. Man bedient sich dazu des in der Ebne des wahren Meridians aufgestellten, oder gerade gegen

Norden und Süden gerichteten Kreises, von welchem Sie sich erinnern, daß er durch seine Eintheilung in Grade, Minuten, Secunden, uns belehrte, wie viel höher oder minder hoch der eine Stern in Vergleichung gegen den andern bei seinem höchsten oder tiefsten Stande erscheint. Wir wollen uns vorstellen, der Kreis sey nicht bloß genau in der verticalen von Norden nach Süden gehenden Ebne aufgestellt, sondern sein Nullpunkt treffe genau mit dem Horizonte zusammen, sein mit 90 Graden bezeichneter Punkt sei genau gegen den Zenith gerichtet, es sei also auch die dritte Berichtigung der Stellung, die ich neulich erwähnte, genau zu Stande gebracht.

Beobachtet man nun einen Stern der nahe am Pole, oberhalb des Poles seine höchste Stellung erreicht, und bemerkt sich die Anzahl von Graden, Minuten und Secunden, welche das Instrument als seine Höhe über dem Horizonte angiebt; beobachtet man nach 12 Stunden die kleinste Höhe eben desselben Sternes auf gleiche Weise; und nimmt man die zwischen beiden Beobachtungen in der Mitte liegende Höhe: so ist dieses die Höhe des Poles über dem Horizonte. Wenn man diese Beobachtung an mehrern Sternen wiederholt, so wird man immer dieselbe Polhöhe finden; denn da jeder Stern immer gleich weit vom Pole entfernt bleibt, so liegt der Pol in der Mitte zwischen der höchsten und tiefsten Stellung desselben *).

Die so beobachtete Polhöhe findet sich, wenn die Beobachtungen sorgfältig genug angestellt sind, für denselben Ort immer gleich, sie leidet im Laufe der Zeit keine Aenderung, und heißt nun auch die Polhöhe des Ortes. Bestimmt man diese Polhöhe dagegen an verschiedenen Orten, deren einer nordwärts oder südwärts vom andern liegt, so findet man sie verschieden, und bei der Feinheit unsrer jetzigen Instrumente bemerkt man schon an Orten, die sehr wenig von

---

*) Die Rücksicht auf die Refraction erwähne ich hier nicht, um die Hauptbetrachtung hier nicht zu unterbrechen.

einander entfernt sind, daß der nördlichere eine größere Polhöhe hat, als der südlicher liegende.

Um jetzt zu übersehen, wie man aus diesen Bestimmungen die Figur der Erde kennen lernt, wollen wir uns vorstellen, es werde in einer immer genau nach Süden gehenden Richtung die Polhöhe für eine Reihe von Orten bestimmt, die alle genau gleich weit von einander entfernt sind. Fände man hier, daß die Polhöhe sich für diese gleich entfernten Orte C, A, E, (Fig. 5.) von C bis A eben so viel als von A bis E änderte, so würden wir der Linie CAE eine gleichförmige Krümmung beilegen und folglich, da der Kreis allein eine überall gleiche Krümmung hat, schließen, daß jene von Norden nach Süden auf der Erdoberfläche gezogene Linie ein Kreis sey. Fände sich diese gleichförmige Aenderung der Polhöhe überall auf der Erde, man möchte in Europa oder in Amerika eine solche Folge von Punkten in der nach Süden gehenden Richtung wählen, so würden wir alle diese auf der Erde gezogenen Linien als Kreise anerkennen, und uns zu dem Schlusse, daß die Erde eine Kugel sey, veranlaßt finden. — Der letzte Schluß ist freilich nicht ganz strenge, weil wir noch nicht bestimmt haben, wie die Krümmung von Osten nach Westen beschaffen sey, aber da wir wenigstens überzeugt sind, daß die Erde nicht walzenförmig ist, so reichen schon Bestimmungen, wie die so eben angeführten, hin, um die Kugelgestalt der Erde völlig zu beweisen.

Denn was ich so eben angedeutet habe, findet sich auf der Erde wirklich beinahe genau so, und diese gleichförmige Krümmung, zu deren Kenntniß die Beobachtungen führen, sobald man die Polhöhe vieler Orte bestimmt, deren Entfernungen von einander man durch wirkliche Messung kennt, berechtiget uns also, die Erde ungefähr als eine Kugel anzusehen. Eben diese Beobachtungen belehren uns aber auch über die Größe dieser Kugel. Es läßt sich nämlich leicht übersehen, daß wir von dem Punkte, wo der Pol im Zenith erscheint, genau um den vierten Theil des ganzen Kreises fortgehen müßten, um den Pol im Horizonte zu sehen, oder um die Polhöhe von 90° bis auf 0° abnehmend zu finden; wenn wir nun die ganze Länge dieses Bogens, der zwischen beiden Punkten liegt, messen könnten, so hätten wir sogleich den vierten Theil des Erdumfanges, und kennten folglich den ganzen Umfang und auch, weil das Verhältniß des Umfangs zum Durchmesser bei allen Kreisen dasselbe ist, den Durchmesser der Erde. Können wir nun gleich nicht eine so ausgedehnte Messung anstellen, so erhellt doch auch leicht, daß es hinreicht zu wissen, die Entfernung AE (Fig. 5.), für welche die Aenderung der Polhöhe zum Beispiel 3 Grade beträgt, sei in Fußen oder Meilen bestimmt; denn wenn die Aenderung der Polhöhe gleichmäßig ist, so muß der ganze Umfang 120 mal so groß als AE seyn, wenn für AE die Aenderung der Polhöhe 3 Grade, — den 120sten Theil des ganzen Umfangs, — beträgt.

Hiemit ist also die so schwer scheinende Frage, wie man denn die Größe der ganzen Erde ausmessen könne, beantwortet, und Sie übersehen, wie eine einzige, sorgfältig angestellte Gradmessung uns im Stand setzen könnte, diese Frage vollkommen zu beantworten, wenn die Erde im strengsten Sinne eine genaue Kugel wäre. Wirklich hat man aus solchen einzelnen Messungen zuerst die Größe der Erde bestimmt; aber eine Vergleichung mehrerer Messungen zeigte, sobald die astronomischen Beobachtungen und die Messungen auf der Erde selbst einen höhern Grad von Genauigkeit erhielten, daß nicht alle diese Messungen die Krümmung der Erde für jede Meile unter allen Himmelsstrichen gleich angaben; — oder mit andern Worten, sie zeigten, daß jene von Norden nach Süden gezogenen Linien auf der Erde keine genaue Kreise sind. Die Hauptbestimmung, daß die Erde beinahe eine Kugel von etwa 40 Millionen Fußen im Durchmesser sey, fand sich zwar immer bestätigt, aber wenn man eine strengere Angabe suchte, so fand man in den nördlichern Gegenden die Krümmung geringer, als sie auf einer so großen Kugel seyn sollte, in der Gegend der Erde, wo der Aequator des Himmels im Zenith erscheint, oder um den Aequator der Erde fand man die Krümmung stärker, und in bedeutenden Entfernungen südwärts vom

Aequator abermals abnehmend. Um nichts, was irgend dunkel scheinen könnte, unerörtert zu lassen, will ich diese Ausdrücke näher erklären. Stellen Sie Sich jetzt die Erde nicht mehr als eine Kugel, sondern als einen sehr abgeplatteten rundlichen Körper, wie Fig. 9. vor; dann würde man von P aus, wo der Himmelspol im Zenith erscheint, sehr viel weiter reisen müssen, um eine Aenderung von 10 Graden in der Polhöhe wahrzunehmen, als man von A, wo man den Pol im Horizonte sieht, reisen müßte, um eine gleiche Aenderung in der Polhöhe zu beobachten, und jeder sagt hier sogleich, die Krümmung der Linie sey bei P geringer, als bei A. Obgleich wir nun auf der Erde nicht bis an die Pole gelangen können, so haben doch alle Gradmessungen gelehrt, daß jene Ungleichheit der Krümmung, auf der Erde wirklich statt findet, daß also die Erde uns von Norden nach Süden keine genau kreisförmige, sondern ovale, elliptische Querschnitte darbietet.

Ich habe nun wohl nicht nöthig umständlich zu zeigen, daß es möglich ist, die Bestimmungen, welche hier nur oberflächlich angedeutet sind, mit einer sehr strengen Genauigkeit zu finden. Offenbar gehört dazu freilich eine große Sorgfalt in den Messungen der Entfernungen auf der Erde, eine höchst genaue Bestimmung der Polhöhe der einzelnen Punkte, eine Feinheit der Instrumente, eine Beachtung unzähliger kleiner Umstände; aber da in der neueren Zeit die Künstler und Astronomen wetteifernd sich eine Feinheit und Genauigkeit zum Ziele gesetzt haben, die noch vor einem Menschenalter ganz unerreichbar schien, so werden Sie nicht daran zweifeln, daß in diesen Bestimmungen eine Sicherheit erreicht ist, die nur noch wenig zu wünschen übrig läßt.

Diese Betrachtungen scheinen mir völlig hinreichend, um Ihnen das ganze Verfahren, welches man bei diesen Bestimmungen befolgt hat, klar vor Augen zu legen; ja Sie können daraus zugleich den Grad der Genauigkeit, die hier erreicht werden kann, einigermaßen übersehen.

Was zuerst die Messungen der Entfernungen auf der Erde betrifft, so wäre es zwar schwer einen Bogen von vielen

Meilen mit Meßstäben durchzumessen; aber, indem man eine Standlinie AB mißt (Fig. 21.) und nun mit Winkelinstrumenten die Richtungen der Linien AD, BD, oder die Winkel DAB, DBA bestimmt, ergiebt sich durch Zeichnung, wie in der verkleinerten Figur bei d, die verhältnißmäßige Lage des Punktes D, oder genauer ergeben sich durch Rechnung die Entfernungen AD, BD. Es erhellt leicht, daß man eine Reihe von Dreiecken, so wie in Fig. 21. auf diese Weise aneinander hängen und so die ganze Länge AI einer von Norden nach Süden gehenden Linie genau berechnen, oder auch durch ai in der verkleinerten Charte darstellen kann. Diese Messung kann man mit einem hohen Grade von Genauigkeit erhalten, so daß selbst bei Entfernungen von mehrern Meilen keine Fehler, die mehrere Fuße betragen, vorkommen. Wir könnten uns daher eine vollkommen genaue Ausmessung eines solchen Bogens, wo die Polhöhe sich um einen Grad oder um eine bestimmte Größe ändert, gar wohl denken, wenn eine Bestimmung der Polhöhe möglich wäre, die bis auf Theile einer Secunde genau wäre; aber bei aller Feinheit unsrer Instrumente und bei aller Sorgfalt in der Aufstellung können wir es dahin nicht bringen. Um nämlich bei einem nahe am Zenith vorbeigehenden Sterne zu entscheiden, ob er genau durch den Scheitelpunkt geht, oder ob er um 1 Sec. (das ist etwa $\frac{1}{1800}$ des Monddurchmessers) von demselben entfernt bleibt, müssen nicht bloß die Instrumente sehr genau getheilt seyn, sondern auch die richtige Stellung des Instruments muß im strengsten Sinne statt finden, und die Beobachtung muß mit der äußersten Sorgfalt angestellt seyn; wenn man genau erwägt, wie fein diese Bestimmung ist, so überzeugt man sich leicht, daß eine Angabe der Polhöhe, selbst wenn sie das Mittel aus vielen Bestimmungen ist, kaum jemals in engern Grenzen als 1 Sec. genau seyn kann, und daß daher ein auf der Erde von Norden nach Süden gemessener Bogen, in dessen Endpunkten die Polhöhe um 1 Grad verschieden angegeben wird, wohl 1 Grad und 1 Secunde betragen kann. Sind daher die geometrischen Abmessungen dieses Bogens auch so vollkommen genau, wie es sich wohl erreichen läßt, so würde man doch die Angabe, daß ein solcher Grad 392040 Fuß lang sey, immer mit der Besorgniß, daß man statt eines Grades oder 3600 Sec. vielleicht 3601 Sec. ausgemessen habe, ansehen müssen. Die Bedenklichkeit, die daraus in Beziehung auf die zu bestimmende Gestalt und Größe der Erde hervorgeht, vermindert sich zwar, da man aus mehreren Gradmessungen, deren geringe Fehler sich gewiß zum Theil ausgleichen und aus Messungen, die mehrere Grade umfassen, das Mittel nehmen kann, indeß zeigt diese Ueberlegung doch, daß eine ganz strenge Uebereinstimmung aller einzelnen Messungen nie zu hoffen ist. *)

Dieses ist nun auch der Grund, warum die Angaben über die Gestalt und Größe der Erde nicht so strenge gleich sind, wie man es allenfalls fordern möchte. Alle neueren mit guten Instrumenten angestellten Messungen stimmen darin überein, daß der am Aequator gemessene Grad kürzer ist, als in nördlichern oder südlichern Gegenden, (das heißt, daß man am Aequator einen kürzern Weg nordwärts oder südwärts zurückzulegen hat, als in andern Gegenden, um den Pol um 1 Grad seine Höhe ändern zu sehen,) und daß sehr regelmäßig die Länge eines Grades auf der Erde zunimmt, wenn man sich mehr und mehr vom Aequator entfernt; aber das Verhältniß dieser Aenderungen findet sich etwas verschieden, je nachdem man diese oder jene Messungen zum Grunde legt, und es wird Sie daher nicht befremden, wenn Sie in den folgenden Angaben solche Verschiedenheiten finden.

Bohnenberger hält folgende Bestimmungen für die sichersten:

Halbmesser des Aequators	=	19,630146 paris. Fuß.
Halbe Axe	=	19,565784 = =
also diese	= $\frac{304}{305}$	des Aequatoreal-Halbmessers.

*) Dieß ist um so weniger zu hoffen, da selbst die Lage der Verticallinie durch Anziehung der Berge eine unregelmäßige Aenderung leidet.

Littrow findet den

Halbmesser des Aequators	=	19,630872 paris. Fuß.
Halbe Axe	=	19,568053 „ „

also diese $= \frac{311}{312}$.

Nimmt man die letztere Angabe an, so ist die Länge

eines Breitengrades unter dem Aequator	=	390195 Fuß.
mitten zwischen Pol und Aequator	=	392071 „
am Pole	=	393330 „

Aber die neuesten Bestimmungen von Sabine, die sich auf zahlreiche neuere Beobachtungen gründen, scheinen die Abplattung stärker, nämlich jenes Verhältniß $= \frac{288}{289}$ zu ergeben, so daß die bis dahin gehegte Meinung, als sei $\frac{309}{310}$ wohl das richtigste, vielleicht doch noch erheblich von der Wahrheit abweicht.

Solche Bestimmungen, wie die eben mitgetheilten, können also freilich nicht ganz genau gelten, indeß kann man sie immer mehr so einrichten, daß sie sich an alle vorhandene gute Beobachtungen so nahe als möglich anschließen, und so die Gestalt der Erde im Ganzen sehr nahe richtig angeben, während die einzelnen Messungen sich bald an der einen, bald an der andern Seite von dem entfernen, was sie diesen Bestimmungen gemäß ergeben sollten. Ob nun diese Abweichungen der einzelnen Messungen von dem gemeinsamen Ergebniß aller Messungen nur von Beobachtungsfehlern herrühren, oder welchen Antheil kleine Unregelmäßigkeiten in der Figur der Erde selbst daran haben, darüber läßt sich nicht so leicht entscheiden. Es läßt sich aus Gründen, auf welche ich später erst zurückkommen kann, wohl übersehen, daß die Gestalt der Erde nicht so genau regelmäßig seyn kann, ja daß selbst die Oberfläche der Meere nicht so im strengsten Sinne eine regelmäßige Oberfläche bilden kann, wie es etwa der Fall seyn würde, wenn die ganze Erde aus Wasser bestände; aber ob die einzelnen Messungen genau genug sind, um uns über diese kleinen Unregelmäßigkeiten genau zu belehren, darüber ist das Urtheil schwierig. Als die große Gradmessung in Frankreich, die sich durch ganz Frankreich erstreckte, und nachher sogar bis zu den pythiusischen Inseln fortgesetzt ward, erst kürzlich beendiget war, glaubte man auf sie sehr fest begründete Schlüsse über die Gestalt dieses Theiles der Erde bauen zu können. Diese Schlüsse ergaben, daß man, wenn diese Messung allein vorhanden wäre, die ganze Erde für sehr viel mehr abgeplattet, oder die Zunahme der Krümmung vom Pole gegen den Aequator für sehr viel erheblicher halten würde, als die Verbindung aller Messungen es gestattet; man glaubte daher folgern zu dürfen, daß die Erde an dieser Stelle eine abweichende Bildung habe, als ob dieser Theil einer solchen Fläche angehöre. Aber da es nach neuern Untersuchungen ungewiß scheint *), ob die astronomischen Bestimmungen bei dieser Messung diejenige Genauigkeit haben, die man ihnen damals glaubte beilegen zu dürfen: so bleibt es immer noch unentschieden, ob die Abweichung von der regelmäßigen Gestalt wirklich so viel beträgt. Als die Gestalt aber, die sehr nahe allen Messungen entspricht, können wir annehmen, daß die Erde ein Sphäroid sey, dessen mit dem Aequator parallele Querschnitte Kreise sind, statt daß die von einem Pole zum andern gehenden Durchschnittslinien oder die Meridiane der Erde oval, eigentlich elliptisch sind, aber vom Kreise so wenig abweichen, daß die Axe nur etwa um $\frac{1}{300}$ kleiner als der Durchmesser des Aequators ist.

Wir werden in der Folge noch andre Beobachtungen kennen lernen, welche dienen, die Figur der Erde zu bestimmen, und dann auch finden, warum sie denn diese Gestalt hat, und nach welchen Gesetzen man selbst theoretisch schließen konnte, daß sie diese Gestalt haben müsse. — Doch diese Untersuchungen liegen uns jetzt noch ungemein entfernt, und ich will es jetzt nur als etwas Bemerkenswerthes obenhin anführen, daß die mathematischen Naturforscher diese Gestalt der Erde schon als nothwendig bestimmten, ehe noch die Beobachtungen zur Kenntniß derselben geführt hatten.

*) Vorzüglich nach den Bemerkungen und Nachrichten, die von Zach in der Correspondance astronomique mitgetheilt hat.

Vierte Vorlesung.

Wenn Sie, m. h. H. auf die geringe Ausdehnung der Betrachtungen zurücksehn, mit denen ich Sie bis jetzt unterhalten habe, so werden Sie, hoffe ich, mit einiger Freude bei dem Gedanken verweilen, daß schon diese uns im Stand gesetzt haben, eine so wichtige Folgerung auf sie zu gründen.

Daß die Erde eine Kugel sey, oder eigentlich eine etwas von der Kugelgestalt abweichende, um die Pole abgeplattete Form habe, dürfen wir aus dem bisher Betrachteten als erwiesen annehmen. Könnten wir die von Norden nach Süden gerichteten Gradmessungen sehr zahlreich in allen Gegenden der Erde anstellen, und ergäbe sich aus ihnen eine im strengsten Sinne genaue Gleichheit aller von einem Pole zum andern gehenden Durchschnitte, so würde sich mit vollkommener Sicherheit behaupten lassen, daß die Erde ein runder Körper sey, das heißt, ein solcher, dessen mit dem Aequator parallele, also auf die Axe senkrechte Querschnitte genaue Kreise sind. Indeß, wenn auch eine so vollständige Begründung dieser Behauptung nicht ganz stattfindet, so wissen wir doch genug, um sie als sehr nahe richtig anzunehmen, und können jetzt die Frage, wie sich denn die Erscheinungen der täglichen Umdrehung der Sternenkugel an jedem Orte der Erde zeigen, ganz vollständig beantworten.

Bisher dachten wir uns nur Reisen, die von Norden nach Süden gerichtet waren, oder nahmen nur auf gleichzeitige Beobachtungen, an solchen Orten, die nordwärts oder südwärts von einander liegen, angestellt, — Rücksicht; wir wollen jetzt auch auf diejenigen Orte, die nicht in demselben Meridiane liegen, sehen. Ich werde hiebei die Erde eine Kugel nennen; denn da die geringen Verschiedenheiten in den Erscheinungen, welche aus der unerheblichen Abweichung von der Kugelform hervor gehen, Ihnen nun schon bekannt sind, so haben wir nicht mehr nöthig auf diese immer hinzuweisen, indem das

Wesentlichste ganz so ist, wie es auf einer genau kugelförmigen Erde seyn würde.

Daß wir die von einem Pole zum andern gezogenen Kreise auf der Erde, Meridiane nennen, habe ich schon bemerkt. Alle diejenigen Beobachter, welche auf demselben Meridiane wohnen, sehen in einerlei Augenblick dieselben Sterne in dem höchsten Punkte ihres Tagebogens, und wenn gleich ein bestimmter Stern dem einen Beobachter höher, dem andern niedriger erscheint, so wie es die ungleiche Polhöhe fordert, so ist doch der Augenblick des Durchgangs dieses Sternes durch den Faden des Mittagsfernrohres genau ein und derselbe für alle diese Orte.

Denken wir uns dagegen zwei von einander verschiedene Meridiane POAS und PMNS (Fig. 20.) auf der Erde gezogen, so sehen Beobachter in O und M einen bestimmten Stern zu verschiedenen Zeiten durch den Meridian gehen. Wenn man sich vom Mittelpunkte C der Erde nach A, O und mehreren Punkten jenes einen Meridianes gerade Linien gezogen, und diese bis an die Sternenkugel verlängert denkt, so sind es die von diesen Linien getroffenen Sterne, die sämmtlich dem Beobachter in A oder O im Meridiane des Himmels, oder in dem von Norden nach Süden am Himmel gezognen Kreise erscheinen; will man dagegen die Sterne angeben, die in eben dem Augenblicke den Beobachtern auf dem andern Meridiane in M oder N in ihren höchsten Stellungen erscheinen, so müßte man von C aus durch Punkte m, M, N Linien bis an die Sternenkugel ziehn, und diese Linien treffen offenbar andre Sterne als die, welche dem ersten Meridiane entsprechen. Aber durch die Umdrehung der Sternenkugel werden alle Sterne nach Westen fortgeführt, und eben die Sterne, welche jetzt für A und O im Meridian erscheinen, gelangen nach einigen Stunden oder Minuten in die Stellung, welche einem westlicher liegenden Meridiane entspricht, und es läßt sich hieraus schon übersehen, daß für einen westlich liegenden Ort die Erscheinungen des Auf- und Untergangs, und des Durchgangs durch den Meridian, später beobachtet werden.

Wenn man auf der Erde gegen Westen zu so fortreiset, daß man den Pol genau in derselben Höhe über dem Horizonte behält, so geht man auf einem, um den Pol der Erde P (Fig. III.) beschriebenen Kreise ADG fort, und da in D der Pol eben so hoch, als in A über dem Horizonte erscheint, so geht auch in D jeder bestimmte Stern in eben der Höhe durch den Meridian, wie man ihn in A beobachtete; er durchläuft einen eben so hohen und weiten Bogen am Himmel für den Beobachter in D, wie für den Beobachter in A, und kurz, die gesammten Erscheinungen der täglichen Umdrehung der Sternenkugel sind genau an beiden Orten gleich. Aber diese gleichen Erscheinungen ereignen sich nicht in denselben Augenblicken an beiden Orten. Brachte der Beobachter eine genau gehende Uhr aus A mit nach D, hatte er diese Uhr so gestellt, daß sie zum Beispiel genau 7 Uhr war, als in A der Sirius am höchsten, oder hinter dem Faden des Mittagsfernrohrs erschien; so wird eben diese richtig fortgehende Uhr nach einem oder mehreren Tagen zeigen, daß in dem westlichern Orte D der Sirius erst nach 7 Uhr zu seiner höchsten Stellung gelangt, und der Zeitunterschied zwischen dem Eintreten desselben Sternes in den Meridian von A, und in den Meridian von D wird uns zum Maaße der Entfernung für die beiden Kreise PABQ, PDEQ dienen.

Wäre nämlich die ganze Erde in 24 genau gleiche Abtheilungen gebracht, deren eine zwischen PABQ, PDEQ eingeschlossen wäre, so würde derselbe Stern dem Beobachter in D eine genaue Stunde später, als dem Beobachter in A im Meridian erscheinen, und umgekehrt darf man schließen, daß ein Ort wie D um ein Vierundzwanzigstel des ganzes Umfanges westlich von A liegt, wenn ein Stern dort eine genaue Stunde später als in A im Meridian erscheint.

Diese Betrachtungen, die sich als nothwendige Folgerungen ergeben, wenn wir die Erde als kugelförmig ansehen, stimmen nun völlig mit der Erfahrung überein, indem für abgemessene Bögen, auf dem Parallelkreise, die Untersuchung über die Ungleichzeitigkeit der Erscheinungen, mit Hülfe sehr genau gehender Uhren, angestellt ist, und das ergeben hat, was ich eben erklärt habe. Und nun läßt sich sehr leicht zeigen, daß wir nur der Beobachtung des Himmels bedürfen, um jedes Ortes geographische Länge und Breite anzugeben.

Ich habe schon früher erwähnt, daß wir denjenigen Punkt der Erde unter dem Pole liegend, nennen, welchem der Pol des Himmels im Zenith erscheint; wir nennen ihn auch den Pol der Erde selbst, und wir bestimmen so zwei einander gegen überstehende Punkte P, Q (Fig. III.) als Pole der Erde. Der Kreis LB, der auf der Erde von beiden Polen gleich entfernt liegt, und welcher zugleich alle diejenigen Punkte enthält, denen der Aequator des Himmels im Zenith erscheint, heißt der Aequator der Erde. Um nun die Lage irgend eines Ortes auf der Erdkugel anzugeben, reicht es hin, seinen Abstand vom Aequator, und seinen Abstand von einem bestimmten Meridiane, den wir den ersten Meridian nennen wollen, zu bestimmen, das erstere heißt, seine geographische Breite, das andre, seine geographische Länge. Wir denken uns nämlich durch den Ort D einen Meridian PDQ (Fig. III.) gezogen, der in E den Aequator schneidet, und nennen nun den in Graden, Minuten und Secunden ausgedrückten Bogen ED, die *geographische Breite* des Ortes D; dagegen giebt, wenn PBQ der erste Meridian ist, der auf dem Aequator gemessene Bogen BE, den man gleichfalls in Graden, Minuten, Secunden ausdrückt, die *geographische Länge* des Ortes an. Die Breite wird nordwärts und südwärts vom Aequator gezählt, und kann offenbar nie über 90 Grade betragen; die Länge zählt man nach Osten oder nach Westen, und kann sie bis zum ganzen Umfange zählen, wo man freilich statt 350 Grade westlich, lieber 10 Grade östlich sagen wird. Alle Orte, die auf demselben Parallelkreise AG liegen, haben gleiche Breite; alle Orte, die auf demselben Meridiane liegen, wie D, K, E, haben gleiche Länge. Wäre die Erde eine genaue Kugel, so würden die Breitengrade auf der ganzen Erde gleich seyn, und zwei Orte, die bei gleicher Länge einen Breiten-Unterschied von 1 Grad hätten, lägen um $\frac{1}{360}$ des ganzen Erdumfangs von einander entfernt. Dagegen können zwei unter gleicher Breite liegende Orte sehr verschiedene Entfernungen von einander haben, wenn auch der Unterschied ihrer Länge gleich ist; denn die Orte R, S sind in Länge eben so viel verschieden, als die Orte B, E, obgleich, wie sich ohne Schwierigkeit übersehn läßt, der Bogen RS in der Nähe des Poles viel kleiner, als der Bogen EB auf oder nahe am Aequator ist. Daher braucht man in höheren Breiten, das ist da, wo man dem Pole näher ist, nur einen geringen Weg von Osten nach Westen zu machen, damit die Länge um 1 Grad geändert werde, statt daß auf dem Aequator diese Aenderung eine Reise von 15 Meilen fordert. *)

Die Mittel, um an jedem Orte die geographische Breite zu finden, und zu bestimmen, wie viel seine Länge von der Länge eines andern Ortes verschieden sey, erhellen schon aus dem Vorigen, und ich brauche daher diese nur mit wenigen Worten zu erwähnen. Wenn wir die Erde als eine genaue Kugel ansehen, so ist Polhöhe des Ortes und geographische Breite des Ortes ganz einerlei; denn wer auf dem Aequator wohnt, sieht beide Pole im Horizonte, oder findet die Polhöhe = 0, so wie auch seine Breite, sein Abstand vom Aequator = 0 ist. Entfernt man sich um $\frac{1}{90}$ des Erdquadranten BP vom Aequator, so ist die Breite = 1 Grad, und eben so hoch steht nun der Pol über dem Horizonte, und die Breite ist nördlich, wenn man den Nordpol über dem Horizonte sieht. Die Beobachtungen also, welche die Polhöhe bestimmen, ergeben eben dadurch die Breite. Die Länge oder vielmehr den Längenunterschied zwischen zwei gegebnen Orten, kann man durch zweierlei hier schon verständliche Mittel finden. Entweder man bedient sich einer sehr sicher gehenden Uhr, deren Gang viele Tage lang genau die Zeit angiebt, wann in A ein bestimmter Stern im Meridian gesehn wird; man reiset mit dieser Uhr nach D und beobachtet dort eben den Stern im Meridian; die Beobachtung zeigt,

*) In unsern Gegenden sind ungefähr 10 Meilen nach Osten oder Westen hinreichend, um 1 Grad Länge Unterschied zu bewirken; in der Gegend von Archangel 6 und eine halbe Meile.

wie viel in Zeit die Meridian-Differenz beträgt, und man findet daraus leicht den Unterschied in Graden, weil 1 Stunde Zeitunterschied mit $\frac{1}{24}$ des Umfangs oder 15 Graden zusammen gehört; also 1 Zeitminute mit 15 Bogenminuten, 1 Zeitsecunde mit 15 Bogensecunden u. s. w. Oder man beobachtet an beiden Orten A und D ein Signal, das in dem gleichen Augenblicke in beiden Orten gesehen wird, und vergleicht darnach die Uhren. Hätte man z. B. verabredet, die Uhr an beiden Orten genau auf 12 Uhr zu stellen, wenn der Sirius im Meridiane erschiene, so gingen diese beiden Uhren nicht gleich; wie viel sie verschieden gehen, ergiebt jenes von beiden Beobachtern gesehene Zeichen; denn wenn der eine Beobachter in D an seiner Uhr, 1 Uhr 10 Min., der andre in A in demselben Augenblicke 1 Uhr 20 Min. an seiner Uhr hat, so ist D um 10 Min. in Zeit westlicher, oder um $2\frac{1}{2}$ Grade im Bogen westlicher, als A. Solche Signale bietet uns theils der Himmel selbst in den Mondfinsternissen und den Verfinsterungen der Jupiters-Monde dar, theils hat man sie durch abgebrannte Pulvermassen veranstaltet, und damit die Längenunterschiede solcher Orte, die nicht zu entfernt sind, bestimmt.

Da man auf diese Weise nur Längenunterschiede bekommt, so muß, um die Länge des zweiten Ortes anzugeben, die des ersten schon bekannt seyn. Von wo an man die Längen rechnen will, ist an sich willkührlich; die beiden, seit so vielen Jahren berühmten Sternwarten von Greenwich und Paris, werden am häufigsten als Anfangspunkte der Längen angenommen, doch zählen die Landcharten gewöhnlich so, daß sie Paris 20 Grad Länge beilegen, und also zum ersten Meridian denjenigen annehmen, der 20 Grad westlich von Paris liegt, dieser geht ungefähr durch die Insel Ferro, und man giebt daher an, daß diese Längen von Ferro an gerechnet werden.

Noch einen Augenblick muß ich bei diesen Betrachtungen verweilen, um mich darüber zu erklären, warum ich bei der Behauptung, daß Breite und Polhöhe ganz gleich wären, die Beschränkung, daß dieß nur für eine kugelförmige Erde gelte, beifügte. Hat die Erde eine solche Gestalt, daß ihr, durch die Axe gehender Querschnitt ungefähr (wie Fig. IV.) aussieht, so ist die wahre Breite des Ortes 1 Grad, wenn ECB der neunzigste Theil des rechten Winkels ACB ist; es läßt sich aber leicht übersehen, daß hier nicht BE der neunzigste Theil des Boges BA seyn wird, und es läßt sich auch leicht zeigen, daß die Polhöhe nicht genau um 1 Grad in E und B verschieden ist, wenn ECB einen Grad beträgt. Der Unterschied der Polhöhen wird durch den Winkel bestimmt, welchen die nach dem Zenith von B und E gezognen Linien EF, BG, das ist diejenige, welche in B und in E senkrecht gegen die krumme Linie sind, mit einander machen; und dieser FHG ist in der Nähe des Aequators allemal größer als der zugehörige ECB; am Pole dagegen ist der Winkel der Verticallinien ALK kleiner, als der zugehörige Winkel am Mittelpunkte. So findet also bei der beobachteten Polhöhe noch eine kleine Verbesserung statt, wenn man daraus die wahre Breite herleiten will, und diese Correction wird für jeden Ort gefunden, sobald die Figur der Erde schon bekannt ist.

* * *

Diese Betrachtungen umfassen das Wesentlichste von dem, was die Bestimmung der Gestalt der Erde betrifft, und ich könnte diesen Gegenstand hier völlig als geschlossen ansehen, wenn ich nicht glaubte, Sie würden gern noch der Betrachtung der künstlichen Erd- und Himmelskugel einige Aufmerksamkeit schenken, um zu sehen, welche mannichfaltige Fragen sich mit Hülfe derselben beantworten lassen.

Bei der Einrichtung dieser Kugeln (Fig. 2.) muß ich Sie vorzüglich auf folgende Umstände aufmerksam machen. Auf der Erdkugel sind die Länder und Meere so wie sie auf der Erde liegen, in ihren richtigen Verhältnissen abgezeichnet, und folglich auch der Aequator und die Pole richtig bestimmt. In der Kugel ist eine durch beide Pole gehende Axe befestiget, und diese ruht mit ihren beiden Enden P, S, in dem festen Ringe PAS, so daß die Kugel sich um diese Axe frei drehen kann; der feste Ring selbst aber ruht in den Einschnitten H, Z, eines horizontalen Kreises, den ich sogleich den Horizont nennen will, statt daß jener feste Ring der Meridian heißt. Beide Kreise sind in ihre 360 Grade getheilt, und man pflegt noch außerdem einen beweglichen Gradbogen anzubringen, den man an jeder Stelle des Meridians anschrauben und dann in verschiedenen Richtungen nach Willkühr an die Kugel anlegen kann.

Um nun irgend einen bestimmten Ort in seinen richtigen Verhältnissen gegen andre Orte kennen zu lernen, stellt man den Meridian so, daß zwischen dem Pole P und dem Horizonte so viele Grade liegen, als die Polhöhe des Ortes beträgt, und bringt nun diesen Ort, indem man die Kugel dreht, bis er sich unter dem Meridian befindet, zu dem höchsten Punkte C der Kugel. In dieser Stellung sieht man sogleich, welche Orte mit jenem bestimmten Punkte unter einem Meridian liegen oder in demselben Augenblicke Mittag haben, da der Mittag dort eintritt; es sind dieß nämlich alle die Orte, die unter jenem Meridianringe liegen, während jener Punkt sich unter dem Meridiane befindet. Wir lernen den Punkt, den tiefsten Punkt der Kugel, kennen, der auf der Erde jenem Punkte C gerade gegenüber liegt, und wo also dessen Antipoden (Gegenfüßler) wohnen; wir sehen zugleich, wie weit die Halbkugel sich erstreckt, deren Mitte jener Punkt einnimmt, denn der Horizont schneidet diese Halbkugel ab; und endlich können wir, während die Kugel ihre Lage behält, leicht bestimmen, nach welcher Himmelsgegend wir fortgehen müßten, um zu einem andern bestimmten Orte von jenem aus, zu gelangen. Zur Beantwortung der letztern Frage dient der bewegliche Kreis, dessen Endpunkt wir in C, also bei dem Orte befestigen, auf den sich alle unsre Untersuchungen für jetzt beziehen, und wir legen diesen zugleich so, daß er den zweiten Ort trifft, zu dem wir von jenem aus gelangen wollen; der Punkt, wo dieser so gelegte Kreis den Horizont trifft, giebt uns die Himmelsgegend an, nach welcher zu, man von dem ersten aus reisen müßte, um zu dem andern zu gelangen, und wenn wir in H und Z, wo der Meridian im Horizonte ruht, Süd und Nord auf den Horizont schreiben, die Mitte R zwischen beiden Punkten mit Ost bezeichnen, und so ferner mitten zwischen Nord und Ost,

Nordost, mitten zwischen Süd und Ost, Südost, mitten zwischen Nord und Nordost, Nordnordost, mitten zwischen Nordost und Ost, Ostnordost setzen, und so für den ganzen Kreis verfahren, so giebt der Einschnitt des beweglichen Kreises in den Horizont uns den Windstrich an, nach welchem zu die Reise vom ersten Orte zum zweiten gerichtet werden müßte. Die Anzahl von Graden auf dem beweglichen Kreise, die zwischen jenen beiden Orten enthalten ist, giebt die Entfernung an, da jeder Grad 15 geographische Meilen enthält.

Dieses alles läßt sich bei ruhender Kugel übersehen. Durch eine Drehung der Kugel lernen wir dagegen zuerst alle die Orte kennen, die unter eben der geographischen Breite liegen; alle nämlich, die bei der Drehung nach und nach durch den höchsten Punkt der Kugel gehen. Aber die Drehung zeigt uns auch den Länge- oder Mittagsunterschied zweier Orte, und es ist zu diesem Zwecke am Pole eine kleine, auf dem Meridiane befestigte Scheibe angebracht, über welche ein mit der Axe fest verbundener Zeiger sich bei der Umdrehung der Kugel fortbewegt, um anzugeben, wie weit die Kugel fortgedreht worden. Jene Scheibe ist in 24 Stunden getheilt, und da ein Mittagsunterschied von einer Stunde nichts anders heißt, als daß man mit dem Aequator parallel den 24ten Theil des Umfanges durchlaufen muß, um von dem Meridiane des einen Ortes bis zu dem Meridiane des andern Ortes zu kommen, so hat man nur nöthig, den einen Ort unter den Meridianring zu bringen, und dabei den Zeiger jener Scheibe auf 12 Uhr zu stellen, und dann die Kugel zu drehen, bis der andre Ort unter dem Meridian ist; findet sich dann der Zeiger bis 2 Uhr fortgedreht, so sind die Meridiane beider Orte um $\frac{1}{12}$ des Umfangs von einander entfernt, und der Mittagsunterschied beträgt 2 Stunden.

Zur Beantwortung noch mehrerer Fragen führt die **Himmelskugel**, deren Einrichtung ganz eben so wie die bei der Erdkugel beschriebene ist, nur daß hier die Sterne nach ihrer wahren Stellung aufgetragen sind, und die Himmelspole es sind, die als Pole der Kugel in den Meridian eingehängt sind. An ihr lassen sich die Erscheinungen der Sterne, so wie sie jedem einzelnen Orte eigen sind, zeigen, und alle die Umstände vor Augen legen, die an den verschiedenen Orten der Erde in Beziehung auf den Aufgang und Untergang der Gestirne vorkommen.

Um diese an der Himmelskugel zu sehen, stellt man den Pol so hoch über dem Horizonte, als es die Polhöhe des Ortes fordert, für welchen die Untersuchung angestellt wird. Bei dieser Stellung der Kugel kann man sogleich sehen, ob ein Stern an jenem Orte aufgeht, oder ob er immer über dem Horizonte verweilt; wie lange Zeit von seinem Aufgange bis zu seinem Untergange verfließt, und in welchem Punkte des Horizonts er aufgeht und untergeht. Bringt man irgend einen Stern unter den Meridian, so sieht man sogleich, welche Sterne mit ihm zugleich durch den Meridian gehen; man sieht die Sterne am Horizonte der Himmelskugel, die zu der Zeit aufgehen oder untergehen, wenn jener Stern im Meridian ist, und so weiter. Dreht man die Kugel von Osten nach Westen fort, so sieht man die Sterne nach und nach von Osten heraufsteigen, man sieht den hohen oder niedrigen Bogen, welchen jeder durchläuft; man bemerkt, wenn auf dem Horizonte die Himmelsgegenden angemerkt sind, ob er in Nordost, oder in welchem andern Punkte des Horizonts aufgeht; man sieht, welche Sterne ihren ganzen Kreislauf oberhalb des Horizontes vollenden, und eben so, welche Sterne an jenem Orte gar nicht aufgehen.

Zu den Zeitbestimmungen dient auch hier die kleine, am Pole angebrachte Stundenscheibe. Will man zum Beispiel wissen, wie lange der helle Stern Arcturus am Fuße des Bootes über dem Horizonte verweilt, so dreht man die Kugel so, daß dieser Stern gerade im Horizonte erscheint, und bringt zugleich den Stundenzeiger auf eine bestimmte Stunde, am besten auf 12 Uhr oder 0 Uhr; dreht man dann die Kugel bis zum Untergange des Arcturus fort, so zeigt das Fortrücken des Zeigers, wie viele Stunden während des Verweilens des Arcturus über dem Horizonte vergehen. Eben so kann man die Frage, wie viel später ein Stern als der andre aufgeht, und ähnliche Fragen beantworten.

Für jeden andern Ort auf der Erde muß man, um die Sterne so wie sie dort aufgehen und untergehen, auf der Kugel zu sehen, dem Pole eine andre Lage geben, und kann so die Erscheinungen am Aequator, wo alle Sterne 12 Stunden über dem Horizonte bleiben, am Pole, wo keiner aufgeht und keiner untergeht, sondern alle ganze Kreise über dem Horizonte beschreiben, und in jeder andern Gegend sich genau bekannt machen.

Fünfte Vorlesung.

Wir kehren endlich zur Betrachtung des Himmels zurück, von welcher ich Sie so lange entfernen mußte, um Ihnen ganz die wichtigen Folgerungen zu entwickeln, die sich schon aus der Untersuchung der einfachsten Himmelserscheinungen ergaben. Unsre Beobachtung soll sich jetzt zum Monde wenden.

Bei der Beobachtung der täglichen Bewegung der Sterne machten wir die Bemerkung, daß sie ihre Stellung gegen einander gar nicht änderten, und es muß uns daher wohl auffallend vorkommen, daß der Mond sich nicht genau an jene täglich gleiche Drehung der Sternenkugel bindet. Gestern sahen wir ihn bei den Sternen der Jungfrau, heute hat er diese verlassen und ist weiter östlich gerückt, und so sehen wir ihn täglich fortrücken und nach und nach, etwa in 4 Wochen, einen ganzen Umlauf um den Himmel vollenden, und diesen Kreislauf unaufhörlich fortsetzen. Erschien uns also gleich der tägliche Lauf der Sterne als Umdrehung einer festen Kugel, an welcher die Fixsterne befestigt wären, so sehen wir nun doch, daß der Mond nicht mit jener Kugel verbunden ist, daß er vielmehr wie ein frei schwebender Körper vor den Sternen vorbeirückt, sie in seinem Laufe, wenn er an kenntliche Sterne kommt, verdeckt, und also uns näher seyn muß, als sie. Allerdings befolgt auch er die allgemeinen Gesetze des Aufgangs, des Untergangs und der täglichen Bewegung; aber während er so fortrückt, bleibt er allmählig hinter den übrigen Sternen zurück, oder hat eine von Westen nach Osten gehende eigne Bewegung. Beobachten wir seinen Lauf genauer, so werden wir gewahr, daß er an verschiedenen Tagen in ungleicher Höhe über dem Horizonte erscheint, daß er sich also nicht immer in gleichem Abstande vom Aequator befindet; wir bemerken, daß er auf seinem ganzen Kreislaufe den Aequator des Himmels zweimal durchschneidet und sich dann das eine Mal nordwärts, das andre Mal südwärts von demselben entfernt. Wegen dieser verschiedenen Entfernung vom Aequator sehen wir ihn zuweilen einen sehr hohen und weiten Bogen am Himmel beschreiben, und dagegen zwei Wochen später, wenn er sich in den entgegengesetzten Sternbildern befindet, nur kurze Zeit über dem südlichen Horizonte hervorkommen.

Aber nicht der Mond allein bietet uns diese Erscheinungen einer eignen Bewegung, eines Fortrückens unter den übrigen Sternen dar, sondern offenbar hat auch die Sonne eine ganz ähnliche Bewegung. Ihre verschiedene Stellung am Himmel, indem sie im Sommer sich sehr hoch über den Horizont erhebt und uns durch ihre lange dauernde Einwirkung und durch ihre um Mittag fast senkrecht auf uns herabfallenden Strahlen heiße Tage giebt, und im Winter dagegen, wenige Stunden über dem Horizonte erscheinend, und in niedriger Stellung kaum die Dünste am Horizont durchdringend, nicht einmal den Schnee zu schmelzen vermag, zeigt uns, daß auch sie einen Theil des Jahres nördlich, einen Theil des Jahres südlich vom Aequator steht; und wir können uns leicht überzeugen, daß mit dieser ungleichen Stellung gegen den Aequator auch eben so, wie wir es am Monde beobachteten, ein Fortrücken nach Osten verbunden ist. Dieses Fortrücken können wir zwar nicht so unmittelbar wahrnehmen, wie beim Monde, den wir von Stunde zu Stunde gegen die ostwärts in seiner Nähe stehenden Sterne zu rücken sehen; aber dennoch zeigt es sich uns sehr deutlich an den Sternen, die wir kurz nach Sonnen-Untergang am westlichen Himmel erblicken.

Bemerken wir nämlich, daß kurz nach Sonnen-Untergang ein kenntlicher Stern in der Abenddämmerung sichtbar wird, und suchen wir nun an mehreren gleich nach einander folgenden Tagen diesen Stern in der Abenddämmerung wieder auf, so wird es uns sehr bald merklich, daß er immer schwieriger aufzufinden ist, und immer näher am Horizonte erscheint, wenn eine ungefähr gleiche Zeit nach Sonnen-Untergang verflossen ist. Wir finden ihn also immer weniger von der Sonne entfernt, und verlieren ihn nach einigen Tagen ganz aus den Augen, weil er zu schnell nach der Sonne untergeht, ehe noch die Dämmerung so weit abgenommen hat, als es nöthig ist, um Sterne zu entdecken. Da die Sterne gegen einander ihre Stellung nicht ändern, da wir eben diese Erfahrung, daß die Sonne sich einem Sterne, der kurz nach ihr untergeht, nähert, an allen Sternen machen können, die in eben der Gegend des Horizontes untergehen, wo die Sonne unterging, so schließen wir nun, daß die Sonne eine fortrückende Bewegung unter den Sternen habe.

Aus dieser Bewegung der Sonne erklärt es sich, warum wir dieselben Sterne nicht zu jeder Jahreszeit in derselben Stunde am Himmel sehen. Die Sterne, die wir vor einem Monate um 10 Uhr aufgehend sahen, finden wir jetzt zu eben der Stunde schon hoch am Himmel heraufgerückt, und die ganze Sternenkugel hat jetzt um 10 Uhr eben die Stellung, welche sie vor 4 Wochen erst um Mitternacht erreichte. Dieses muß offenbar so erfolgen, wenn die Sonne nach Osten fortrückt; denn da wir unsre Uhren auf 12 Uhr stellen, wenn die Sonne im Meridian ist, so würde, wenn es möglich wäre, einen Stern sehr nahe bei der Sonne im Meridian zu sehen, dieser alle Tage einige Minuten früher im Meridian erscheinen, indem die Sonne immer um 12 Uhr *) im Meridian ist, in einem Augenblick, wo der Stern, den sie seit

*) Mit einiger Ungleichheit, die später erwähnt wird.

gestern oder seit mehr Tagen westlich hinter sich gelassen hat, schon über den Meridian hinaus ist. Aus diesem Grunde sehen wir in den ersten Sommermonaten den Löwen, und später die Jungfrau Abends am westlichen Himmel, statt daß in den letzten Monaten des Jahres der Wassermann und die Fische sich in den Abendstunden dort zeigen.

Daß sich aus diesen Bemerkungen nun auch der Ausdruck: die Sonne tritt in den Widder oder in den Löwen, u. s. w. erklärt, erhellt leicht. In den jetzigen Sommer-Abenden zum Beispiel sehen wir das Gestirn des Löwen Abends am westlichen Himmel, und es wird nicht lange dauern, bis die Sonne dieses Gestirn erreicht, und uns also mitten unter den Sternen des Löwen erscheinen würde, wenn es möglich wäre, Sterne in ihrer Nähe zu erkennen.

Alle eben erwähnte Beobachtungen könnten indeß uns nur sehr oberflächlich den Weg kennen lehren, den die Sonne unter den Sternen nimmt; aber Sie werden leicht aus dem, was ich früher über die Bestimmung des Ortes eines jeden Sternes gesagt habe, die Mittel herleiten, um auch die Sonnenbahn genau kennen zu lernen. Die Mittagshöhe der Sonne nämlich giebt uns ja an jedem Tage, wenn wir unsre Polhöhe kennen, ein Mittel, die Entfernung der Sonne vom Aequator vermittelst des im Meridian aufgestellten Höhenkreises zu bestimmen, und wenn wir hiemit die Beobachtung der Zeit verbinden, welche zwischen dem Durchgange der Sonne und dem Durchgange eines bekannten Sternes durch den Meridian verfließt, so wissen wir zugleich, welcher Punkt des Aequators am Himmel mit der Sonne zugleich im Meridian erscheint, und können folglich den Stern in den Himmelscharten angeben, bei welchem die Sonne gerade steht. Diese täglich und jährlich fortgesetzten Beobachtungen haben uns den jährlichen Weg der Sonne kennen gelehrt; sie haben gezeigt, daß die Sonne nach 365 Tagen fast genau sich wieder an derselben Stelle des Himmels, bei denselben Sternen befindet, und daß daher unser Jahr, das nach den Erscheinungen, welche die Sonne theils selbst durch Auf- und Untergang, durch höhern oder tiefern Stand am Himmel uns darbietet, und welche sie theils in der uns umgebenden Natur bewirkt, bestimmt wird, aus soviel Tagen bestehen muß.

Diese Sonnenbahn, die Ecliptik am Himmel, ist ein gegen den Aequator des Himmels geneigter Kreis. Sie schneidet den Aequator da, wo das Sternbild der Fische steht, so daß dieser Durchschnittspunkt nahe bei dem Schwanze des westlichen Fisches sich befindet. Folgen wir der Ecliptik von hier an ostwärts, so geht sie etwas unterhalb der zwei kenntlichsten Sterne im Widder hin, mitten zwischen dem Auge des Stieres oder Aldebaran und dem Siebengestirne durch, unter den Köpfen der Zwillinge hin, fast genau durch den unter dem neblichen Sternhaufen im Krebse stehenden Stern, und fast genau durch das Herz des Löwen, Regulus. Im Flügel der Jungfrau, nahe unter dem mittlern der drei darin stehenden größern Sterne, durchschneidet die Ecliptik den Aequator zum zweiten Male, und geht dann südlich von demselben nahe an der Aehre in der Hand der Jungfrau, nahe an dem größern Sterne in der untern Wagschale, etwas oberhalb des Antares im Scorpion vorbei, durch den Kopf des Schützen, unterhalb der Hörner des Steinbocks hin, durch den Unterleib des Wassermanns bis zu dem Fische hin, wo wir den ersten Durchschnittspunkt mit dem Aequator fanden. In dieser Nachweisung haben Sie zugleich die Namen der zwölf Gestirne, die man als die zwölf Zeichen des Thierkreises, welchen die Sonne durchläuft, anzugeben pflegt. Dieser Kreis wird vom Aequator in zwei gleiche Hälften getheilt, indem die beiden Durchschnittspunkte mit dem Aequator einander genau gegenüber liegen, und die Ecliptik ist daher ein größter Kreis auf der Kugelfläche.

* *

Das Fortrücken der Sonne, wobei sie bald eine nördlichere, bald eine südlichere Stellung einnimmt, erklärt nun auch ihre Erscheinungen in den verschiedenen Jahreszeiten und in den verschiedenen Gegenden der Erde. Steht sie gerade im Aequator, welches am 21. März und am 23. September der Fall ist, so sieht jeder Ort auf der Erde sie eben so lange über dem Horizonte, als sie unter dem Horizonte verweilt; Tag und Nacht sind also dann gleich lang, und dieses an allen Orten der Erde. Aus diesem Grunde heißen die Punkte, wo die Ecliptik den Aequator schneidet, die Punkte der Nachtgleiche, Aequinoctialpunkte, und zwar derjenige, der Punkt der Frühlings-Nachtgleiche, von welchem an die Sonne sich nordwärts vom Aequator entfernt, weil um die Zeit, wo die Sonne ihn erreicht, bei uns Frühling ist; der andre, der Punkt der Herbst-Nachtgleiche. Wenn die Sonne die Frühlings-Nachtgleiche erreicht hat, so entfernt sie sich mehr und mehr nordwärts vom Aequator; sie bietet uns daher die Erscheinungen dar, die wir an den nördlich vom Aequator stehenden Sternen beobachten, daß sie länger über unserm Horizonte verweilen und einen hohen und weiten Bogen beschreiben, dadurch aber führt sie uns, indem sie unsre Gegenden bei ihrem hohen Stande und langem Verweilen über dem Horizonte immer mehr erwärmt, anfangs den milden Frühling, und dann den heißen Sommer zu. Am 21. Juni hat die Sonne ihren höchsten Stand für uns erreicht, mehrere Tage lang ist dann kein weiteres Steigen, kein Zunehmen der Tageslänge mehr merklich, und einige Tage später ist ihre Mittagshöhe, so wie die Länge der Tage, im Abnehmen. Am 23. September ist der Tag wieder der Nacht gleich, die Tage nehmen ab bis zum 21. December, wo ein ähnliches Stillstehen, wie um den längsten Tag, nämlich ein mehrere Tage gleich niedriger Stand der Sonne und gleiche Kürze des Tages statt findet, ehe der Uebergang in das Entgegengesetzte aufs Neue eintritt. Wegen dieses Gleichbleibens oder anscheinenden Stillstehens heißen die Punkte, wo die Sonne sich dann befindet, die Solstitien oder Sonnen-Stillstandspunkte.

Wenn die Sonne im Frühlings-Nachtgleichepunkte ist, so haben wir den Anfang des Frühlings; den Anfang des Sommers nehmen wir mit ihrem höchsten Stande gleichzeitig an; der Herbst fängt an, wenn sie sich in der Herbst-Nachtgleiche befindet, und Wintersanfang trifft mit dem kürzesten

Tage zusammen. Die Erscheinungen in andern Weltgegenden können wir jetzt ebenfalls bestimmen. Denen, welche unter dem Aequator wohnen, geht an den Tagen der Nachtgleichen die Sonne durch den Zenith, statt daß sie ihnen während unsers Winters etwas südlich, während unsers Sommers nordwärts vom Zenith vorbei geht. Die Tageslänge ist dort immer gleich, weil, wie Sie sich erinnern werden, alle Sterne dort 12 Stunden lang über dem Horizonte erscheinen; aber die Mittagshöhe der Sonne ändert sich von einem Tage zum andern, so daß sie in der Zeit, da wir die kürzesten Tage haben, südlich, und in unsern längsten Tagen nördlich, 23½ Grad vom Zenith entfernt bleibt.

Am Nordpole geht der Mittelpunkt der Sonne auf, wenn die Sonne in die Frühlings-Nachtgleiche tritt, und dann geht die Sonne bis zur Herbst-Nachtgleiche nicht wieder unter, sondern wird zuerst täglich höher herauf steigend, nach dem Sommersolstitio aber täglich niedriger gehend, immerfort über dem Horizonte gesehen, indem sie in einer Art von Schraubenlinie ihre Umläufe um den Himmel vollendet. In den kalten Gegenden, zu welchen wir noch gelangen können, findet gegen die Mitte des Sommers etwas Aehnliches statt. Sobald nämlich die Sonne eine so große Entfernung vom Aequator des Himmels erreicht hat, daß ihr Abstand vom Himmelspole geringer ist, als die Polhöhe des Ortes, so geht sie nun nicht mehr unter, sondern man sieht sie, am südlichen Himmel in bedeutender Höhe, am nördlichen Himmel sehr nahe am Horizonte, durch den Meridian gehen. So wie ihre nördliche Abweichung vom Aequator zunimmt, rückt der Kreis, den sie täglich durchläuft, höher hinauf, bis er am 21. Juni seine größte Höhe erreicht. Alsdann erfolgen dieselben Aenderungen der Erscheinung in umgekehrter Ordnung, und die Sonne wird wieder als aufgehend und untergehend gesehen, sobald ihr Abstand vom Pole größer wird, als die Polhöhe des Ortes. Die Nächte, die um diese Zeit zuerst nur wenige Minuten dauern, nehmen sehr bald an Länge zu, und sind zur Zeit der Nachtgleiche 12 Stunden lang. Die Sonne entfernt sich immer weiter vom Nordpole, kommt um Mittag immer auf kürzere Zeit über dem Horizonte hervor, und da sie endlich zu den Sternen hin rückt, die in dieser nördlichen Gegend niemals aufgehen, so verweilt nun auch sie so viele Tage unter dem Horizonte, als sie in dieser Entfernung vom Pole zubringt, und es ist nicht schwer zu übersehen, daß dieses eine eben so lange Nacht bewirkt, als der ununterbrochene Tag war, den man während des Sommers genoß, oder noch genauer ausgedrückt, daß der Mittelpunkt der Sonne so viele Tage im Winter unter dem Horizonte verweilt, als man ihn im Sommer oberhalb des Horizontes sah *).

In den südlichen Gegenden sind die Erscheinungen eben so, nur mit dem Unterschiede, daß dort die Tage am längsten sind, während unsers Winters, und dagegen der Winter eintritt, wenn wir den Sommer anfangen sehen.

Aus diesen Betrachtungen erhellt auch der Grund, warum man den Zonen der Erde, oder den Gegenden, die wir als die heiße Zone, die beiden gemäßigten Zonen und die beiden kalten Zonen auf der Erde unterscheiden, gerade die bestimmten Grenzen giebt, die Sie auf allen Landcharten gezeichnet finden. Die heiße Zone oder der heiße Erdstrich wird durch zwei dem Aequator parallele Kreise begrenzt, die jeder um $23\frac{1}{2}$ Grade vom Aequator entfernt sind. Sie enthält alle die Orte, denen zu irgend einer Zeit des Jahres die Sonne im Zenith erscheint, und es erhellt, daß dieses bis zu der eben angegebenen Entfernung vom Erd-Aequator statt findet, weil die Sonne sich so weit vom Aequator des Himmels entfernt. Die Sonne geht aller Orten in der heißen Zone zweimal im Jahre durch den Zenith und nur die, welche ganz nahe an der einen, oder andern Grenze liegen, machen hievon eine Ausnahme, indem sie sie bloß an dem Tage im Zenith sehen, da sie ihren größten Abstand vom Aequator erreicht hat. Unter dem Aequator sind die beiden Tage, da sie im Zenith erscheint, beinahe genau um ein halbes Jahr von einander

*) Die Refraction bringt einige Aenderung in diese Erscheinungen.

entfernt, der 21. März und 23. September; in Punkten, die ziemlich weit vom Aequator entfernt liegen, sind diese beiden Tage dem längsten Tage näher, und gleich viel vor und nach demselben, zum Beispiel für Mexico (etwa 20 Grade nördlich vom Aequator) würden sie auf den 20. Mai und 24. Juli treffen, und an der Grenze der Zone gehen diese zwei Tage gleichsam in einen zusammen.

In beiden gemäßigten Himmelsstrichen erscheint die Sonne zwar nie im Zenith, aber es giebt in ihnen auch keinen Ort, an welchem die Sonne oder eigentlich der Mittelpunkt der Sonne über 24 Stunden unter dem Horizont verweilte. Je näher man in dieser Zone zur heißen Zone hin fortgeht, desto geringer ist der Unterschied der Tageslänge im Sommer und Winter, dieser Unterschied ist schon sehr groß in unsern Gegenden, wo im Winter die Sonne nur 7 Stunden, in den längsten Tagen des Sommers 17 Stunden über dem Horizonte verweilt. Und viel größer wird dieser Unterschied, wenn man sich der Grenze der kalten Zone nähert. Diese Grenze liegt nämlich in Beziehung auf die nördliche kalte Zone da, wo an unserm kürzesten Tage der Mittelpunkt der Sonne gerade Mittags den Horizont berührt, ohne noch über ihm herauf zu kommen, und wo am längsten Tage der Mittelpunkt der Sonne statt unterzugehen, nur den nördlichen Horizont berührt.

Alle Orte, in denen um die Zeit unsers kürzesten Tages die Sonne länger als 24 Stunden unter dem Horizonte verweilt, liegen schon in der nördlichen kalten Zone, und eben diese Orte sehen um die Zeit unsers längsten Tages die Sonne länger als 24 Stunden über dem Horizonte. Da nun in unsern längsten Tagen die Sonne $23\frac{1}{2}$ Grade vom Aequator entfernt ist, also $66\frac{1}{2}$ Grad vom Pole steht, so liegen die Orte auf der Grenze der kalten Zone, deren Polhöhe $66\frac{1}{2}$ Grad beträgt, oder die $23\frac{1}{2}$ Grad vom Pole der Erde liegen, und der in dieser Entfernung vom Pole gezogene Kreis heißt der Polarkreis, und umschließt die kalte Zone. Je tiefer man in sie eindringt, desto länger dauert im Sommer der ununterbrochene Tag, und im Winter die ununterbrochene Nacht, so daß zum Beispiel an der südlichen Küste von

Spitzbergen die Sonne ungefähr vom letzten April bis in die Mitte des August nicht untergeht, dann aber ein tägliches Aufgehen und Untergehen bei immer kürzer werdenden Tagen eintritt, bis sie im Anfang des November gar nicht mehr über dem Horizonte erscheint, und sich dann erst gegen die Mitte des Februars wieder zeigt.

Auf der südlichen Halbkugel sind die Zonen nach eben dem Gesetze begrenzt, und wenn gleich im Allgemeinen die südliche Halbkugel kälter ist als die nördliche, so sind doch die Erscheinungen der Sonne, die Tageslänge und alles was damit in unmittelbarer Beziehung steht, auf beiden Halbkugeln gleich. Daß das physische Klima nicht ganz gleich in derselben geographischen Breite ist, sondern zugleich noch von andern Umständen, als von dem höhern und tiefern Stande der Sonne abhängt, ist ohnehin ja bekannt, indem manche Umstände, zum Beispiel eine höhere Lage, oder die Nähe hoher mit Schnee bedeckter Berge, die Wärme des Klimas vermindern, und auch überdas manche nicht so leicht anzugebende Ursachen auf dasselbe Einfluß haben. Nordamerika hat ein ganz anderes Klima als die eben so nördlich liegenden Gegenden von Europa, indem die Kälte dort im Allgemeinen stärker und anhaltender ist; Norwegen hat sehr viel mildere Winter als Moscau, obgleich das letztere bedeutend viel südlicher liegt, und überhaupt zeichnet das nördliche Asien und Rußland sich durch große Winterkälte aus, und das in einem solchen Maaße, daß selbst in Deutschland schon eine größere Winterkälte in den östlichern Gegenden, die den von dorther kommenden Nord- und Ostwinden offen sind, statt findet. Noch auffallender ist allerdings die Verschiedenheit des Klima's auf der südlichen und nördlichen Halbkugel; denn wer würde nach den Beschreibungen, welche die Reisenden vom Feuerlande machen, wohl glauben, daß dieses mit dem nördlichen Deutschland in gleicher Breite läge?

Doch die nähere Betrachtung dieser Ungleichheit würde mich hier zu weit von meinem Gegenstande abführen.

Sechste Vorlesung.

Ehe ich Sie, m. h. H. weiter mit den Erscheinungen bekannt mache, welche Sonne und Mond uns darbieten, scheint es mir nothwendig Ihnen etwas von dem Einflusse zu sagen, den unser Luftkreis auf den scheinbaren Ort der Gestirne hat. So klein die Aenderung in den meisten Fällen ist, welche die Höhe der Gestirne über dem Horizonte dadurch leidet, daß der von ihm zu uns kommende Lichtstrahl durch die Luft geht, so ist er doch für den genau beobachtenden Astronomen nie unbedeutend, und in manchen Fällen wird er groß genug, um selbst dem minder sorgfältigen Beobachter merklich zu werden, und da dieses gerade in Beziehung auf einige der neulich erzählten Erscheinungen gilt, so finde ich mich veranlaßt, Sie mit den Aenderungen, welche die Richtung des Lichtstrahls bei seinem Durchgange durch die Atmosphäre leidet, näher bekannt zu machen.

Daß unsre Erde mit Luft umgeben ist, kann ich zwar als etwas sehr bekanntes voraussetzen, aber einige Worte über die Bestimmung der Dichtigkeit dieses die Erde umgebenden Flüssigen, über die Mittel, die Höhe des Luftkreises ungefähr zu bestimmen, werden gleichwohl nicht am unrechten Orte seyn. Die Mittel dazu bietet uns das Barometer dar, ein Instrument, dessen Einrichtung auf folgenden Betrachtungen beruht.

Wenn man (Fig. 23.) ein Gefäß mit Wasser bis an a b füllt, und es durch eine Oeffnung c im Boden mit der gekrümmten Röhre c d e in Verbindung setzt: so steigt das Wasser bekanntlich in dieser Röhre so hoch, bis es bei f die Erweiterung der Horizontalebne a b erreicht. Wäre hier auch das Gefäß a b c so geschlossen, daß wir nicht sehen könnten, wo die Oberfläche a b sich befindet, so würden wir gleichwohl aus der Beobachtung der Oberfläche f genau wissen, wie hoch das Wasser in jenem geschlossenen Gefäße stände. Etwas anders verhält es sich, wenn nicht Wasser mit Wasser, sondern Wasser mit Quecksilber im Gleichgewichte ist. Es sey (Fig. 24.) die Röhre cegd von c bis d mit Quecksilber gefüllt: so liegen wieder c und d in gleicher Höhe oder in einer und derselben Horizontalebne. Gießt man aber jetzt in das Gefäß ab Wasser, so übt dieses auf die Oberfläche bei c einen Druck aus, drängt dadurch das Quecksilber in der Röhre fort, und nöthigt es, bei d zu steigen; indeß steigt es jetzt nicht zu der ganzen Höhe, welche das Wasser im Gefäße erreicht, sondern da das schwere Quecksilber einen stärkeren Gegendruck ausübt, zu einer verhältnißmäßig geringern Höhe. Da nämlich das Quecksilber 14mal so schwer als Wasser ist, so übt 1 Zoll Quecksilber, den wir uns durch fg dargestellt denken wollen, eben so viel Druck auf die Oberfläche bei g aus, als es eine 14 Zoll hohe Wassersäule thun würde; das Wasser kann also über der Fläche e, die mit g gleich hoch liegt, und jetzt die Oberfläche des etwas zurückgedrängten Quecksilbers darstellt, bis an a so hoch aufgegossen werden, bis die Wasserfläche a 14 Zoll über e liegt, wenn dabei das Quecksilber bis 1 Zoll hoch über g hinauf getrieben wird. Ein Instrument, wie das in Fig. 24. gezeichnete, könnte uns dienen, unsre Tiefe unter dem Wasser zu bestimmen, wenn wir uns mit dem Instrumente in ein tieferes Wasser hinabließen. Sie müssen sich dabei freilich die Röhre gh so lang denken, daß sie bis über die Oberfläche des Wassers, in welches wir uns eingetaucht denken, hinaufreiche; aber diese Unbequemlichkeit wollen wir übersehen, da von einer wirklichen Anwendung nicht die Rede seyn soll, sondern dieses Instrument nur als Erklärung eines andern hier erwähnt wird. Wir denken uns also mit unsrer Quecksilberröhre, (deren eines Ende h über die Oberfläche hervorragt, um das Wasser abzuhalten,) ins Meer versenkt, und also statt des Gefäßes ab, das unbegrenzte Meer; wollen wir nun wissen, wie tief wir uns unter der Oberfläche des Wassers befinden, so brauchen wir nur nachzusehen, wie hoch sich das Quecksilber bei f über die zweite Oberfläche e des Quecksilbers erhoben hat; die Anzahl der Zolle oder Fuße, welche wir da finden, muß 14mal genommen werden, um die Tiefe der Fläche e unter der Wasserfläche anzugeben.

Genau ein solches Instrument ist nun unser Barometer, mit welchem wir uns auf dem Boden des Luftmeeres befinden. Es unterscheidet sich von dem eben beschriebenen Instrumente nur dadurch, daß sein Schenkel gh, (Fig. 25.) sich nicht bis an das Ende der Atmosphäre hinauf erstreckt, sondern oben verschlossen ist und dadurch dort der Zutritt der Luft in den luftleeren Raum verhindert wird. Auf der Oberfläche e ruht hier die Luft, und ihr Druck ist es, der das Quecksilber in den andern Schenkel hinaufdrängt, wo kein Gegendruck auf die Oberfläche f statt findet. Wie tief wir uns in dieses Luftmeer eingetaucht befinden, darüber müssen wir uns nun nach und nach zu belehren suchen. Zuerst erhellet es von selbst, daß das Quecksilber im Barometer sinken muß, das heißt, daß die Oberfläche f eine niedrigere Stellung erlangen muß, sobald wir mit dem Barometer zu höher gelegnen Punkten hinaufsteigen. Die Erfahrung zeigt auch wirklich, daß das Barometer sehr nahe eine Linie fällt, wenn man 73 Fuß steigt, und daraus ergiebt sich nun, welche Dichtigkeit die Luft in der Nähe der Erde hat. So wie wir nämlich im Wasser 14 Fuß steigen müßten, um das Quecksilber um 1 Fuß sinken zu sehn, so müssen wir in der Luft, 73 Fuß oder 10512 Linien steigen, um das Quecksilber 1 Linie fallen zu sehen, und wir schließen daher, daß das Quecksilber 10500mal so schwer, als die Luft ist. Wäre diese Dichtigkeit der Luft in jeder Höhe gleich groß, so würde sich unsre Untersuchung über die Höhe der Atmosphäre leicht beendigen lassen; denn da am Meere das Quecksilber im Barometer ungefähr 337 Linien hoch steht, so würde eine Höhe von 73, 337 Fuß = 24601 Fuß hinreichen, um das Quecksilber auf 0 herabzubringen; aber so leicht läßt sich die Rechnung nicht führen, weil die Luft immer dünner wird, je höher man steigt. Ist man zu einer Höhe gelangt, wo das Barometer nur noch 300 Linien hoch steht, (25 Zoll,) so muß man schon 82 Fuß höher steigen, damit das Quecksilber noch um eine Linie falle; ist es bis auf 200 Linien herabgekommen, so muß man 123 Fuß steigen, um es eine Linie fallen zu sehen, und so ferner.

Obgleich diese verschiedene Dichtigkeit der Luft, welche nämlich in den höhern Schichten immer geringer wird, jener Bestimmung, wie hoch wir denn von unserm ersten Standpunkte gestiegen sind, einige Schwierigkeit entgegen stellt: so braucht man doch nur zu wissen, daß diese Ungleichheit der leichten Regel folgt, daß die Dichtigkeit im Verhältniß des Druckes, also im Verhältniß der Barometerhöhe abnimmt. Diese Regel erlaubt, eine Tafel zu berechnen, welche für jeden Barometerstand, den man in der Höhe irgendwo beobachtet, diese Höhe selbst angiebt, und sie genau angeben würde, wenn nicht die Wechsel des bald steigenden bald fallenden Quecksilbers, aus dem wir die Aenderung der Witterung zu errathen suchten, hier ein bedeutendes Hinderniß in den Weg legten.

Diese Andeutungen, bei welchen ich den Einfluß der Wärme absichtlich unerwähnt gelassen habe, reichen hier aus, um zu zeigen, daß man die Dichtigkeit unsers Luftkreises nicht bloß in der Nähe der Erde, sondern durch Rechnung auch selbst in den Höhen, wohin wir nie gelangen, bestimmen kann, und sogar ihre gesammte Höhe, die 8 Meilen etwa beträgt, findet. Diese Kenntniß von unsrer Atmosphäre ist es nur, deren wir hier bedürfen. Ich gehe jetzt zu einer andern Betrachtung aus der Physik über, welche den Weg, den der Lichtstrahl in der Atmosphäre nimmt, betrifft. Wir sind so sehr gewohnt, uns den Weg, den der zu unserm Auge gelangende Lichtstrahl nimmt, als gerade vorzustellen, daß wir fast ohne Ausnahme den Gegenstand in der Richtung suchen, die mit der letzten Richtung des Strahles, indem er unser Auge erreicht, übereinstimmt. Zwar pflegen wir nicht mehr, wie die Kinder und diejenigen, welche nie einen Spiegel gesehen hatten, den im Spiegel erscheinenden Gegenstand hinter dem Spiegel zu suchen, sondern erkennen hier eine Ausnahme von der Regel an, aber in andern Fällen machen auch wir falsche Urtheile über die wahre Lage der Gegenstände.

Ein leichtes und bekanntes Experiment zeigt sogleich, daß wir uns irren, wenn wir glauben, der Weg des Lichtstrahls sey immer genau eine gerade Linie. Legen Sie in ein undurchsichtiges Gefäß einen kleinen Körper, zum Beispiel eine kleine Geldmünze, stellen Sie sich so, daß das Auge in b (Fig. 26.) diese Münze nicht mehr sieht, sondern daß sie gerade von dem Rande c des Gefäßes verdeckt wird; Sie halten sich dann mit Recht überzeugt, wofern das Gefäß leer, das heißt, bloß mit der uns umgebenden Luft erfüllt ist, daß die Linie aeb vom Auge durch den Rand des Gefäßes bis zu dem Punkte auf dem Boden, der von dem Rande verdeckt wird, eine gerade Linie ist. Aber nun lassen Sie etwas Wasser bis an de in das Gefäß gießen, so sehen Sie, bei unveränderter Stellung des Auges, jene Münze oberhalb des Randes sichtbar werden, und es scheint, als ob der ganze Boden des Gefäßes höher hinauf gerückt wäre. Sie sehen den Punkt a in der Richtung bg, und können sich durch leichte Versuche überzeugen, daß der Lichtstrahl von g an gerade fortgeht, in der Oberfläche des Wassers aber plötzlich seine Richtung geändert hat. Diese plötzliche Aenderung in der Richtung des Lichtstrahls tritt allemal ein, wenn der Strahl aus einem dichtern durchsichtigen Körper in einen dünnern, oder umgekehrt, übergeht, jedoch nur dann, wenn seine Richtung gegen die brechende Fläche de nicht senkrecht ist.

Sie sehen eben diese Brechung, wenn Sie in b ein Licht aufstellen, und im leeren Gefäße den Punkt k bemerken, wohin der letzte Punkt der Seitenwand seinen Schatten wirft; dann aber das Gefäß mit Wasser füllen und das Ende des Schattens unter diesen geänderten Umständen bemerken. Der Schatten der Seitenwand reicht in dem mit Wasser gefüllten Gefäße nur etwa bis a, indem der letzte, oberhalb c vorbeigehende Lichtstrahl bei g gebrochen wird, und die geänderte Richtung nach ga nimmt. Aus dieser Brechung oder geänderten Richtung der Lichtstrahlen, erklären sich eine Menge von Naturerscheinungen; die Sammlung der Strahlen im Brennpunkte des Brennglases, die Fernröhre und Vergrößerungsgläser hängen davon ab, und die schönen Erscheinungen, welche das Prisma darbietet, so wie die Erscheinungen des Regenbogens haben in dieser Brechung ihren Grund.

Um das Gesetz dieser Brechung nur so weit als es hier nöthig ist, anzudeuten, bemerke ich folgende Hauptumstände.

Wenn der schief auf die Oberfläche d e fallende Strahl b g hier eine dichtere, durchsichtige Materie antrifft, so ändert er in g seine Richtung so, daß er tiefer in diese Materie eindringt, oder daß seine neue Richtung g a der senkrechten näher ist, als die vorige b g; dagegen würde er beim Eintritt in eine dünnere Materie sich mehr von der senkrechten Richtung ablenken. Dieses Gesetz ist allgemein. Ein zweites Gesetz, das sich mit Hülfe mathematischer Regeln noch genauer ausdrücken läßt, ist, daß der Winkel, den die Richtung vor der Brechung mit der Richtung nach der Brechung macht, desto größer ist, je schiefer der Strahl auf die brechende Fläche d e, das ist, auf die Fläche, welche die beiden durchsichtigen Körper trennt, auffällt. Uebrigens ist die Brechung bei verschiedenen Körpern sehr ungleich, was aber mit unsrer jetzigen Betrachtung nicht so wesentlich zusammen hängt.

Vermöge dieser Ablenkung des Strahles von der geraden Richtung, ist nun auch die von unserm Auge zu einem Sterne hin gezogne gerade Linie nicht ganz einerlei mit der Richtung, in welcher der Lichtstrahl von ihm zu unserm Auge gelangt, und einigermaßen so, wie in Fig. 26. das Auge b den Punkt a sieht, obgleich er hinter der Wand verdeckt liegen sollte, so sehen wir die Sonne, wenn die von unserm Auge zu ihr gezogne gerade Linie noch die undurchsichtige Erde schneidet, oder wenn die Sonne noch unter dem Horizonte ist. Denn obgleich die, die Erde umgebende Luft sehr dünne ist, so nimmt dennoch der aus dem leeren (oder allenfalls nur mit noch ungemein viel feinerer Materie erfüllten) Raum in sie eintretende Lichtstrahl eine geänderte Richtung an, und da die Luftschichten in der Nähe der Erde dichter sind, als die höheren, so ändert sich fortwährend die Richtung des Strahles, so daß er eine krumme Linie, ungefähr wie G H B (Fig. 27.) durchläuft. Für unser Auge in B ist es daher ganz so, als ob der Stern, von welchem der Lichtstrahl zu uns kommt, in der Richtung B I stände, in welcher der Lichtstrahl unser Auge trifft, und wenn L M B, der Lichtstrahl wäre, der von einem Sterne L unter dem Horizonte B N ausginge, so könnte er dennoch so gekrümmt, wie L M B zeigt, in unser Auge gelangen, und wir würden dann den Stern eben so gehoben, oberhalb des Horizonts sehen, wie wir in Fig. 26. den Punkt a über den Rand des Gefäßes hervor gehoben sehen, hinter welchem er eigentlich verborgen seyn sollte.

Durch diese Strahlenbrechung oder Refraction erscheint jeder Stern, allemal etwas höher über dem Horizonte, als es bei geradem Fortgange des Lichtstrahls der Fall seyn würde; die Astronomen nehmen hierauf bei ihren Beobachtungen Rücksicht, aber bei höher stehenden Sternen ist der Unterschied minder erheblich, bei den nahe am Horizonte stehenden dagegen, beträgt er ungefähr so viel, als der Durchmesser der Sonne, so daß ungefähr die nach dem Horizonte gezogene gerade Linie schon den obern Rand der Sonne treffen würde, in dem Augenblicke, da unserm Auge erst der untere Rand sich hinter dem Horizonte zu verbergen scheint.

Die Brechung erfolgt aber hier nicht plötzlich beim Eintritt des Lichtstrahls in die Atmosphäre, sondern da in den höchsten Schichten die Luft sehr dünne ist, so ist die Ablenkung des Strahles von seiner anfänglichen Richtung zuerst geringe; nach und nach aber wird sie stärker, und der Strahl durchläuft eine krumme Linie, deren letzte Richtung diejenige ist, in welcher unser Auge den ankommenden Strahl empfindet, und diejenige, in welcher wir den Gegenstand zu sehen glauben.

Das kurze Resultat aller dieser Ueberlegungen ist, daß die Sonne und die Sterne uns allemal etwas mehr gegen den Zenith hinauf gerückt erscheinen, als es ihrer wahren Lage nach der Fall seyn sollte, und daß sie daher etwas früher von uns gesehen werden, ehe sie eigentlich über den Horizont hervorkommen, dagegen etwas später untergehen, wenn sie sich schon in einer Lage befinden, wohin die vom Auge aus gehende gerade Linie durch die undurchsichtige Erde unterbrochen ist.

Hierauf muß man bei mehrern derjenigen Bestimmungen, die ich früher erwähnt habe, Rücksicht nehmen. Bei der Bestimmung der Polhöhe sahen wir es so an, als ob die von einem Sterne um den Pol des Himmels täglich beschriebene Bahn ein ganz genauer Kreis wäre; dieses ist aber wegen der Strahlenbrechung nie genau, und nur bei den Sternen beinahe der Fall, welche dem Pole sehr nahe stehen. Wie fern es bei andern Sternen von der genauen Richtigkeit abweicht, wird sich an folgendem Beispiel am leichtesten übersehen lassen. Es befinde sich der Beobachter gerade unter einer Polhöhe von 45 Graden, wo also der Pol des Himmels genau mitten zwischen dem Zenith und dem Horizonte steht; dieser Beobachter sehe einen Stern genau in seinem Zenith, und verfolge ihn nun, bis er den Meridian unterhalb des Poles abermals erreicht. Im Zenith ist kein Einfluß der Strahlenbrechung vorhanden, und wenn diese auch bei den übrigen Stellungen des Sternes nicht einwirkte, so müßte der Stern genau im Horizonte selbst den nördlichen Meridian erreichen; aber wegen der Strahlenbrechung erscheint er am Horizonte um mehr als einen halben Grad höher, als er sollte, folglich dem wahren Pole des Himmels um einen halben Grad näher gerückt, und der Beobachter, der auf die Strahlenbrechung nicht Rücksicht nähme, würde seinen Pol hiernach in die Mitte zwischen $\frac{1}{2}$ Grad Höhe und 90 Grad Höhe, also auf $45\frac{1}{4}$ Grad setzen, obgleich sie in der That nur 45 Grade wäre.

Auf ähnliche Art, obgleich weniger, würde immer die Polhöhe unrichtig bestimmt, auch wenn man Sterne zu ihrer Bestimmung wählt, die dem Pole näher stehen, wofern man die Strahlenbrechung unbeachtet ließe; und man muß folglich hier und allemal die Refraction in Rechnung bringen, wenn irgend eine Höhenmessung etwas Genaues ergeben soll.

Daß die Sonne vermöge der Strahlenbrechung etwas früher aufgeht, und etwas später untergeht, hat in unsern Gegenden nur einen unbedeutenden Einfluß, indem die Zeit des Auf- und Unterganges nur um einige Minuten geändert wird; in der Nähe des Poles dagegen, ist dieser Einfluß sehr merklich. Wenn ein Beobachter unter 70 Grad Breite überwintert, so sollte er eigentlich den obern Sonnenrand aufgehen sehen, wenn der Sonne Mittelpunkt $20\frac{3}{4}$ Grad vom Aequator des Himmels südlich entfernt ist, welches am 20sten Januar statt findet; aber wenn die Strahlenbrechung nur etwas mehr als $\frac{1}{2}$ Grad beträgt, so wird er den Sonnenrand schon drei Tage eher am Horizont auf einen Augenblick erscheinen sehen. Aber in jenen kalten Gegenden scheint die Strahlenbrechung am Horizonte noch viel größer zu seyn, und wenn die Erzählung genau richtig ist, die man von den auf Nova Zembla überwinternden Holländern aufbehalten hat, so muß sie zuweilen $4\frac{1}{2}$ Grad betragen. Unter einer Breite von 76 Graden, wo diese sich ungefähr befanden, sollte eigentlich der erste Sonnenrand sich zeigen, wenn der Mittelpunkt der Sonne noch $14\frac{1}{4}$ Grad südlich vom Aequator entfernt ist, das ist am 11ten Februar, aber vermöge einer so starken Refraction war es möglich, sie zwei ganze Wochen früher hervorkommen zu sehen. Dadurch also werden die langen Polarnächte um etwas Erhebliches abgekürzt.

Diese ungemein starke Strahlenbrechung scheint zwar auffallend; aber selbst in unsern Gegenden kommen Fälle vor, wo die Brechung der Strahlen die gewöhnlichen Grenzen bei weitem übersteigt. Ich will nur einen solchen recht merkwürdigen Fall erwähnen, den ich selbst beobachtet habe. Auch diejenigen Strahlen, die von irdischen Gegenständen ausgehn, leiden allemal einige Brechung, weil sie nach und nach in Luftschichten von verschiedener Dichtigkeit gelangen; aber diese Brechung ist zuweilen so stark, daß man Gegenstände zu sehen bekömmt, die man gar nicht zu sehen erwartet. Die niedrigen Marschländer an der Nordsee, sind mit hohen Deichen von 16 bis 18 Fuß über dem Boden des Landes umgeben; wenn also b (Fig. 28.) einen solchen Deich oder Damm vorstellt, so scheint es unmöglich, daß ein Auge in a, etwa 10 Fuß niedriger als der Gipfel des Deiches, die Oberfläche d des Meeres, die 20 Fuß niedriger als jener Gipfel ist, sehen könne. Gleichwohl war das am 6ten April 1803 der Fall, und eben das kömmt zwar selten, aber doch von Zeit zu Zeit wieder vor. Ich befand mich an jenem Tage innerhalb dieses Deiches, mein Auge etwa 10 Fuß unter dem Gipfel des Deiches, und dennoch sah ich die Oberfläche des Wassers jenseits des Deiches mit den an einem sehr entfernten Theile des Ufers liegenden Gegenständen. Der Lichtstrahl machte also einen so krummen Weg, wie dcba, und gelangte so zum Auge. An diesem Tage mußte gewiß auch die Sonne merklich später als sonst untergehen; aber es gab an diesem merkwürdigen Abend ohnehin so viel zu beobachten, daß ich der Sonne wenig Aufmerksamkeit widmen konnte.

Doch es ist Zeit, diese Betrachtungen abzubrechen *).

Siebente Vorlesung.

Die künstliche Himmelskugel bietet ein recht brauchbares und angenehmes Hülfsmittel dar, um die Erscheinungen der Sonne in verschiedenen Gegenden und zu verschiedenen Jahreszeiten nicht bloß im Allgemeinen darzustellen, sondern auch für jeden bestimmten Tag die Zeit und den Ort ihres Aufgangs und Untergangs so gut anzugeben, als es auf einem nicht so sehr großen Kreise möglich ist.

Lassen Sie uns die Anwendung sogleich auf unsern Wohnort machen und den Pol P der Himmelskugel (Fig. 2.) auf 51 Grad Höhe über dem Horizont stellen. Auf der Himmelskugel finden Sie die Ecliptik, den Kreis welchen die Sonne scheinbar am Himmel durchläuft, gezeichnet, und auf ihr die Punkte bemerkt, wo nach dem Ausdruck unserer Kalender die Sonne in ein neues Zeichen tritt. Dabei muß ich noch Folgendes bemerken. Unsere Kalender und alle astronomischen Bücher sagen, die Sonne tritt in den Widder an dem Tage, wo die Nachtgleiche ist, oder wo die Sonne

*) Ueber die damals und an ähnlichen Tagen beobachteten Erscheinungen, habe ich vollständigere Nachrichten gegeben, und ihren Ursprung erörtert in: Beobachtungen und theoretischen Untersuchungen über die Strahlenbrechung. (Oldenburg, 1807.) und in: Kronos. Jahrgang 1817.

anfängt eine nördliche Abweichung vom Aequator, nördliche Declination, zu erhalten, gleichwohl liegt dieser Punkt im Sternbilde der Fische und erst einen Monat später gelangt die Sonne zu den Sternen des Widders. Dieser Sprachgebrauch deutet noch auf uralte Zeiten hin, da wirklich der Nachtgleichenpunkt so lag, daß die Sonne ungefähr in den 30 nächsten Tagen durch das Sternbild des Widders fortrückte, dann den Stier erreichte, und so ferner. Seit jener Zeit ist allmählig der Nachtgleichenpunkt zurückgerückt und befindet sich jetzt bei den Fischen, aus denen er in einer spätern Zukunft in den Wassermann hinüber gehen wird; aber der Sprachgebrauch, die ersten 30 Grade der Ecliptik vom Nachtgleichenpunkte an, im Widder liegend zu nennen, ist geblieben, und die ganze Eintheilung der Ecliptik in ihre zwölf Zeichen geht vom Nachtgleichenpunkte so fort, wie es jener Lage des Nachtgleichenpunktes gemäß gewesen wäre. Dieses muß man wissen, um den Ort der Sonne auf der künstlichen Himmelskugel aufzufinden.

Unsere Kalender sagen uns, daß zum Beispiel am 1. Mai die Sonne 10 Grad in den Stier hineingerückt, oder 1 Zeichen und 10 Grade, das ist, 40 Grade vom Nachtgleichenpunkte entfernt ist, diesen Punkt, der im Sternbilde des Widders liegt, wollen wir uns auf der künstlichen Himmelskugel bemerken, und nun fragen, 1. in welchem Punkte des Horizontes geht die Sonne an diesem Tage auf und unter? 2. wie lange ist sie über unserm Horizonte? 3. wie hoch steigt sie 3 Stunden vor Mittag, und so zu jeder angenommenen Zeit? — Um die erste Frage zu beantworten, bringen wir den bezeichneten Standort der Sonne in den Horizont, auf welchem Norden bei Z, Osten bei R, wo der Aequator den Horizont schneidet, bezeichnet ist; unser bezeichneter Punkt geht ziemlich weit von Osten entfernt, nördlich vom Ostpunkte auf, und eben so viel nördlich vom Westpunkte unter, und zeigt uns genau, wo wir auf dem wirklichen Horizonte die Punkte des Aufgangs und Untergangs zu suchen haben. Die zweite Frage beantworten wir mit Hülfe der Stundenscheibe, die sich oben bei P befindet. Wir bringen den bezeichneten

Punkt unter den Meridianring H A P und stellen zugleich den Uhrzeiger auf 12 Uhr; wir bringen nun den Punkt durch Drehung der Kugel um ihre Axe zum Abendhorizont, und sehen, wie viele Stunden der Zeiger durchlaufen hat, so viele Stunden nach Mittage geht die Sonne unter, und doppelt so viele Stunden erhalten wir für die Länge des ganzen Tages. Die dritte Frage, wie hoch die Sonne am 1. Mai im Mittage steht, beantwortet man leicht, indem man den bezeichneten Punkt, wo die Sonne an jenem Tage steht, unter den Meridianring bringt, und an diesem vom Horizonte H herauf die Grade bis zu jenem Punkte hin zählt. Um aber zu einer andern Zeit die Höhe der Sonne kennen zu lernen, muß man die Stundenscheibe und den beweglichen Gradbogen zu Hülfe nehmen. Man bringt den bezeichneten Punkt unter den Meridian, und den Zeiger der Stundenscheibe auf 12 Uhr; man dreht dann die Kugel, bis der Stundenzeiger so viele Stunden fortgerückt ist, als die vorgeschriebene Zeit vom Mittage entfernt ist. Hier hält man die Kugel fest, schraubt den Gradbogen am höchsten Punkte C an, und legt ihn gegen den Ort, wo sich jetzt der bezeichnete Punkt befindet; man liest nun die Anzahl von Graden ab, die vom Horizonte an bis zu dem bezeichneten Punkte reichen, und hat so die in jenem Augenblick statt findende Höhe. Und nicht bloß die Höhe, sondern auch das Azimuth der Sonne für diese Zeit hat man auf diese Weise bestimmt. Zählt man nämlich auf dem Horizonte die Grade vom Südpunkte bis zu dem Punkte, wo der nach der vorigen Anleitung gelegte Gradbogen den Horizont erreicht, so ist das, was man so findet, das Azimuth, indem man darunter allemal den Abstand des Gestirns vom Südpunkte, oder den zwischen dem Verticalkreise des Gestirns und dem Meridian abgeschnittenen Bogen des Horizonts versteht. Diese Fragen kann man für jeden andern Ort auf der Erde beantworten, wenn man nur dem Pole diejenige Höhe über dem Horizonte giebt, die diesem Orte angemessen ist.

Da ich einmal Ihnen soviel über den Gebrauch der Himmelskugel gesagt habe, so wird es wohl am besten seyn, sogleich noch eine Reihe anderer Fragen beizufügen, deren Beantwortung man auf ähnliche Weise erhält, und deren sich noch viel mehrere aufwerfen ließen, welche Sie leicht beantworten werden, wenn Sie die hier gegebene Anleitung richtig benutzen. Eine solche Frage ist die, zu welcher Zeit irgend ein Stern an einem gegebnen Tage aufgeht, oder untergeht? Ich will den Sirius als Beispiel nehmen und die Frage wieder auf den Tag beziehen, von dem ich vorhin redete, so daß der dort bezeichnete Punkt noch immer den Ort der Sonne am 1. Mai angiebt. Man bringt diesen bezeichneten Punkt unter den Meridianring, und stellt den Zeiger der Stundenscheibe auf 12 Uhr, dreht nun die Kugel bis der Sirius im östlichen Horizonte erscheint, und sieht, wie viele Stunden der Zeiger durchlaufen hat, so viele Stunden nach Mittage, wenn man die Kugel nach Westen zu gedreht hat, geht der Sirius auf.

Eine andere Frage ist, die Sterne kennen zu lernen, die an diesem Tage gerade aufgehen, indem die Sonne untergeht. Man bringt den bezeichneten Punkt in den westlichen Horizont und sieht nun nach, welche Sterne sich jetzt im östlichen Horizonte zeigen; dieß sind diejenigen, die man bald nach der Dämmerung am östlichen Himmel gewahr wird, und die also ihren Lauf am Himmel während der Nacht sichtbar fortsetzen. Diejenigen, welche untergehen, indem die Sonne untergeht, lernt man eben so kennen, und die ähnlichen Fragen für den Sonnenaufgang wird man nun leicht beantworten.

Noch eine Frage, die man in der Nacht zuweilen zu beantworten wünscht, ist die, welche Zeit es ist, wenn zwei bekannte Sterne gerade über einander stehen. Will man dieß nach unserer gewöhnlichen Zeitbestimmung, wo es um Mittag 12 Uhr ist, für eben jenen Tag bestimmen, so muß man wieder den bezeichneten Punkt unter den Meridianring und den Zeiger auf 12 Uhr stellen; man dreht dann die Kugel nach Westen fort, bis jene zwei Sterne an der Himmelskugel gerade über einander stehen, oder von dem in C angeschraubten Gradbogen zugleich getroffen werden; hat man diese Stellung der Kugel erreicht, so giebt der Stundenzeiger an, wie viele Stunden nach Mittage sich diese Erscheinung an dem bestimmten Tage, unter der bestimmten Polhöhe ereignet, und es erhellt zugleich, daß man diese Erscheinung brauchen könnte, um zu bestimmen, welche Zeit es ist, wenn man die Polhöhe seines Wohnortes und den Stand der Sonne an dem Tage kennt. Die künstliche Himmelskugel giebt diese Zeitbestimmung zwar nicht bis auf einzelne Minuten genau, aber sie zeigt hinreichend, daß es möglich seyn muß, durch Hülfe der Rechnung sie noch strenger zu finden. — Jede andere Polhöhe bietet hier große Verschiedenheiten dar, und es ist angenehm, diese an der Himmelskugel weiter zu untersuchen.

Statt noch länger bei ähnlichen Fragen zu verweilen, will ich nur noch ein anderes Phänomen erwähnen, bei dessen Bestimmung uns auch die Himmelskugel zu statten kommt, nämlich die Dämmerung. Es ist bekannt genug, daß diese daher entsteht, daß die schon untergegangne Sonne noch die Atmosphäre erhellt, und diese uns daher durch Zurückwerfung noch einige Helligkeit mittheilt. Die Dämmerung hört erst dann gänzlich auf, wenn die Sonne 18 Grade tief unter dem Horizonte ist, und dann erst ist es Zeit, sich nach den kleinen Sternen umzusehen, die das Auge nur noch mit Mühe erkennt. Die Himmelskugel beantwortet für einen bestimmten Tag und für einen bestimmten Ort die Frage, wie lange die Dämmerung dauert. Denn wenn die Kugel mit ihrem Meridianringe auf die richtige Polhöhe gestellt ist, so nämlich, daß der Bogen PZ so viele Grade hält, als die Polhöhe des Ortes, so bringt man den bezeichneten Punkt, welcher den Ort der Sonne für den bestimmten Tag angiebt, in den westlichen Horizont und bemerkt sich, wo jetzt der Zeiger der Stundenscheibe steht; man dreht dann die Kugel so lange fort, bis man mit Hülfe des Gradbogens den bezeichneten Punkt 18 Grade unter dem Horizonte findet; — so viel Stunden oder Viertelstunden nun der Zeiger von seiner vorigen Stellung fortgerückt ist, so lange dauert an dem Orte und an dem Tage die ganze Dämmerung. Es giebt bei uns und in allen nördlichern Gegenden Zeiten im Jahre, wo die Sonne gar nicht die Tiefe von 18 Graden unter dem Horizonte erreicht; zu dieser Zeit dauert die Dämmerung die ganze Nacht, oder es sind dann helle Nächte, in welchen die Dunkelheit nie ihren höchsten Grad erreicht.

* *

So ungemein mannichfaltig sind die Belehrungen, die wir uns an der künstlichen Himmelskugel verschaffen können. Ich will Sie mit noch mehr ähnlichen Anleitungen nicht aufhalten, sondern nur noch einige Worte erklären, die in der Folge gebraucht werden.

Die eben vorhin erwähnte Bestimmung der Lage eines Sternes durch Höhe und Azimuth giebt mir Veranlassung, auch die übrigen zwei Arten von Angaben, wodurch man die Lage der Sterne bestimmt, anzuführen. Der Ort auf der Kugel ist offenbar dann völlig bestimmt, wenn der Abstand von einem bekannten Kreise, und der Punkt, wo die senkrechte Abstandslinie den bekannten Kreis trifft, gegeben sind. Bei der Bestimmung durch Azimuth und Höhe ist der Horizont der bekannte Kreis, der Mittagspunkt oder Südpunkt der Anfang, von welchem auf dem Horizonte gezählt wird, die Höhe der senkrechte Abstand des Gestirns von diesem Kreise, das Azimuth die Entfernung jener senkrechten Abstandslinie vom Südpunkte. Der Abstand vom Zenith, oder die Zenithdistanz macht mit der Höhe zusammen 90 Grade. Wenn man Azimuth und Höhe durch Beobachtung finden will, so muß man sich eines Instrumentes bedienen, dessen wesentliche Einrichtung in Fig 13. gezeigt ist, wo das Fernrohr AE an dem Quadranten AFE so fortgeschoben werden kann, daß es immer durch den Mittelpunkt A geht, und wo der Quadrant mit dem Fernrohre sich um die verticale Säule AB dreht. Man wendet diese beiden Drehungen an, um das Fernrohr auf den zu beobachtenden Stern zu richten, liest dann an FE die Höhe über dem Horizonte, und auf dem Kreise BCD das Azimuth ab, vermittelst eines Lineals BC, das sich mit dem Quadranten um B dreht. Der Kreis

BCD muß genau horizontal und sein Nullpunkt nach Süden gestellt seyn; der Quadrant muß in jeder seiner Stellungen eine verticale Ebne bilden, und AF horizontal seyn.

Eine zweite Art, die Lage eines Sternes oder der Sonne zu bestimmen, giebt die Beziehung auf den Aequator. Sie kennen die Durchschnittspunkte des Aequators und der Ecliptik; einer von diesen, namentlich der Frühlings-Nachtgleichenpunkt, welchen die Sonne am 21. März erreicht, ist der Anfangspunkt der Grade auf dem Aequator und zwar zählt man von ihm, wenn er im Süden steht nach Osten, oder allemal nach der linken Seite fort. Von dem zu bestimmenden Sterne zieht man einen auf den Aequator senkrechten Bogen und nennt den Abstand vom Aequator die Declination oder Abweichung des Sterns; den Bogen dagegen, der zwischen jenem Anfangspunkte und dem senkrechten Abstandsbogen enthalten ist, nennt man, nach der Seite gezählt, wie ich eben angab, die gerade Aufsteigung oder Rectascension des Sterns. Wenn man ein Instrument, einigermaßen dem in Fig. 13. gezeichneten ähnlich, so aufstellt, daß die Axe AB mit der Weltaxe parallel, oder BA genau gegen den Nordpol gerichtet ist, so liegt der Kreis BDC so, daß jeder seiner Punkte nach Punkten im Aequator des Himmels hin sieht, der Quadrant bildet einen Declinationskreis und man kann auf FE die Declination, auf dem Bogen CD die gerade Aufsteigung ablesen. Die letztere erhält man indeß nicht unmittelbar, sondern wenn D genau nach Süden gerichtet ist, so giebt DC den Unterschied der Rectascension des Gestirns und des Meridians oder der Mitte des Himmels an, und diese letztere muß man aus der Zeit, die seit dem Durchgange des Nachtgleichenpunkts durch den Meridian verflossen ist, kennen, um die gerade Aufsteigung zu erhalten. Das Instrument heißt ein Aequatoral-Instrument, und hat den Vortheil, daß man den einmal in der Mitte des Fernrohrs sich befindenden Stern leicht verfolgt, indem man bloß den Quadranten mit dem daran befestigten Fernrohre, um die Axe fortführt, und so die Umdrehung der Himmelskugel nachahmt.

Die dritte Angabe der Lage eines Sterns bezieht sich auf die Ecliptik. Der senkrechte Abstand des Sternes von der Ecliptik heißt seine **Breite**, der Abstand zwischen dem Frühlingspunkte und jenem senkrechten Bogen, heißt seine **Länge**, und diese Länge wird vom Frühlings-Nachtgleichenpunkte an nach der linken Seite gezählt.

Da der Nachtgleichenpunkt im Laufe der Zeit seine Lage ändert, welches man das **Rückgehen des Nachtgleichenpunktes** nennt, oder die **Präcession der Nachtgleichen** (Vorrücken), so bleibt weder Länge noch gerade Aufsteigung der Sterne von einem Jahrhundert zum andern ungeändert, sondern beide nehmen zu; doch beträgt das so wenig, daß wir für jetzt, in unsern nächsten Betrachtungen nicht nöthig haben, Rücksicht darauf zu nehmen.

Da die Sonne immer in der Ecliptik bleibt, oder wenigstens nur auf eine kaum merkliche Weise sich davon entfernt, so hat sie keine Breite, oder diese ist doch so geringe, daß man nur bei sehr genauen Beobachtungen sie zu berücksichtigen braucht; für Mond und Sterne aber müssen nicht bloß die Längen, sondern auch die Breiten angegeben werden.

Endlich muß ich doch noch erwähnen, daß man den nahe an der Ecliptik liegenden Streifen des Himmels, in welchem sich Mond und Planeten immer befinden, den **Thierkreis** nennt, weil die zwölf Sternbilder — meistens Thiere — sich in ihm befinden. Die zwei dem Aequator parallelen Kreise, welche durch diejenigen Punkte der Ecliptik gehen, in denen die Sonne sich am weitesten von der Ecliptik entfernt, heißen die **Wendekreise**, weil die bis dahin zunehmende Entfernung der Sonne vom Aequator in ein Abnehmen übergeht, sobald die Sonne diese Wendekreise erreicht hat. Diejenigen Orte auf der Erde, in welchen einer der Wendekreise durch den Zenith geht, liegen an der Grenze der heißen Zone, und die Kreise, die auf der Erde die heiße Zone begrenzen, heißen daher ebenfalls **Wendekreise**.

Achte Vorlesung.

Die Bewegung des Mondes, auf welche ich Sie neulich schon aufmerksam machte, verdient eine sorgfältigere Betrachtung. Da er in ungefähr 4 Wochen einen ganzen Umlauf durch alle Sternbilder des Thierkreises macht, so ist nicht allein von einem Abend zum andern sein Fortrücken unter den Sternen sehr merklich, sondern wenn man ihn ziemlich nahe bei einem hellen Sterne stehend, sieht, so reichen wenige Stunden hin, um zu zeigen, wie er gegen die ostwärts von ihm stehenden Sterne zu rückt, sie bedeckt, oder an ihnen vorbei geht, und sie dann hinter sich zurück läßt. Obgleich nun eine genaue Beobachtung zeigt, daß er nicht genau den Weg am Himmel durchläuft, welchen die Sonne jährlich durchläuft, sondern daß er bald nördlich bald südlich von der Ecliptik, auf welcher die Sonne immer bleibt, abweicht, so sind doch die Erscheinungen seines längern oder kürzern Verweilens über dem Horizonte, denen sehr ähnlich, welche die Sonne darbietet. Die Sonne steht uns am höchsten, wenn sie sich bei dem linken Fuße des Castor (eines der Zwillinge) befindet, und in eben der Gegend des Thierkreises muß ungefähr auch der Mond stehen, wenn er seinen höchsten und weitesten Bogen durchlaufen soll. Eine ähnliche, jedoch nicht völlige Uebereinstimmung, findet bei allen Stellungen des Mondes und der Sonne in einerlei Himmelszeichen statt.

Der Mond hält sich nicht so strenge an einen und denselben Weg am Himmel, wie die Sonne. Diejenigen Beobachtungen, durch welche die Astronomen täglich den Ort der Sonne bestimmen, zeigen, daß der Weg, welchen die Sonne in diesem Jahre durchläuft, genau mit dem übereinstimmt, den sie im letzten oder vorletzten Jahre zurücklegte; den Mond dagegen sehen wir zuweilen das Siebengestirn bedecken, in andern Jahren dagegen in erheblicher Entfernung südlich von demselben, vorbeigehen. Indeß ist auch beim Monde jeder einzelne Umlauf ein größter Kreis auf der Himmelskugel, der vom Aequator in zwei einander gegenüber liegenden Punkten geschnitten wird, und dessen eine Hälfte nördlich, die andre Hälfte südlich vom Aequator liegt.

Der Mond zeigt sich bekanntlich in sehr ungleichen Gestalten, und nicht bloß dieses ist sehr bekannt, sondern Sie wissen auch, daß diese ungleichen Phasen des Mondes von seiner Stellung gegen die Sonne, abhängen. Da der Mond ungefähr in vier Wochen den Umlauf um den ganzen Himmel vollendet, statt daß die Sonne dazu ein ganzes Jahr gebraucht, so muß offenbar der Mond zuweilen bei der Sonne stehen, dann in seinem zu östlichern Sternen fortgehenden Laufe, ihr vorangehend, sich von ihr entfernen, ihr gegenüber stehen, sich ihr wieder nähern, sie ereilen, und wieder an ihr vorbei gehen. Während er diese Stellungen nach und nach erreicht, zeigt er uns die wechselnden Erscheinungen des Neumondes, der Viertel, des Vollmondes, und zwar nach folgenden Gesetzen. Wenn der Mond uns in der Abenddämmerung am westlichen Horizont so erscheint, daß er kurz nach der Sonne untergeht, so sehen wir nur den gegen die Sonne gekehrten Rand hell erleuchtet; bei recht heller Luft und zunehmender Dunkelheit, zeigt sich uns um diese Zeit, kurz nach dem Neumonde, wohl die ganze kreisförmige Mondscheibe, aber der bei weitem größere Theil ist so matt erleuchtet, daß er nur unter günstigen Umständen erkannt werden kann, statt daß jener sichelförmige Theil sich in seinem ganzen Glanze zeigt. Am folgenden Abend ist der Mond weiter von der Sonne entfernt, sein heller Theil ist größer, breiter geworden, und so zeigt er sich nun an jedem Abend längere Zeit nach Sonnenuntergang, und immer nimmt sein erleuchteter Theil zu. Wenn er halb erleuchtet ist, sagen wir, der Mond sey im ersten Viertel, und dann steht er bei Sonnenuntergang in Süden, und man hat ihn am Tage den ganzen Nachmittag sehen können. Bei noch größerer Entfernung von der Sonne sehen wir ihn über halb erleuchtet, und endlich, etwa 2 Wochen nach jenem ersten Erscheinen bei Sonnenuntergang, haben wir Vollmond. Der Vollmond steht der Sonne gerade gegenüber, so daß er aufgeht, wenn sie untergeht; der Mond zeigt sich jetzt als eine ganz runde Scheibe, er steht die ganze Nacht am Himmel und geht erst bei Sonnenaufgang unter. Aber schon am nächsten Tage bemerken wir, daß er nicht mehr voll erleuchtet ist, und so wie wir vorhin sein Zunehmen beobachteten, so zeigt sich uns jetzt sein Abnehmen; die Seite, welche sich vorhin zunehmend erleuchtet zeigte, wird jetzt dunkel; er ist nur halb erleuchtet, oder wir haben das letzte Viertel, wenn er um Mitternacht aufgeht; seine Gestalt wird immer mehr und mehr sichelförmig, während sein Aufgang sich verspätet, und endlich erscheint er nur kurz vor Sonnenaufgang in Osten ganz schmal, und wird dann einige Tage gar nicht gesehen, bis er sich wieder Abends nach Sonnenuntergang zeigt. Zu der Zeit, wo er uns unsichtbar, oder wo er ganz unerleuchtet ist, sagen wir, es sey Neumond, weil die Erscheinungen da von neuem ihren Kreislauf beginnen.

Es bedarf keines großen Scharfsinnes, um zu übersehen, daß der Mond uns diese Erscheinungen zeigen muß, wenn er eine von der Sonne erleuchtete Kugel, und der Erde näher als die Sonne ist. Denn wenn (Fig. 16.) A die Erde ist, die Sonne aber sich nach der Richtung AB hin in großer Entfernung befindet, so wird der Mond in C uns Erdbewohnern seine dunkle Seite zukehren, und uns daher unsichtbar seyn, gerade dann, wenn er nahe bei der Sonne erscheinen sollte. Rückt der Mond nach D hin, so sehen wir von der Erde den Theil, welcher innerhalb des gezeichneten Kreises liegt, und da immer die nach der Sonne gekehrte Seite erleuchtet ist, so erblicken wir einen Theil dieser erleuchteten Seite. Aber erst, wenn der Mond in E steht, 90 Grade von der Sonne entfernt, sehen wir die Hälfte der uns zugekehrten Seite erleuchtet, wie beim ersten Viertel; rückt er gegen F zu, so entfernt er sich mehr von der Sonne, und sein erleuchteter Theil nimmt zu, oder vielmehr ein größeres Stück seiner erleuchteten Seite ist gegen uns gekehrt; endlich wenn er der Sonne gerade gegenüber in F steht, ist seine ganze erleuchtete Hälfte uns zugewandt, wir haben Vollmond. — Es erhellt leicht, daß das Abnehmen seines erleuchteten Theiles ähnliche Regeln befolgt, und daß der Neumond dann wieder eintreten muß, wenn der Mond abermals zur Sonne gelangt.

Ich habe hier zwar diese Erscheinungen so beschrieben, als ob während einer ganzen Mondsperiode die Sonne nach der Richtung AB hin, unverrückt stehen bliebe; aber obgleich auch die Sonne unter den Sternen fortrückt, und deshalb ungefähr nach H gelangt, wenn der Mond nach F kommt, und nach b gelangt, während der Mond nach C zurückkehrt, so bringt dieses in den Erscheinungen doch nur so fern eine Aenderung hervor, daß der Mond noch nicht bei seiner Stellung in F, sondern erst wenn er f erreicht, ganz als voll erleuchtet erscheint, und daß der folgende Neumond noch nicht eintritt, wenn der Mond in C, sondern wenn er in c′ ist. Die Zeit zwischen zwei gleichen Mondphasen ist daher etwas größer, als die Zeit, in welcher der Mond zu denselben Sternen zurückkehrt; denn wenn der Mond bei seiner Stellung in f voll war, während die Sonne sich in der Richtung AH befand, so wird er bei dem folgenden Umlaufe erst voll, wenn er nach g kommt, also wenn er schon weit bei den Sternen vorbei ist, bei welchen er sich im letzten Vollmonde befand. Dieß zeigt auch die Beobachtung. Sahen wir im vorigen Monat den Vollmond im Sternbilde des Scorpions, so steht der Mond in diesem jetzigen Monate im Schützen, wenn er voll ist, u. s. w.

Bei einer genauern Beobachtung des Fortrückens des Mondes unter den Sternen, findet man, daß er in $27\frac{1}{3}$ Tagen zu demselben Sterne wieder gelangt, oder einen ganzen Umlauf um den Himmel gemacht hat; da nun die Sonne ihren ganzen Umlauf in $365\frac{1}{4}$ Tagen vollendet, also in jenen 27 Tagen ungefähr 27 Grade durchläuft, welche zu durchlaufen der Mond noch etwa 2 Tage braucht, so ist die Zeit von einem Neumonde bis zum andern, oder von einem Vollmonde bis zum andern um 2 Tage länger, ziemlich nahe $29\frac{1}{2}$ Tage, und soviel Zeit verfließt immer zwischen zwei gleichen Erscheinungen des Mondes.

* *

Die Behauptung, aus welcher ich vorhin die Lichtwechsel des Mondes erklärte, daß der Mond eine dunkle Kugel sey, die nur von der Sonne ihre Erleuchtung erhalte, — eine Behauptung, von deren Richtigkeit man schon durch jene Betrachtungen völlig überzeugt wird, — erhält eine noch stärkere Bestätigung durch die Beobachtung der Sonnenfinsternisse und Mondfinsternisse. Wenn der Mond bei seinem Umlaufe um den Himmel genau der Ecliptik folgte, so müßte er zur Zeit des Neumondes nicht bloß in der Nähe der Sonne vorbeigehen, sondern gerade vor ihr vorübergehen und sie verdecken, also, vermöge seiner Undurchsichtigkeit, sie verfinstern. Dieses thut er nicht bei jedem Umlaufe, weil seine Bahn gegen die Bahn der Sonne geneigt ist, und diese nur in zwei, einander gegenüber liegenden Punkten schneidet, so daß nur dann, (Fig. 17.) wenn der Mond in seiner Bahn DMB zu eben der Zeit nach M kommt, wann auch die Sonne, deren Bahn CME ist, dort ankommt, ein wirkliches Verdecken oder Verfinstern der Sonne eintreten kann. Kennen wir also durch andre Beobachtungen den Punkt am Himmel, wo die scheinbare Mondbahn die Sonnenbahn durchschneidet, so können wir schon voraus wissen, daß nur in der Jahreszeit Sonnenfinsternisse möglich sind, wo die Sonne sich nahe bei dem einen oder dem andern jener beiden Durchschnittspunkte M und m befindet, und da überdieß Neumond seyn muß, so läßt sich darnach schon ungefähr die Zeit einer Sonnenfinsterniß bestimmen. — Doch ich vergesse, daß vielleicht noch jemand an der Richtigkeit jener Behauptung, der Mond sey uns näher als die Sonne, und werde von ihr erleuchtet, zweifeln könne; ich sollte also sagen, so würde man urtheilen und rechnen können, wenn jene Behauptung richtig wäre, und nun hinzufügen, daß in der That die Sonnenfinsternisse auf die eben angegebnen Zeitpunkte treffen. Hieraus ist es also nun erklärlich, warum die Sonnenfinsternisse immer um etwa 6 Monate nach einander folgen, und z. B. im Jahre 1826 im Anfang des Juni und am Ende des November Sonnenfinsternisse angekündigt werden.

Hätte nun die Mondbahn eine eben so unveränderliche Lage, wie die Ecliptik, so würde die Sonne in jedem Jahre um eben die Jahreszeit den einen oder andern Durchschnittspunkt der Mondbahn oder **Knoten** der Mondbahn erreichen, also die Sonnenfinsternisse sich immer in bestimmten Monaten ereignen; das aber ist nicht der Fall, sondern die schon oben erwähnte Ungleichheit, vermöge welcher wir den Mond bald durch das Siebengestirn gehend, bald beträchtlich unter demselben vorbei gehend beobachten, bewirkt auch, daß jene Knoten nicht immer in denselben Punkt der Ecliptik fallen. In der Mitte des Jahres 1826 liegen die Knoten da, wo die Sonne sich im letzten Drittel des Mai und im letzten Drittel des November befindet, und darum treffen, nahe in diese Zeiten auch die Sonnenfinsternisse; in der Mitte des Jahres 1827 sind die Knoten da, wo die Sonne in den ersten Tagen des Mai und in den ersten Tagen des November steht; im folgenden Jahre sind sie noch mehr zurück gerückt, und daher sind im Jahre 1828 die Sonnenfinsternisse im April und October.

Diese Betrachtungen reichen zwar hin, um die Zeitpunkte der Sonnenfinsternisse oberflächlich anzugeben, aber die Frage, warum denn manche Sonnenfinsternisse, selbst wenn sie nicht während wir Nacht haben, eintreten, dennoch für uns unsichtbar sind, kann ich hier noch nicht beantworten. Dagegen will ich doch noch das bemerken, daß der Mond uns bei der Sonnenfinsterniß von Westen nach Osten vor der Sonne vorüber zu gehen scheint, und dieses offenbar deswegen, weil er bei seiner nach Osten gerichteten schnellern Bewegung der Sonne vorbei eilt. Die Sonnenfinsternisse sind übrigens entweder total, wenn der Mond die Sonne gänzlich verdeckt, oder partial, bloß theilweise, wo sie dann im letztern Falle ringförmig heißen, wenn der Mond nicht groß genug erscheint, um die Sonne ganz zu verdecken, und daher einen hellen Ring rund um sich unbedeckt läßt.

Auch die Mondfinsternisse lassen sich nun leicht erklären. Wenn (Fig. 16.) die Sonne in B, die Erde in A steht, so muß diese gegen H hin einen Schatten werfen, der, wofern er bis an den Mond reicht, diesem sein Licht entziehen wird. Da der Schatten immer der Sonne gegenüber liegt, so fällt er nur dann gegen den Mond zu, wenn es Vollmond ist, aber er kann den Mond nur dann treffen, wenn dieser dem Knoten nahe ist, weil zu andern Zeiten die von der Sonne durch die Erde gezogne Linie nicht hinreichend nahe gegen den Mond zu geht. Da der Mond nach dieser Erklärung wirklich sein Licht verliert, so muß der Mond allen den Erdbewohnern, die den Mond zur Zeit der Verfinsterung sehen, ganz gleich verfinstert erscheinen; und das ist auch in der That der Fall, statt daß die Sonnenfinsterniß an jedem Orte anders erscheint, weil der, zwischen Sonne und Erde stehende Mond, dem einen Beobachter mitten vor der Sonne, dem andern an ihrem Rande erscheinen kann.

Der Mond verschwindet bei Mondfinsternissen, selbst wenn er ganz in den Schatten der Erde eintritt, nicht immer völlig, sondern erscheint zuweilen noch deutlich, wiewohl mit sehr geringem Lichte. Dieß ist Folge der Brechung der Lichtstrahlen in der Atmosphäre der Erde, welche (Fig. 29.) die von der Sonne A kommenden Strahlen A B, A B, so krümmt, daß sie innerhalb des Raumes, den eigentlich der Schatten füllen sollte, hinein fallen, also noch eine matte Erleuchtung bewirken.

Um die Erscheinungen des Mondes ganz zu übersehen, will ich zum Schlusse noch bei einigen Fragen, zu welcher Zeit der Mond eine hohe oder tiefe Stellung hat, und dergleichen, verweilen.

Der Neumond läßt sich in den Frühlingsmonaten leichter als in den Herbstmonaten am Himmel auffinden, selbst wenn er noch sehr schmal ist. Um den Grund hiervon zu übersehen, müssen Sie sich erinnern, daß der Mond täglich einen merklich höhern Bogen beschreibt, wenn er von den Fischen zum Widder, Stier u. s. w. oder zu den Gestirnen fortrückt, welche die Sonne im Frühling, wenn die Tage stark zunehmen, durchläuft; da er sich nun im Frühling zur Zeit des Neumondes in diesen Zeichen befindet, so ist der Bogen, welchen er dann am Himmel beschreibt, an jedem folgenden Tage höher, und sein Verweilen über dem Horizonte merklich länger. Er ist uns daher im Frühling ziemlich lange nach Sonnenuntergang sichtbar, wenn gleich der Neumond erst vor $1\frac{1}{2}$ oder 2 Tagen statt gefunden hat, statt daß in den Herbstmonaten, wo er nach dem Neumonde zu immer in niedrigere Stellungen fortrückt, sein Verweilen über dem Horizonte so abnimmt, daß er erst mehrere Tage nach dem Neumonde bequem, und geraume Zeit nach Sonnenuntergang gesehen werden kann. Auf eben dieser, täglich höheren Stellung beruht es auch, daß wir im Frühling, kurz nach dem Neumonde, seinen erleuchteten Theil so sehen, daß er fast genau seine convexe Seite gegen die Erde wendet. Er steht nämlich beinahe in eben dem Verticalkreise, in welchem sich die untergegangene Sonne befindet, und seine, der Sonne genau zugewandte Seite, hat daher eine horizontale Lage.

Hiemit nahe verwandt ist der, selbst dem gemeinen Manne bekannte Umstand, daß der Vollmond im Herbste mehrere Abende fast zu derselben Zeit aufgeht. Wenn es im September oder October Vollmond ist, so steht der Mond in der Gegend der Ecliptik, wo er, zu höheren Stellungen fortrückend, täglich einen größern Bogen beschreibt, und länger über dem Horizonte verweilt. Obgleich er nun täglich ungefähr $\frac{3}{4}$ Stunden später den Meridian erreicht, so nimmt doch zugleich die Zeit seines Verweilens über dem Horizonte so sehr zu, daß sein Aufgang durch den letztern Umstand fast eben so viel verfrühet, als durch den erstern verspätet wird, und der Herbstvollmond geht mehrere Abende gleich nach Sonnenuntergang auf, statt daß der Frühlingsvollmond beinahe täglich $1\frac{1}{2}$ Stunde später aufgeht, als am vorigen Tage.

Diese Erscheinungen alle lassen sich vollkommen aus der gegenseitigen Stellung des Mondes gegen die Sonne erklären; aber eine Erscheinung, auf die ich jetzt kommen will, scheint schwieriger zu seyn. Der Mond erscheint uns größer beim Aufgange und Untergange, als wenn er hoch am Himmel steht, eben das bemerken wir auch an der Sonne, und selbst die Entfernung zweier Sterne von einander kommt uns größer vor, wenn sie am Horizont stehen, als wenn sie hoch stehen. Dieser Anschein wird desto räthselhafter, wenn man weiß, daß man bei der Messung der scheinbaren Größe des Mondes oder des scheinbaren Abstandes zweier Sterne von einander, vermittelst der dazu dienenden Instrumente, den Unterschied gar nicht findet, den unser bloßes Auge uns zu zeigen scheint. Der Mond ist, wenn er in unserm Zenith steht, uns um einen Erdhalbmesser näher, als im Horizonte, und muß daher im Horizonte einen etwas geringern scheinbaren Durchmesser haben, wie es der größern Entfernung gemäß ist; die Messung zeigt wirklich diese Aenderung des Durchmessers, aber diese ist gerade das Entgegengesetzte von dem, was unsre Beobachtung mit bloßem Auge anzugeben schien.

Um also die Täuschung, die sich uns hier zeigt, gründlich zu untersuchen, müssen wir andre Erfahrungen zu Hülfe nehmen. Die uns am öftersten vorkommende ist die, daß wir es gar nicht bemerken, wie viel kleiner uns ein Gegenstand erscheint, der sich 20 oder 30 Fuß vom Auge entfernt. Es tritt ein Mann in die 12 Fuß von mir entfernte Thüre meines Zimmers. Wenn ich sein Gesicht abmäße, so würde ich es nur ein Sechstel so groß finden, als wenn er sich mir bis auf 2 Fuß genähert hat; aber obgleich dieß geometrisch gewiß und ganz bestimmt richtig ist, so fällt mir, indem ich des Mannes Gesicht ansehe, dieser Unterschied gar nicht ein, ja jeder würde wohl geneigt seyn zu behaupten, des Mannes Gesicht erscheine ihm eben so groß, als ob er einige Schritte näher träte. Diese Bemerkung zeigt deutlich, daß wir die Größe des Gegenstandes nicht allein nach dem Sehewinkel beurtheilen, sondern selbst in 100 Fuß Entfernung uns einen dort stehenden Mann in seiner vollen Größe vorstellen, obgleich er uns in der That kleiner erscheint, als ein nahe bei uns stehendes Kind. Unser Urtheil ist hier durch lange Erfahrung so bestimmt geworden, daß wir, ohne daran zu denken, die Entfernung mit in Vergleichung ziehen, und uns eine menschliche Gestalt in einer ungefähr bekannten Entfernung in der Größe vorstellen, welche sie wirklich hat. Kinder, die erst anfangen auf entferntere Gegenstände zu achten, vorzüglich, wenn sie in der Stadt wenig Gelegenheit haben, in eine irgend erhebliche Entfernung hin zu sehen, urtheilen wirklich nach jenem, dem Sehewinkel gemäßen Eindrucke, und sagen von dem entfernten Wagen, es sey ein ganz kleiner Wagen mit kleinen Pferden und so ferner.

Eine zweite, mit unserm Phänomen in Verbindung stehende Erfahrung, ist die, daß das Himmelsgewölbe, wenn wir im Freien sind, uns nicht als eine Halbkugel, sondern als ein oben abgeplattetes Gewölbe erscheint. Ist uns der Horizont durch hohe Häuser verdeckt, so scheint der Himmel sich hinter diesen stark herabzukrümmen, so, als ob er nicht gar weit hinter den Häusern auf der Erde ruhe, statt daß er bei ganz freiem Horizont erst hinter den aller entferntesten Gegenständen sich an die Erde anzuschließen scheint. Dieser täuschende Anschein steht wohl am nächsten mit dem in Verbindung, was wir eben erklären wollen. Lange Gewohnheit hat uns geleitet, Gegenstände, deren Entfernung wir ungefähr abschätzen, uns der Entfernung und scheinbaren Größe angemessen, in einer gewissen Größe, die wir als ihre wahre Größe betrachten, vorzustellen, und dieses Urtheil über die wahre Größe ist uns so zur Gewohnheit geworden, daß wir den reinen Sinneneindruck nicht mehr von dem auf die anscheinende Entfernung gebauten Urtheile zu unterscheiden vermögen. Wir sagen daher, wir sehen den Gegenstand so groß, ohne zu bedenken, daß wir keinesweges des 20 Fuß entfernten Mannes Gesicht eben so groß sehen, wie es uns in 2 Fuß Entfernung erscheinen würde.

Der Mond, eine Lichterscheinung von bestimmter scheinbarer Größe, wird also in unserm Urtheil desto größer seyn, je weiter entfernt wir ihn dem Anschein nach annehmen; steht er hoch am Himmel, so bewirkt eben der Augentrug, der uns das Himmelsgewölbe abgeplattet zeigt, daß wir den Mond näher glauben, als am Horizont, wo die Menge zwischenliegender Gegenstände und sein durch Dünste getrübtes Ansehen uns eine Art von Erinnerung an seine große Entfernung giebt; wir machen daher uns unbewußt den Schluß, der so viel entferntere Mond am Horizont, welcher uns eben so groß erscheint, als der nähere höher über dem Horizonte stehende, müsse wohl größer seyn, und darum beurtheilen wir ihn als größer, und können uns von diesem Urtheil eben so wenig los machen, als von dem, daß wir das Gesicht eines Bekannten vollkommen gleich sehen, es mag 2 oder 4 Fuß von unserm Auge entfernt seyn.

Daß dieses die richtige Erklärung sey, daß nämlich nicht unser Auge, sondern unser Urtheil hier zu einem unrichtigen Eindruck Veranlassung giebt, läßt sich noch mit der Erfahrung unterstützen, daß der große Vollmond am Horizont uns minder groß vorkommt, wenn wir ihn durch ein langes Rohr, ohne alle Gläser, betrachten. Hier nämlich entziehen wir uns die Mittel, worauf sich unsre Vergleichung der Entfernung gründete, und sehen den Mond eben so einzeln stehend, wie in der Nähe des Zeniths, und allenfalls kann nur noch sein durch Dünste geschwächter Glanz uns eine Hindeutung auf größere Entfernung geben. Auch die Erfahrung, daß uns von einem 200 Fuß hohen Thurme herab, die Gegenstände auf der Erde klein vorkommen, während wir diese Erscheinung nicht bemerken, wenn dieselben Gegenstände auf der horizontalen Straße 200 Fuß von uns sind, gehört ganz hieher. In der ungewöhnlichen Richtung gesehen, wo uns das gewöhnliche Maaß der Entfernung verläßt, beurtheilen wir die dem Sehewinkel gemäße Verkleinerung richtiger, als da wo wir die Entfernung abzuschätzen gewohnt sind, und diese in unsre Betrachtung mit aufnehmen. *)

Doch ich habe genug gesagt, um Ihnen die weitere Erwägung dieses Gegenstandes anzuempfehlen; erst eine wiederholte eigne Ueberlegung aller dieser Umstände, pflegt zu der Ueberzeugung zu führen, daß wohl keine andre Ursache, als dieses falsche Urtheil jene Täuschung begründet.

*) Ein Umstand verdient noch bemerkt zu werden. Wenn wir den Mond am Horizont sehen, so ist sein Licht so geschwächt, daß wir ohne Blendung sein Licht ertragen, und daher kleinere Flecken deutlich sehen. Bei höherem Stande scheinen uns diese Flecken kleiner, weil der blendende Glanz der benachbarten Stellen die sehr kleinen Flecken völlig überglänzt, und von den etwas größern uns nur die nicht ganz nahe am Hellen liegenden Punkte wahrnehmen läßt.

Neunte Vorlesung.

Die Sonnenfinsternisse, mit deren Ursachen ich Sie, m. h. g. H., neulich unterhalten habe, führen uns noch zu einer andern höchst wichtigen Belehrung, nämlich zur Kenntniß der Entfernung des Mondes von der Erde.

Die Behauptung, daß wir keine Aenderung in der gegenseitigen Lage der Himmelskörper wahrnehmen, wenn wir sie auch aus sehr entfernten Standpunkten beobachten, gilt nämlich für den Mond nicht, sondern sorgfältigen Beobachtern zeigt sich selbst in Vergleichung gegen die Sterne der Mond in anderer Lage, wenn er von verschiedenen Standpunkten aus gesehen wird. Da indeß die genaue Achtsamkeit auf die Stellung des Mondes unter den Sternen schon einen eigentlichen Beobachter fordert, statt daß die Sonnenfinsternisse selbst die Aufmerksamkeit dessen erregen, der gar nicht die Absicht hat, zu beobachten, so können wir mit allem Rechte sagen, daß sie zuerst uns zu einer Bestimmung der Entfernung des Mondes hin leiten.

Ich habe schon neulich erwähnt, daß dieselbe Sonnenfinsterniß nicht jedem Orte auf der Erde gleich erscheint, ja daß der Fall eintreten kann, daß an einem Orte die Sonne verfinstert erscheint, während man in andern Gegenden die Sonne in ihrem vollen Lichte sieht. Wie das möglich ist, wenn die Entfernung des Mondes von der Erde nicht so sehr groß ist, zeigt Fig. V, wo G den Mond, H die Sonne vorstellt, und E F zwei Orte auf der Oberfläche der Erde sind. In E ist die Sonne H durch den Mond G völlig verdeckt, oder der Beobachter E sieht eine totale Sonnenfinsterniß, statt daß in F nicht allein die Sonne unverdeckt erscheint, sondern sogar der Mond G in einiger Entfernung von der Sonne steht. Aber die oberflächliche Ueberzeugung, die Entfernung des Mondes von der Erde sey nicht so unermeßlich groß, als die Entfernung der übrigen Gestirne, ist nicht das Einzige, was aus dieser Beobachtung der Sonnenfinsternisse hervorgeht, sondern selbst eine ganz genaue Abmessung der Entfernung des Mondes läßt sich hierauf gründen. Da wir nämlich die Entfernung zweier Beobachtungspunkte auf der Erde mit großer Genauigkeit bestimmen können, und zugleich die ungleichen Erscheinungen, welche eine Sonnenfinsterniß uns darbietet, mit großer Genauigkeit wahrnehmen können, so ist das Verfahren, welches wir hier beobachten müssen, um die Entfernung des Mondes zu bestimmen, genau dem ähnlich, wodurch wir Entfernungen auf der Erde messen. Die Sonne ist so sehr weit entfernt, daß wir wenig fehlen, wenn wir die von verschiedenen Punkten E, F, der Erde, nach einerlei Punkte H der Sonne, gezognen Linien als parallel ansehen, haben wir aber dann zwei Beobachtungspunkte E, F gefunden, wo zum Beispiel dem einen ein Viertel des Sonnendurchmessers sichtbar bleibt, während dem andern der Mondrand mit dem Sonnenrande zusammenfällt und so die Sonne ganz verfinstert erscheint, so giebt das (mit Rücksicht auf die Lage der Mittelpunkte von Mond und Sonne gegen die Standlinie EF) ein Mittel, um durch Zeichnung oder Rechnung EG, dann aber auch CG, als Abstand des Mondes vom Mittelpunkte der Erde zu bestimmen.

Um Ihnen ungefähr zu zeigen, welche Aenderungen in der Erscheinung der Sonnenfinsternisse der verschiedene Standpunkt hervorbringt, will ich nur eine der neuesten Sonnenfinsternisse erwähnen. Die Finsterniß am 29. Nov. 1826. erschien in Abo und etwas später in Petersburg so groß, daß die größte Breite des unverdeckten Theiles der Sonne nur wenig über ein Drittel des Durchmessers betrug. Nach den Ausdrücken der Kalender ist sie nämlich dort $7\frac{3}{4}$ Zoll groß, das heißt beinahe 8 Zwölftel des Sonnendurchmessers erscheinen verfinstert, also nur ein reichliches Drittel unverfinstert. Fast um dieselbe Zeit war die Sonne in Rom nur $5\frac{1}{2}$ Zoll verfinstert, in Lissabon und Cadix, wo um diese Zeit die Finsterniß schon über ihr Mittel hinaus war, nicht mehr 3 Zolle verfinstert. In den Gegenden des südlichen Afrika, wo um diese Zeit die Sonne durch den Zenith ging, bemerkte man nichts von dieser Sonnenfinsterniß, sondern der Mond mußte, wenn es möglich wäre, ihn neben der Sonne zu sehen, nördlich von der Sonne entfernt, an ihr vorbei zu gehen scheinen.

Hieraus erklärt es sich nun auch, warum die ringförmigen und totalen Sonnenfinsternisse an einem bestimmten Orte so ungemein selten sind. Der Strich nämlich auf der Erde, wo eine Sonnenfinsterniß total oder ringförmig erscheint, ist so schmal, daß selbst in einer Gegend Deutschlands dieß Phänomen eintreten kann, während man in andern Gegenden Deutschlands zwar immer eine recht große, aber doch nicht totale oder ringförmige Verfinsterung sieht. Wäre der Mond viel größer, so daß sein Schatten einen größern Theil der Erde ganz bedeckte, so würden diese Erscheinungen in jeder bestimmten Gegend öfter vorkommen.

Aber nicht die Sonnenfinsternisse allein dienen zur Bestimmung der Entfernung des Mondes, sondern auch seine ungleich erscheinende Stellung unter den Sternen. Wenn der Mond uns einen Stern bedeckt, so sehen südlicher wohnende Beobachter sehr oft den Mond nördlich von diesem Sterne vorbei gehen, andere minder entfernt wohnende sehen wenigstens seinen Eintritt und Austritt an andern Stellen des Mondrandes. Da wir bei diesem Phänomen die Zeit, wie lange der Stern hinter dem Monde verweilt, sehr genau wahrnehmen können, und daraus den Weg, den er hinter der Mondesscheibe durchläuft, zu berechnen im Stande sind, so läßt sich daran eine sehr genaue Berechnung jener Entfernung knüpfen, wenn nur die Lage der Beobachtungs-Orte ganz genau bekannt ist.

Wegen dieser ungleichen Stellung des von verschiedenen Orten aus gesehenen Mondes sagen wir vom Monde, er habe eine Parallaxe. Unter Parallaxe nämlich verstehen wir gerade diese, durch Aenderung des Standpunkts bewirkte, scheinbare Aenderung der Lage des Gegenstandes, und diese Parallaxe ist also im Allgemeinen das Mittel zu Bestimmung der Entfernungen. Wenn man bei den Himmelskörpern von Parallaxe spricht, so denkt man sich gewöhnlich einen Beobachter im Mittelpunkte der Erde, weil nämlich die regelmäßigen Bewegungen des Mondes und aller Himmelskörper so berechnet werden, wie ein Beobachter im Mittelpunkte der Erde sie sehen würde, und die Parallaxe dann die Correction angiebt, die ein Beobachter in einer bestimmten Gegend auf der Erde anbringen muß, um zu wissen, wo denn ihm dieser Himmelskörper sich zeigen wird. Wenn man dieses weiß, so erhellt sogleich, warum für den Mond, wenn er im Zenith steht, keine Parallaxe statt findet. Ist nämlich (Fig. 32). der Mond in C, der Beobachter in F, der Mittelpunkt der Erde in E, so würden zwei Beobachter in F und E den Mond, oder genau zu reden, den Monds-Mittelpunkt genau in demselben Punkte des Himmels bei einerlei Sternen sehen. Steht dagegen der Mond in G, während der Beobachter in F bleibt, so ist FI die Richtung nach dem Fixsterne, den der Beobachter in E nach der Richtung EG gerade hinter dem Monds-Mittelpunkte sehen würde, FG dagegen ist die Richtung, nach welcher der zweite Beobachter den Mond-Mittelpunkt sieht, und der Winkel IFG ist also die Parallaxe, um welche der Mond dem Beobachter F von der Stelle entfernt erscheint, wo E ihn sieht.

Diese Parallaxe ist desto größer, je näher der Mond dem Horizonte des Beobachters in F steht, und im Horizonte am größten. Es läßt sich nämlich leicht zeigen, daß wenn (Fig. 43.) der Beobachter in B einmal den Mond im Horizonte in E sieht, der parallactische Winkel BEA größer ist, als wenn derselbe Beobachter ihn bei gleichem Abstande zu anderer Zeit in F, bedeutend über dem Horizonte sieht, wo AFB die Parallaxe ist. Hat man BG mit AE parallel gezogen, so ist GBE dem Winkel AEB gleich.

Die Horizontalparallaxe des Mondes pflegt man für jeden Tag in den Jahrbüchern berechnet zu finden. Da die Parallaxe in jeder bestimmten Höhe und namentlich auch die Horizontalparallaxe größer seyn würde, wenn die Erde größer wäre und der Beobachter sich etwa in f befände, so unterscheidet man der vollkommnen Bestimmtheit wegen die Aequatoreal-Horizontal-Parallaxe als diejenige, wo der Beobachter sich auf dem Aequator der Erde befindet, indem an jedem andern Orte die Parallaxe etwas geringer, und in jeder geographischen Breite eine andere ist.

Durch die Beobachtung dieser Parallaxe ist man zu der Kenntniß gelangt, daß der Mond ungefähr 30 Erddurchmesser von uns entfernt ist, und daß seine Entfernung nicht immer gleich groß, sondern nach bestimmten Perioden abwechselnd, bald etwas größer bald kleiner ist.

Man findet nämlich die Horizontalparallaxe des Mondes nicht zu allen Zeiten gleich, sondern größer, wenn der Mond uns näher rückt; daraus erklärt es sich, warum an den Tagen, wo die Horizontalparallaxe größer ist, auch der scheinbare Durchmesser des Mondes größer ist. Und daraus erhellt ferner, warum Sonnenfinsternisse zuweilen total, zu andern Zeiten nur ringförmig sind *).

* *

Bisher haben wir die Parallaxe des Mondes als Mittel angesehen, um die Entfernung des Mondes zu bestimmen, und wie wichtig sie in dieser Hinsicht ist, wie aufmunternd zu weitern Beobachtungen es ist, hier das erste Beispiel einer wirklichen Entfernungsmessung von der Erde zu einem andern Himmelskörper hin, ausgeführt zu sehen, brauche ich nicht erst zu sagen. Aber wir können sie nun auch auf die umgekehrte Weise benutzen. Solche Beobachtungen, wie die bisher angeführten, haben uns die Entfernung des Mondes kennen gelehrt, wir sind jetzt im Stande, seinen Abstand für jeden Tag zu berechnen, und können folglich, wenn der Mond an einem Orte beobachtet wird, dessen Lage noch unbekannt ist, die Lage dieses Ortes aus der beobachteten Lage des Mondes finden. Daraus geht eine strengere Methode der

*) Daß in jedem Falle (Fig. 30. 31.) die Entfernung BC bestimmt ist, wenn man an AB den Winkel ABC aufträgt, durch A eine Linie mit BC parallel und AC um so viel als die Parallaxe angiebt, davon abweichend zieht, erhellt leicht.

Längenbestimmung für Orte auf der Erde hervor, als die, welche ich früher, (in der vierten Vorles.) erwähnt habe.

Die Bestimmung der Breite eines Ortes läßt sich durch die damals erwähnten Hülfsmittel vollkommen genau erhalten; aber das läßt sich von der Bestimmung der Länge nicht rühmen. Die dort erwähnte Anordnung des Ganges der Uhren, daß diese an beiden Orten 12 Uhr zeigen, wenn dem einen oder andern Orte ein bestimmter Stern im Meridian erscheint, läßt sich vollkommen strenge erhalten; die beiden Uhren gehen dann an den zwei Orten wirklich um so viel verschieden, als der Längenunterschied fordert; aber es ist nicht so leicht auszumitteln, wie viel denn dieser Unterschied betrage. Ein recht schönes, in unsern Zeiten auch oft angewandtes Mittel, dieses zu bestimmen, ist zwar die Ueberbringung einer ganz genau gehenden Uhr, eines Chronometers, von dem einen Orte nach dem andern; aber diese hat doch manche Schwierigkeit. Bringt man wirklich eine solche unveränderlich gehende Uhr, die mit der Uhr des einen Ortes genau gleich geht, nach dem andern Orte, so zeigt sie sogleich, wie viel jene Ungleichheit des Ganges beider Uhren beträgt, oder, wie man sich ausdrückt, sie zeigt den Längen-Unterschied in Zeit, und ergiebt den Längen-Unterschied selbst, weil 4 Min. Mittags-Unterschied (oder Zeit-Unterschied beim Erscheinen desselben Sternes in den Meridianen beider Oerter) 1 Grad Längen-Unterschied betragen.

Ein anderes Mittel, jenen Unterschied in der Angabe beider Uhren zu bestimmen, ist wie ich schon früher bemerkt habe, die Beobachtung eines an beiden Orten sichtbaren Signales oder einer für beide Beobachter zugleich sichtbaren Erscheinung. Eine solche Erscheinung ist zwar die Verfinsterung des Mondes, und wenn nur der Schatten so genau begrenzt wäre und so schnell auf dem Monde fortrückte, daß man bis auf 1 Sec. genau den Zeitpunkt, da irgend ein Fleck in den Schatten eintritt, angeben könnte, so würde durch sie der Zweck völlig erreicht seyn; aber diese Genauigkeit erlaubt die Beobachtung einer Mondfinsterniß nicht. Man hat oft die mit Fernröhren sichtbaren Monde des Jupiter, von denen ich künftig reden werde, zu diesem Zwecke angewandt, indem auch sie genau solche Verfinsterungen, wie unser Mond, leiden, und die Zeit ihres Unsichtbarwerdens statt eines Signales diente. Aber man hat sich nachher überzeugt, daß auch diese Erscheinungen kein wahrhaft augenblickliches Phänomen sind, und daß daher stärkere Fernröhre den dunkler werdenden, allmählig verfinsterten Jupiters-Mond noch zeigen, während er für schwächere Instrumente schon verschwunden ist. Die Blickfeuer auf hohen Bergen angezündet, dienen zwar als gute Signale, aber doch nur für Punkte, die einander nahe liegen. Die Sternschnuppen würden brauchbar seyn, wenn nur die ganz ungewisse Zeit ihres Erscheinens erlaubte, eine ruhige Aufmerksamkeit auf sie zu richten.

Da alle diese Mittel den Zweck einer recht genauen Längenbestimmung nicht vollkommen erfüllen, so war es den Astronomen recht erwünscht, in den Stellungen des Mondes, die man vorzüglich dann, wenn er Fixsterne bedeckt, mit großer Genauigkeit angeben kann, ein Mittel zur Längenbestimmung zu finden. Diese Bestimmung setzt freilich eine genaue Kenntniß des Mondlaufes voraus, deren sichere Begründung ich hier noch nicht als Ihnen bekannt voraussetzen kann; aber dennoch will ich kein Bedenken tragen, diese Methode der Längenbestimmung hier zu erklären, um so mehr, da allenfalls eine Beobachtung an einem schon genau bekannten Orte die Stelle jener Berechnung vertreten kann.

Wir nehmen also an, die Lage unter den Sternen, die der Mond in jedem Augenblick haben würde, wenn man ihn vom Mittelpunkte der Erde aus beobachtete, sey genau bekannt, und unser Kalender gebe an, wo er für jede Stunde, nach der in Paris richtig gehenden Uhr, stehe. Befinden wir uns nun irgendwo auf dem Meere, wo uns die Länge des Punktes, in welchem wir uns befinden, ganz unbekannt ist, so kommt es nur darauf an, erstlich die Zeit des dortigen Mittages zu bestimmen, und zweitens anzugeben, wo in einem bestimmten Augenblicke der Mond für den Mittelpunkt der Erde steht. Der Augenblick des wahren Mittags ist leicht zu bestimmen, da es selbst durch Instrumente, die nicht fest stehen, möglich ist, den Zeitpunkt, da die Sonne am höchsten steht, anzugeben. Auch den scheinbaren Ort des Mondes, können wir allemal, wenn er über dem Horizonte ist, bestimmen, da dieß indeß am genauesten dann statt findet, wenn er einen Stern bedeckt, so will ich annehmen, an dem Abend, welcher jener Bestimmung des wahren Mittags folgt, zu einer Zeit, die durch eine seit Mittag richtig fortgehende Uhr angegeben wird, beobachten wir eine Sternbedeckung und erhalten dadurch den genau bestimmten scheinbaren Ort des Mond-Mittelpunktes für einen genau bekannten Augenblick. Freilich ist dieser scheinbare Ort des Mondes nicht derselbe, in welchem der Mond dem Beobachter im Mittelpunkte der Erde erscheint, aber da man die Höhe des Mondes über dem Horizonte aus der Beobachtung kennt, und die Mondparallaxe für diesen Zeitpunkt bekannt ist, so kann man aus dem beobachteten Orte des Mondes, indem man auf die Refraction gehörige Rücksicht nimmt, und die Parallaxe berechnet, finden, wo in dem Augenblicke der Beobachtung der Mond, vom Mittelpunkte der Erde aus gesehen, steht. Wir schlagen nun den für Paris berechneten Kalender auf, und finden da zum Beispiel, daß der Mond um 11 Uhr nach der Pariser Uhr die gefundene Stellung erreicht, diejenige Stellung, die wir um 10 Uhr beobachtet haben, — wir sehen also, daß 10 Uhr unsrer Uhr mit 11 der Pariser Uhr gleichzeitig ist, daß wir folglich uns 1 Stunde in Zeit, das ist 15 Grade westl. von Paris befinden.

Diese Methode, die freilich eine etwas schwierige Berechnung fordert, ist hiernach sehr leicht zu übersehen, und wenn etwa jemand zweifelte, ob jene Vorausberechnung für den Mittelpunkt der Erde ganz genau wäre, so wird er wenigstens leicht einsehen, daß gleichzeitige in Paris angestellte Beobachtungen ergeben würden, wo, nach gehöriger Rücksicht auf die Parallaxe um 9 Uhr, um 10 Uhr, um 11 Uhr der Mond vom Mittelpunkte der Erde aus erschien, und daß also für einen noch nicht genau bestimmten Beobachtungspunkt auf dem festen Lande diese Methode völlig brauchbar ist, weil man da die Mittheilung der Pariser Beobachtungen abwarten kann. Auf dem Meere freilich, wo man sogleich wissen will, welche Länge sich aus der Mondbeobachtung ergiebt, ist sie nur dann brauchbar, wenn die voraus berechneten Orte des Mondes völlig zuverlässig sind, und die Parallaxe des Mondes für die Zeit bekannt ist.

* *

So sind wir also durch eine Reihe einfacher Beobachtungen dahin gelangt, nicht bloß die Gestalt der Erde zu kennen, und unsern Ort auf der Erde bestimmen zu können, sondern wir wissen auch mit Sicherheit, daß der Mond ein, von jener großen Sternenkugel getrennter, frei schwebender, kugelförmiger Körper ist, dessen Entfernung wir abzumessen im Stande sind. Wie wichtig diese letzte Kenntniß ist, welche uns zu dem Gedanken leitet, daß auch wohl die Sonne eben so gut ein frei schwebender, nicht an jenes Himmelsgewölbe gehefteter Körper seyn mag, ja daß wohl endlich auch die Fixsterne selbst, wenn gleich sehr entfernte, doch eben so wohl frei schwebende Körper seyn könnten, — dieses erhellt fast von selbst.

Damit ich aber hier, wo ich Sie mit den Körpern, die eine eigne, von der allgemeinen täglichen Bewegung der Fixsterne verschiedene Bewegung zeigen, bekannt mache, nichts übergehe, was die Augen des Beobachters auf sich zieht, so will ich doch noch einige Worte über die Planeten beifügen.

Dem nur einigermaßen aufmerksamen Beobachter des Himmels fallen sehr bald einige sehr glänzende Sterne in die Augen, die nicht, wie die übrigen Sterne, ihren Ort unverändert einnehmen, sondern zwischen den Fixsternen fortrücken. Dieses sind die Planeten, deren man mit bloßen Augen fünf wahrnehmen kann; einige sehr kleine sind erst neuerlich mit Hülfe der Fernröhre entdeckt. Die Bewegung dieser Planeten ist ungleich und scheint so verwickelt und schwierig, daß wir uns auf eine genaue Erklärung derselben hier noch nicht einlassen können; es genügt daher hier, sie nur oberflächlich anzugeben.

Der schönste Planet, Venus, der selbst das Auge des gewöhnlichen Beobachters durch seinen herrlichen Glanz auf sich zieht, und selbst bei hellem Sonnenschein zuweilen zu sehen ist, zeigt sich bald als Morgenstern vor Sonnenaufgang, bald als Abendstern nach Sonnenuntergang. Sein Glanz ist sehr ungleich, er erscheint ungefähr dann am hellsten glänzend, wenn er ziemlich lange vor der Sonne aufgeht, oder ziemlich lange nach der Sonne untergeht. Er entfernt sich nie weit von der Sonne, sondern wenn wir ihn am Abendhimmel nicht gar weit von der Sonne zuerst gewahr werden, so eilt er zwar der unter den Sternen ostwärts rückenden Sonne voraus, entfernt sich von ihr, und bleibt in den folgenden Tagen länger nach Sonnenuntergang sichtbar, aber dieses Zunehmen seiner Entfernung erreicht bald ein Ende, er nähert sich der Sonne wieder, wird in ihrer Nähe unsichtbar, zeigt sich bald nachher als Morgenstern an der Westseite der Sonne, und kehrt, nachdem er auch nur eine gewisse Entfernung von ihr erreicht hat, wieder zu ihr zurück; so in abwechselnden Annäherungen und Entfernungen immer die Sonne begleitend, nimmt er auch gegen die Fixsterne täglich andere Stellungen ein, und wird mit der Sonne um den Sternenhimmel herum fortgeführt.

Den Bewegungen dieses Planeten ähnlich sind die des Mercurius. Auch er begleitet eben so die Sonne, nähert sich ihr, erscheint bald nachher an ihrer andern Seite, kehrt zu ihr zurück, geht abermals an ihr vorbei und so weiter. Er würde eben so gut bald Morgenstern bald Abendstern heißen können, als die Venus; aber da er sich lange nicht so weit, als diese von der Sonne entfernt, und überdas auch nicht den hellen Glanz der Venus besitzt, so sieht man ihn selten, und meistens muß man ihn in der Dämmerung, ehe es finster geworden ist, aufsuchen, statt daß die Venus sich oft bei völliger Dunkelheit noch recht schön zeigt.

Die übrigen Planeten, Mars, Jupiter und Saturn, befolgen bei ihrer Bewegung andere Gesetze. Wenn der Mars um Mitternacht am südlichen Himmel erscheint, so kann man fast von einem Abend zum andern wahrnehmen, daß er nach Westen fortrückt, daß er einen kenntlichen Stern, welchem er gestern nahe stand, heute östlich hinter sich gelassen hat, und auf diese Weise mehrere Wochen nach Westen zu fortgeht. Aber wenn man die Beobachtung fortsetzt, so bemerkt man, daß diese Bewegung immer langsamer wird, daß sie endlich in die entgegengesetzte übergeht, daß der Mars zu den östlichen Sternen, die er schon verlassen hatte, zurückkehrt, obgleich er dabei nicht ganz genau den vorhin befolgten Weg nimmt, daß er diese Bewegung, mit welcher er nun vor der Sonne voraus zu eilen scheint, lange fortsetzt, erst nach mehrern Monaten von der Sonne ereilt wird, und nachdem er eine Zeit lang in der Nähe der Sonne unsichtbar war, an der andern Seite der Sonne, nämlich vor ihrem Aufgange sichtbar wird, daß er immer früher in der Morgendämmerung erscheint, und unter den Sternen ostwärts fortrückt, endlich aber seine östliche Fortrückung vermindert, sie ganz aufgiebt, und nach Westen fortzugehen anfängt, wie zu der Zeit, mit welcher ich meine Erzählung angefangen habe. Während dieser ungleichen Bewegung ist auch sein Glanz sehr verschieden; sehr schön und hell, wenn er um Mitternacht in Süden steht und nach Westen zu rückt, oder — wie die Astronomen es nennen, — rückläufig ist; sehr viel kleiner und matter an Glanz dagegen, wenn er nicht gar weit von der Sonne, so wie diese, aber langsamer als sie, nach Osten fortgeht oder rechtläufig ist.

Diese Erscheinungen, so wenig sie auch über den wahren Lauf dieses Planeten Aufschluß geben, zeigen doch, daß er sich zu verschiedenen Zeiten in sehr ungleichen Entfernungen von uns befinden muß, und da die Ungleichheiten seiner bald rechtläufigen, bald rückläufigen Bewegung ganz deutlich mit der Stellung gegen die Sonne in Verbindung stehen, so bietet sich uns wenigstens einige Hoffnung dar, die Gesetze dieser Bewegung näher zu erforschen. Und diese Hoffnung ist um desto gerechter, da Jupiter und Saturn dem Wesentlichen nach ganz ähnliche Ungleichheiten in ihrer Bewegung, und diese eben so mit den Stellungen der Sonne in Uebereinstimmung stehend zeigen, wie der Mars.

Der Jupiter, der sich überdas immer durch seinen sehr schönen Glanz auszeichnet, hat, wie die Beobachtung mit Fernröhren zeigt, vier kleine Begleiter, die bald rechts, bald links, immer nahe bei ihm stehen, die ihre Stellung gegen ihn, und unter einander so schnell ändern, daß man in wenigen Stunden fortgesetzter Beobachtung diese Aenderung bemerkt und darin eine der unterhaltendsten und zugleich belehrendsten Erscheinungen findet, die sich mit schwächern Fernröhren wahrnehmen lassen. Diese kleinen Begleiter sind die vorhin erwähnten Jupiters-Monde, unter denen zuweilen bald der eine, bald der andere durch den Schatten des Jupiter eben so, wie unser Mond durch den Schatten der Erde, verfinstert, und unsichtbar wird, nach einer gewissen Zeit aber wieder erscheint. Zuweilen sieht man einen dieser Begleiter vor dem Jupiter selbst vorbei gehen, und gute Fernröhre zeigen dann sogar den Schatten dieses kleinen Körpers auf dem Jupiter, so daß wir hier wieder den Jupiter und seine Monde als dunkle, Schatten werfende Körper kennen lernen.

Der Saturn zeigt sich in guten Fernröhren mit einem Ringe umgeben, dessen Schatten man auf dem Saturn gewahr wird, und auch er hat kleine Monde um sich, die ihn begleiten. Auf dem glänzenden Ringe, welcher ihn umgiebt, sieht man den Schatten des Saturn, der also eben so wie die Erde, der Mond, der Jupiter, ein dunkler von der Sonne erleuchteter Körper ist.

Diese Planeten waren seit einigen Jahrtausenden bekannt, und man hatte wenig Hoffnung gehegt, noch mehrere zu entdecken, als Herschel durch die Stärke seiner Fernröhre veranlaßt wurde, sich nach vielleicht vorhandenen kleinern Planeten umzusehen. Er entdeckte 1781 den Uranus, einen noch kaum mit bloßem Auge sichtbaren, sehr langsam unter den Sternen fortrückenden Planeten. Erst 1801 entdeckte Piazzi einen noch kleinern Planeten, die Ceres; 1803 entdeckte Olbers die Pallas, 1804 Harding die Juno, 1807 Olbers die Vesta. Diese vier neuen Planeten sind dem bloßen Auge unsichtbar; ihre Lage im Weltraume werde ich in der Folge angeben, und die Geschichte ihrer Entdeckung da erzählen, wo ich das, was uns von der natürlichen Beschaffenheit der Weltkörper bekannt ist, umständlicher Ihnen mitzutheilen gedenke.

Zehnte Vorlesung.

Die vorigen Betrachtungen alle reiheten sich so an einander, daß ich sie nicht glaubte unterbrechen zu dürfen, obgleich wohl hie und da das Bedürfniß fühlbar ward, etwas Genaueres über die Zeitbestimmungen anzugeben, die ich bisher nur immer sehr obenhin angeben konnte. Indeß, um das bisher Erläuterte zu verstehen, konnten wir mit der bekannten Zeiteintheilung, daß ein Tag 24 Stunden, die Stunde 60 Minuten, die Minute 60 Sec. enthält, ausreichen, wenn wir gleich wohl schon Veranlassung zu der Frage, was denn im ganz strengen Sinne ein Tag heißt, gefunden hätten. Diese Frage und die daran geknüpften Untersuchungen über die verschiedene Eintheilung der Zeit soll uns heute beschäftigen.

Die Zeit, welche zwischen zwei Durchgängen eines und desselben Sternes durch den Meridian verfließt, ist für alle Fixsterne und für jede Umdrehung der Himmelskugel gleich groß; sie heißt ein Sterntag, und wird in 24 Sternstunden eingetheilt. Die Astronomen bedienen sich gern dieser Eintheilung der Zeit, weil der Eintritt jedes Sternes in den Meridian, wenn man seine Lage kennt, sogleich zur Bestimmung dieser Zeit dient. Der Augenblick, von welchem man anfängt die Sternstunden zu zählen, wäre an sich gleichgültig; aber da Aequator und Ecliptik zwei so sehr merkwürdige Kreise sind, so hat man mit Recht ihren Durchschnittspunkt, nämlich den Punkt der Frühlingsnachtgleiche als den gewählt, dessen Durchgang durch den Meridian als Anfang des Sternentages angesehen wird.

Dieser Punkt, der unter dem Sterne Algenib im Pegasus und unter dem Schwanze des niedriger stehenden Fisches liegt, kann nun freilich nicht selbst beobachtet werden, und seine genaue Bestimmung ist zu schwierig, um sie hier anzugeben; aber da wir durch den Fleiß der Astronomen Sternverzeichnisse besitzen, worin die gerade Aufsteigung und Abweichung vieler Sterne genau angegeben ist, so kann die Beobachtung eines jeden solchen Sternes zur Zeitbestimmung dienen. Sehen wir zum Beispiel den hellen Stern im Auge des Stiers (Aldebaran) im Meridian, so sagt unser Stern-Catalog, daß dieser jetzt 66° 29′ gerade Aufsteigung hat, also weil in 1 Stunde 15 Grade durch den Meridian gehen, daß 4 Stunden 26′ nach dem Durchgange jenes Anfangspunktes verflossen sind; und die Beobachtung jedes bekannten Sternes setzt uns so im Stand, die Uhr nach der Sternzeit zu stellen. Beobachten wir die Durchgänge mehrerer bekannter Sterne durch den Meridian, so sehen wir zugleich ob unsre Uhr richtig geht; denn da die Stellung vieler Sterne genau bekannt ist, so liegt es an unsrer Beobachtung, oder an unsrer Uhr, wenn die verschiedenen Beobachtungen nicht mit der Zeit unsrer Uhr zusammentreffen. Aber eben so gut können wir auch mit Hülfe einer richtig gehenden Uhr die Lage noch nicht bestimmter Sterne in das Sternverzeichniß eintragen.

Es ist für die Zeitbestimmung ein sehr glücklicher Umstand, daß diese scheinbare Umdrehung der Himmelskugel so sehr gleichförmig und regelmäßig geschieht, daß sie uns mit vollkommener Strenge gleiche Zeitabtheilungen giebt, und uns zu Berichtigung unsrer Uhren, die bei aller Vollkommenheit doch keine vollkommene und durchaus fehlerfreie Gleichförmigkeit haben können, dient.

Diese Sternentage sind nun freilich die passendsten zu einer genauen Zeiteintheilung; aber sie haben das Unbequeme, daß sie mit unsern täglichen Beschäftigungen nicht immer auf gleiche Weise zusammen stimmen. Wenn unsre Uhr allemal 12 zeigt, indem der Frühlingsnachtgleichenpunkt durch unsern Meridian geht, so stimmt dieses 12 Uhr zwar am 21ten März, wenn die Sonne in jenem Punkte steht, und am 23sten September, wenn sie ihm gerade gegenüber steht, mit unserm Mittage in jenem Falle, und mit unsrer Mitternacht in diesem Falle zusammen, oder stimmt mit dem überein, was wir gewöhnlich 12 Uhr nennen; aber zu jeder andern Jahreszeit würde die zwölfte Stunde in eine ganz andere Zeit in Vergleichung gegen die Tageszeiten fallen. Kurz, wir bedürfen für die Anordnung unsrer häuslichen und bürgerlichen Geschäfte einer Zeiteintheilung, die sich nach der Sonne richtet. Beim ersten Anblicke scheint es auch nicht schwer, eine solche Zeiteintheilung anzugeben, da wir ja nur nöthig haben, die Zeit von einem Meridiandurchgange der Sonne bis zum nächsten in 24 Stunden zu theilen. Aber diese Bestimmung des Sonnentages und der ihm gemäßen Stunden hat einige Schwierigkeit, weil die Zwischenzeit zwischen zwei wahren Mittagen oder zwei nächsten Meridiandurchgängen der Sonne nicht immer genau gleich ist. Für unsre gewöhnlichen Uhren, die selten so genau gehen, daß man sie ohne alle Nachhülfe Jahre lang könnte fortgehen lassen, ist diese kleine Ungleichheit kaum merklich, aber der Astronom bemerkt sehr bald, daß die Uhr, die in der jetzigen Jahreszeit genaue 24 Stunden zwischen zwei Mittagen angiebt, in einer andern Jahreszeit nicht mehr mit dem wahren Sonnentage völlig übereinstimmt. Dieses veranlaßt uns zur Bestimmung eines mittleren Sonnentages, der nämlich zwischen jenen Ungleichheiten der verschiedenen Jahreszeiten so das Mittel hält, daß eine ihm gemäß eingerichtete, heute beim Durchgange der Sonne durch den Meridian genau 12 Uhr angebende Uhr, zwar in andern Jahreszeiten ein wenig vom wahren Mittage abweichen mag, aber doch heute übers Jahr wieder genau mit dem Mittage zusammen stimmt. Es läßt sich leicht finden, wie viel dieser mittlere Sonnentag vom Sternentage verschieden seyn muß. Denn da die Sonne in $365\frac{1}{4}$ Tagen den ganzen Kreis der Ecliptik durchläuft, so kommen von den 360 Graden der ganzen Umdrehung, auf jeden Tag 59 Min. 8 Sec. — so weit nämlich entfernt sich die Sonne oder ihr Mittelpunkt, in einem Tage von dem Sterne, mit dem sie am vorigen Tage ganz genau zusammen traf. Da nun 1 Grad in 4 Min. Sternenzeit durch den Meridian rückt, so gehen 59′ 8″ in 3 Min. 56½ Sec. Zeit durch den Meridian, und die Sonne würde, wenn sie das ganze Jahr durch täglich gleich viel später zum Meridian gelangte, täglich um so viel hinter den Sternen zurückbleiben. Der mittlere Sonnentag ist also 24 St. 3′ 56″ Sternzeit, und umgekehrt ist der Sternentag = 23 St. 56′ 4″ mittlere Sonnenzeit.

Diese Eintheilung der Zeit ist es eigentlich, die wir im bürgerlichen Leben befolgen, oder mit welcher wenigstens der Astronom unsre bürgerlichen Tage begleitet. Nach dieser Zeiteintheilung kommt freilich nicht immer genau um 12 Uhr die Sonne in den Mittagskreis, aber die ungleichen Zeiträume der wahren Sonnentage gleichen sich aus, und am Ende des Jahres treffen Uhr und Sonne wieder überein. Unsre Calender und Jahrbücher geben täglich an, wie weit der wahre Mittag von dem: 12 Uhr, der nach mittlerer Zeit gehenden Uhr abweicht, und dieses beträgt zu gewissen Zeiten ziemlich viel, im Anfange des November 16 Min., aber dennoch werden Sie die Nothwendigkeit, in astronomischen Rechnungen sich der mittleren Zeit zu bedienen, anerkennen.

Man hat mehrmals die Frage aufgeworfen, ob man sich nicht auch im bürgerlichen Leben an die mittlere Zeit halten solle, und hat die bejahende Antwort sehr ernstlich vertheidigt: ich muß aber gestehen, daß ich dieser Meinung nicht beistimmen kann. Im gewöhnlichen Leben ist das Einfachste und Natürlichste jeder künstlichen Bestimmung vorzuziehen, und daher die Zeit, welche man nach jeder Mittagslinie finden, die man mit jeder guten Sonnenuhr vergleichen kann, diejenige, nach welcher wir unsre Geschäfte am aller besten einrichten. Wären unsre Stadtuhren so vortrefflich, daß sie im Laufe eines ganzen Jahres nie einer Correction bedürften, so hätte freilich die Klage, daß man wegen der Ungleichheit der Sonnentage an ihnen rücken und stellen müsse, einigen Grund; aber diese Klage wird noch in geraumer Zeit nicht stattfinden, da vielmehr unsre Uhren meistens viel öfter gestellt werden müssen, als es um der Ungleichheit der Sonnentage willen, erforderlich wäre.

Um zu zeigen, daß die mittlere Zeit für das bürgerliche Leben nicht tauglich sey, braucht man sich nur den Fall zu denken, wo die Abweichung der mittleren Zeit von der wahren Zeit ganze Stunden betrüge; — offenbar würde da diese, auf dem Papier so schön aussehende Regelmäßigkeit der Zeiteintheilung zu den unerträglichsten Unbequemlichkeiten führen; und da diese auch bei der wirklichen, wenn gleich geringern, Ungleichheit schon eintreten, so bin ich geneigt, mich gegen diese Abänderung in der Anordnung der Uhren zu erklären, und wiederhole es, daß man lieber immer bei dem natürlichsten und einfachsten bleibe, und dem Vorurtheil der Gelehrten, daß das, was ihnen aus theoretischen Gründen vorzüglich scheint, auch im Leben anwendbar sey, nicht zu viel trauen sollte.

Aber woher entstehen denn diese Ungleichheiten der wahren Länge des Sonnentages? Sie entstehen theils aus einem nicht immer gleichen Fortrücken der Sonne in der Ecliptik, theils aus der Schiefe der Ecliptik oder ihrer Neigung gegen den Aequator. Die Beobachtung zeigt, daß die Sonne im Winter schneller als im Sommer fortrückt, weshalb sie auch vom Herbstnachtgleichenpunkte zum Frühlingspunkte in wenigern Tagen gelangt, als zum Durchlaufen der andern Hälfte ihres Kreises erforderlich sind. Ihre Bewegung ist gerade in den ersten Tagen des Jahres am schnellsten, und in den ersten Tagen des Juli am langsamsten, und wenn man vom 2. Juli gleich viele Tage voraus und zurück rechnet, und an diesen Tagen die Bewegung der Sonne genau beobachtet, so findet man, daß sie sich in der Ecliptik gleich schnell fortbewegt; oder genau mit eben der abnehmenden Geschwindigkeit vor dem 2. Juli fortgeht, mit welcher sie zunehmend immer schneller sich nach diesem Tage fortbewegt. Schon wegen dieser Ungleichheit müßten die wahren Sonnentage im Winter länger seyn, als im Sommer, weil die Sonne desto später am folgenden Tage zum Meridian gelangt, je weiter sie seit dem vorigen Mittage fortgerückt ist.

Aber dieß ist doch nicht der Umstand, welcher den Zeitraum zwischen zwei Mittagen am meisten ungleich macht, sondern dieser liegt in der ungleichen Richtung des Fortrückens, in Beziehung auf den Aequator. Bei der Umdrehung der Himmelskugel rückt in jeder Minute ein gleich großes Stück des Aequators durch den Meridian, aber nicht ein immer gleiches Stück der Ecliptik. Ein aufmerksamer Blick auf die künstliche Himmelskugel erklärt dieß vollkommen. Wenn Sie nämlich verschiedene Punkte der Ecliptik A D E C B (Fig. 15.) unter den Meridian bringen, und nun 10 Grade der Ecliptik durch den Meridian rücken, so sehen Sie, daß mit ihnen zugleich nicht immer dieselbe Anzahl Grade des Aequators durch den Meridian geht; sondern 10 Grade E C in der Gegend der Wendepunkte durch den Meridian geführt, bringen den Bogen GH, reichlich 10 Grade groß, durch den Meridian, dagegen 10 Grade A D, nahe am Nachtgleichenpunkte durch den Meridian geführt, nur den viel kleineren Bogen A F des Aequators durch den Meridian bringen. Wenn also auch die Sonne auf der Ecliptik immer gleiche Bogen in gleichen Zeiten beschriebe, so würde doch das Fortrücken von D nach A keine so bedeutende Verlängerung des wahren Sonnentages hervorbringen, als das Fortrücken von C nach E. Aus diesem Grunde ist um die Zeit der Nachtgleichen der wahre Sonnentag ungefähr 20 Secunden kürzer, als der mittlere Tag, um die Wintersonnenwende dagegen 30. Sec. länger als dieser.

Die Tage, wo der mittlere Mittag mit dem wahren zusammen trifft, sind, der 24te December, der 15te April, der 15te Juni, der letzte August. Dagegen beträgt die größte Abweichung des wahren Mittags vom mittleren, am 11ten Februar, 14½ Minuten, am 15ten Mai, 4 Minuten, am 27ten Juli, 6 Minuten, am 2ten November, 16¼ Minuten, und zwar so, daß im Februar und August die mittlere Uhr über 12, im Mai und November noch nicht 12 ist, wenn der wahre Mittag eintritt.

Diese Bestimmungen werden hinreichen, um Sie mit alle dem, was diese Zeitangaben betrifft, hinreichend bekannt zu machen; aber ein einfaches Mittel, um den wahren Mittag zu bestimmen, muß ich Ihnen doch noch anzeigen. Ich erwähnte vorhin die Mittagslinie, dieses ist diejenige Richtung auf der horizontalen Ebne, in welcher der genaue Südpunkt liegt, und folglich die Linie, in welche ein vertical hängender Faden, oder ein vertical stehender Körper seinen Schatten wirft, wenn die Sonne im Mittage steht, so daß, wenn sie einmal richtig gezogen ist, das Zusammentreffen des Schattens mit dieser Linie das Zeichen des Augenblicks ist, da der wahre Mittag eintritt.

Um die Mittagslinie zu ziehen, zeichnet man auf einer genau horizontalen Ebne einen Kreis, (Fig. 19.) und errichtet in dessen Mittelpunkte einen verticalen Stift A F. Man bemerkt nun Vormittags den Punkt D des Kreises, wo der Schatten dann eintrifft, wenn sein Endpunkt genau in den Kreis fällt; eben so bemerkt man Nachmittags den Punkt C, wo das Ende des Schattens wieder in den Kreis fällt, und halbirt den zwischen C, D, liegenden Bogen; die von A nach dem Halbirungspunkte gezogene gerade Linie ist die Mittagslinie. Diese Bestimmung gründet sich auf die Ueberzeugung, daß der um Mittag sehr kurze Schatten gleiche Länge hat 1 Stunde vor und nach dem Mittage, 2 Stunden vor und nach dem Mittage, und so ferner, und daß für solche gleich weit vom Mittage entfernte Zeiten die Richtung des Schattens gleich weit von der Mittagslinie abweicht. Dieses ist nun freilich nur dann genau richtig, wenn die Sonne ihre Abweichung während der Zwischenzeit ganz ungeändert behält, aber da in einigen Stunden der Unterschied der Abweichung allemal geringe ist, so fehlt man nicht erheblich, wenn man die Rücksicht darauf bei Seite setzt. Am längsten Tage ist der Fehler völlig Null. Dieser Mittagslinie bedient man sich auch, um die Sonnenuhren in ihre richtige Stellung zu bringen.

Elfte Vorlesung.

Die Zeitbestimmungen machen einen so wesentlichen Theil der Astronomie aus, ja die Frage nach manchem Einzelnen, was dahin gehört, wird schon durch unsere Calender, und durch bürgerliche Einrichtungen, die vom Calender abhängen, so sehr herbei geführt, daß ich wohl keine Entschuldigung voraus zu schicken brauche, wenn ich Sie, m. h. H., damit etwas umständlicher unterhalte.

Wir alle wissen zwar, daß das Jahr aus 365 Tagen besteht, aber wir denken selten daran, zu fragen, von welchem ganz genau bestimmten Phänomenen dieser Zeitraum abhängt, ob die Menschen immer so wie wir, gerechnet haben, und so ferner.

Daß die in der gemäßigten Zone lebenden Menschen schon früh die Wiederkehr gleicher Jahreszeiten, das Grünen der Bäume, die milder werdende Luft bemerken mußten, daß sie die Gleichheit der Perioden von einem Frühling bis zum andern, die gleiche Folge des Frühlings, Sommers, Herbstes, Winters, gewahr werden mußten, das läßt sich leicht erachten. Diese Beobachtung scheint sich zuerst an die Erscheinungen des Mondes, an die Bemerkung, daß 12 Mondwechsel ungefähr der Periode der Jahreszeiten gleich sind, angeschlossen, und darnach sich das Mondenjahr von 12 Mondwechseln gebildet zu haben. Aber man bemerkte bald, daß jene Rückkehr der Jahreszeiten nicht genau mit einem solchen Jahre zusammen stimmte, daß man genöthigt war, alle 3 Jahre *einen* Mondwechsel oder Mondenmonat zuzugeben, und so Jahre bald von 12, bald von 13 Monaten zu bilden, um ungefähr in denselben Monaten dieselben Naturerscheinungen wieder zu sehen. So fand man sich zu der Nothwendigkeit, die Sonne selbst näher zu beobachten, hingezogen, und fand nun, daß ihre Stellung unter den Sternen die Jahreszeiten bestimmte. Man bemerkte, daß der Aufgang eines Sternes nur in einer gewissen Jahreszeit mit dem Untergange der Sonne zusammentreffen, und daß das Erscheinen dieses Sternes am östlichen Himmel kurz nach dem Untergange der Sonne als ein Merkmal, daß die Sonne wieder zu dem bestimmten Stande gelangt sey, dienen könne. Die Alten beachteten eigentlich zwei Aufgänge der Gestirne, nämlich den eben beschriebnen acronyktischen, beim Anfange der Nacht, und den heliacischen, das ist den, wo der Stern eine kurze Zeit vor der Sonne aufging, und daher in der Morgendämmerung nur noch eine kurze Zeit am östlichen Horizonte sichtbar ist. Eben so beobachteten sie auch den heliacischen Untergang, wo ein Stern sich Abends in den Strahlen der Sonne verbirgt, oder, weil die Sonne immer weiter nach Osten rückt, nicht mehr lange genug nach Sonnenuntergang über dem Horizonte verweilt, um noch in oder nach der Dämmerung gesehen zu werden.

Durch dieses Hülfsmittel kam man allmählig dahin, das Mondenjahr, das bald 12 bald 13 Monate, und auch diese ungleich, bald von 29 bald von 30 Tagen hatte, genauer an das Sonnenjahr zu knüpfen. Doch mit diesen Bestimmungen, die freilich einen interessanten Theil der Chronologie ausmachen, will ich Sie nicht unterhalten, sondern zu den Betrachtungen übergehen, die noch jetzt in unserm Calender Anwendung finden.

Wenn die Sonne in genauen 365 Tagen zu eben der Stellung am Himmel zurückkehrte, so würde ein Jahr von 365 Tagen ohne weitere Schwierigkeit der Forderung, daß derselbe Stand der Sonne immer mit demselben Monatstage zusammenstimme, Genüge thun; aber das Jahr ist etwas länger, so daß es ungefähr $365\frac{1}{4}$ Tage beträgt. Dieser Umstand führt die Nothwendigkeit der Schaltjahre herbei. Offenbar nämlich würde der längste Tag, der dieses Jahr auf den 21sten Juni fällt, nach 4 Jahren auf den 22sten Juni, nach 8 Jahren auf den 23sten Juni, nach 80 Jahren auf den 11ten Juli fallen, und es würde bald dahin kommen, daß der Juni ein Frühlingsmonat und endlich ein Wintermonat würde; die Annehmlichkeit, die wir von einem gut eingerichteten

Calender fordern, daß jedem Monat immer eine bestimmte Jahreszeit und Stellung der Sonne entspreche, würde also bald ganz wegfallen. Um dieses Umstandes willen hat man schon lange angefangen, *) jedes vierte Jahr zu einem Schaltjahre von 366 Tagen zu machen; denn wenn nun gleich im einen Jahre die Nachtgleiche in der Nacht vom 20sten auf den 21sten März eintritt, im zweiten Jahre am 21sten März Morgens, im dritten Jahre am 21sten März Mittags, so wird doch im vierten Jahre der Augenblick der Nachtgleiche wieder auf den Abend des 20sten März zurückgeführt, und also nie ein solches Fortrücken der Jahreszeiten statt finden.

Diese Einschaltung, nach welcher in jedem 4ten Jahre der Februar 29 Tage erhält, statt daß er sonst nur 28 Tage hat, würde genau den Calender mit dem Stande der Sonne einstimmig erhalten, wenn die Sonne gerade 365 Tage 6 Stunden gebrauchte, um von einer Frühlingsnachtgleiche zur andern zu gelangen; aber dieser Zeitraum, den wir eigentlich als die wahre Länge eines Jahres anzusehen haben, ist um 11 Min. kürzer. Wenn wir alle 4 Jahre einen Tag, oder alljährlich 6 Stunden einschalten, so thun wir also zuviel, und obgleich dieses nicht so sehr erheblich ist, so hat es doch den Erfolg, daß die Nachtgleiche, die 1804 am 20sten März um 8 Uhr Abends statt fand, im Jahre 1808 schon um $7\frac{1}{4}$ Uhr Abends eintrat, und 1828 um $3\frac{1}{2}$ Uhr Abends am 20sten März eintreten wird. Diese kleine Ungleichheit würde zwar selbst in einer bedeutenden Reihe von Jahren noch für das bürgerliche Leben nicht merklich werden; aber sie bringt doch in 100 Jahren die Nachtgleiche auf die Nacht zwischen dem 19ten und 20sten März zurück, und würde in 4 Jahrhunderten 3 Tage ausmachen. Aus diesem Grunde hat der Gregorianische Calender die Einrichtung, daß das letzte Jahr des Jahrhunderts

*) Julius Cäsar, der den nach ihm genannten Julianischen Calender anordnete, setzte den Schalttag zwischen den 6ten und 7ten ante Calend. Martii, daher hieß er bisextilis; der 6te ante Cal. Martii ist der 24ste Februar, den wir auch noch als Schalttag benennen.

dreimal ohne Einschaltung bleibt, und nur jedes vierte Secularjahr die Einschaltung behält. Die Jahre 1700, 1800, hätten nach der allgemeinen Ordnung der Einschaltung 366 Tage haben sollen, hatten aber nur 365, und eben so wird es im Jahre 1900 seyn, das Jahr 2000 dagegen bleibt ein Schaltjahr, weil es zureicht, wenn in vier Jahrhunderten 3 Schalttage weggelassen werden. In unserm Calender fällt demnach fortwährend die Nachtgleiche auf den Abend des 20sten März oder auf den 21sten März, im Julianischen Calender dagegen, der noch in Rußland gilt, entfernt sie sich mit jedem Jahrhundert weiter von diesem Tage, weil da jedes Secularjahr ein Schaltjahr ist. Um die Nachtgleiche, die wegen der in jeden 400 Jahren zu viel eingeschalteten 3 Tage zu der Zeit des Pabstes Gregorius XIII. schon 10 Tage vom 21sten März abwich, auf diesen Tag zurückzuführen, ordnete Gregor an, daß im Jahre 1582 im October zehn Tage ganz ausfielen, und der October für das Mal nur 21 Tage hatte. Dadurch entstand zuerst die Abweichung des alten Calenders oder Julianischen Calenders vom neuen, so daß der letzte schon den 11ten Januar 1583 zählte, als jener erst den 1ten Januar hatte. Im Jahre 1700 hatte der alte Calender einen Schalttag, der neue nicht, und daher war im ganzen achtzehnten Jahrhundert der 1ste Januar alten Stils, mit dem 12sten Januar neuen Stils, einerlei; im Jahre 1800 hat sich dieser Unterschied abermals um einen Tag vermehrt, und der 1ste Januar des alten Calenders ist jetzt der 13te Januar des neuen Calenders.

Die genaue Länge des Jahres, von welcher ich hier gesprochen habe, ist die Zeit, welche zwischen zwei Frühlingsnachtgleichen oder allgemein zwischen zwei gleichen Stellungen der Sonne in Beziehung auf den Aequator verfließt. Ein wenig davon verschieden ist die Zeit, in welcher die Sonne wieder zu demselben Sterne gelangt; aber da der höhere und tiefere Stand der Sonne, das ist ihre Lage gegen den Aequator, eigentlich das ist, worauf sich die Jahreszeiten beziehen, so ist es natürlich, daß darnach die Länge des Jahres gerechnet wird. Der Unterschied beider Zeiträume beträgt $20\frac{1}{3}$ Min.

und dieser rührt daher, weil, wie ich früher schon erwähnt habe, der Nachtgleichenpunkt nach und nach zu westlichern Sternen fortrückt. Das tropische Jahr, oder die Zeit zwischen zwei Frühlingsnachtgleichen ist 365 Tage 5 Stunden 48′ 51½″, die siderische Umlaufszeit ist um 20′. 20″ länger, weil die Sonne, wenn sie den Nachtgleichenpunkt wieder erreicht hat, noch nicht ganz zu dem Sterne gelangt ist, bei dem vor einem Jahre der Nachtgleichenpunkt lag, sondern dazu noch 20⅓ Min. gebraucht.

Dieses Rückgehen der Nachtgleichen, welches aus einer geringen Aenderung des Himmelspoles entspringt, wird uns in der Folge mehr beschäftigen, und ich will deshalb hier nicht dabei verweilen, sondern noch einige andere Gegenstände, die sich auf unsern Calender beziehen, erwähnen.

Das Mondenjahr, dessen ich schon früher gedacht habe, ist zwar an sich für uns nicht mehr von Wichtigkeit, und selbst der Umstand, daß Juden und Mohamedaner sich noch darnach richten, kommt für uns wenig in Betrachtung; aber dennoch hängen so manche Bestimmungen vom Monde ab, daß die Rücksicht auf seinen Lauf noch immer für uns merkwürdig bleibt.

Die Zeit von einem Neumonde bis zum andern, oder von einem Vollmonde bis zum andern beträgt ziemlich genau 29 Tage, 12¾ Stunden mittlerer Sonnenzeit, also 12 Mondwechsel betragen 354 Tage, 9 Stunden, welches beinahe 11 Tage weniger als ein Sonnenjahr ist. Hieraus erhellt schon, wie wir die Neumonde und Vollmonde des nächsten Jahres bestimmen können, wenn wir sie in dem jetzigen Jahre wissen, zum Beispiel im Jahre 1826 war am 7ten April Neumond, also 1827, elf Tage früher am 27sten März. Vermöge dieses Unterschiedes von 11 Tagen kommen nach 19 Jahren die Mondwechsel auf eben die Monatstage zurück, und daher heißt eine Reihe von 19 Jahren ein Mondscirkel. Unsre Calender geben allemal an, das wievielte Jahr des Mondcirkels das laufende Jahr ist, und nennen dasjenige das erste Jahr des Mondcirkels, welches den Neumond am 1sten Januar hat, wie es 1824 der Fall war. Das Jahr 1824 war also eines des Mondcirkels, und da damals am 1sten Januar und 30sten Jan. Neumond war, so traf 1825 am 19ten Jan.; 1826 am 8ten Jan. der Neumond und so ferner. *) Die Zahl, welche angiebt, das wievielte des Mondcirkels ein gewisses Jahr ist, heißt auch die goldne Zahl des Jahres. Unsre Calender geben außer dieser auch noch die Epacte des Jahres an, das ist, das Mondesalter am Neujahrstage, oder wie viel Tage am Neujahrstage seit dem letzten Neumonde verflossen sind. Im Jahre 1825 fiel der letzte Neumond auf den 9ten Dec. also war der 10te, 1 Tag, der 20te, 11 Tage, der 30te, 21 Tage, der 31te, 22 Tage nach dem Neumond, und 22 ist die Epacte des Jahres 1826; eben so ist 1826 am Abend des letzten December oder beim Anbruch des 1sten Januar 1827 der Mond 3 Tage alt, und 3 ist die Epacte des Jahres 1827. Die Epacte schreitet jährlich um 11 fort, giebt aber, wenn sie über 30 geht, nur den Ueberschuß über 30 an.

Mit diesen Bestimmungen hängt unser Osterfest zusammen, weil dieses allemal an dem Sonntage gefeiert wird, der mit dem ersten Vollmonde nach Frühlingsanfang zusammen trifft, oder diesem folgt. Auf dieser Anordnung beruht die ungleiche Zeit der Osterfeier. 1826 fiel der Vollmond am 23sten März sehr nahe nach der Nachtgleiche oder nach Frühlingsanfang, und daher hatten wir am 26sten März ein frühes Osterfest. Im Jahre 1827 trifft der März-Vollmond auf den 13ten, vor Frühlingsanfang, und wir müssen daher den nächsten Vollmond am 12ten April abwarten, weshalb erst am folgenden Sonntage, den 15ten April, Ostern ist. Da nach 19 Jahren der Vollmond auf dieselben Tage zurückkommt, so gilt das auch vom Ostervollmond, aber das Osterfest selbst trifft darum doch nicht genau auf denselben Tag, weil dieser nicht gerade ein Sonntag ist.

---

*) Eine Abweichung von mehreren Stunden kann hiebei statt finden, und daher der Neumond erst am 9ten Jan. Morgens, statt 8ten Jan. Abends eintreffen.

Um zu entscheiden, welche Tage in einem bestimmten Jahre Sonntage sind, dient der in unsern Calendern immer angegebene Sonntagsbuchstabe, dessen Gebrauch folgender ist. Bezeichnen Sie die Tage des Jahres nach der Reihe mit den sieben ersten Buchstaben, nämlich 1sten Jan. A; 2ten Jan. B; 3ten Jan. C; 4ten Jan. D; 5ten Jan. E; 6ten Jan. F; 7ten Jan. G; 8ten Jan. A; 9ten Jan. B; und so ferner, so erhellt sogleich, wenn man dieß durch das ganze Jahr fortsetzt, daß alle Tage, die A bekommen, mit dem Neujahrstage auf einerlei Wochentag fallen, und daß man also durchs ganze Jahr die Sonntage kennt, wenn man weiß, welcher Buchstabe dem Sonntage entspricht. 1827 ist G der Sonntagsbuchstabe, also der 7te Januar ein Sonntag, wornach dann alle Sonntage bestimmt sind. Das Schaltjahr hat zwei Sonntagsbuchstaben, deren einer bis zum Schalttage den 24sten Februar gilt, der andre für den übrigen Theil des Jahres. In gewöhnlichen Jahren nämlich würde, wenn Sie die Bezeichnung der Monatstage mit Buchstaben fortsetzen, der 19te Febr. A erhalten, der 23ste Febr. E; der 24ste Febr. F, und so ferner; aber im Schaltjahr bekommt der 24ste Febr. als Schalttag keinen Buchstaben, sondern es ist 25ste Febr. F; 26ste Febr. G; 27ste Febr. A; 28ste Febr. B; 29ste Febr. C und so weiter. Statt also, daß der 26ste Febr., welcher mit dem Neujahrstage auf einerlei Wochentag trifft, in gewöhnlichen Jahren den Buchstaben A hat, erhält er hier G, und diese Abweichung bleibt in der Folge. — Das Jahr 1828 hat die Sonntagsbuchstaben F, E, das heißt, die Tage F, also der 6te Jan., 13te Jan., 20ste Jan., u. s. f. sind Sonntage, und so auch der 17te Febr., der noch F hat; aber dann der 24ste Febr., welcher keinen Buchstaben hat, der 2te März, welcher E hat, und von da an alle mit E bezeichnete Tage.

Nach 28 Jahren kommen die Sonntage immer wieder auf denselben Monatstag. *) Für einzelne Jahre geschieht

---

*) Bloß der wegfallende Schalttag im Secularjahre macht eine Aenderung, die sich leicht erklärt.

dieß schon nach kürzerer Zeit, aber die Schaltjahre stören dann die Ordnung, z. B. 1822 war der Neujahrstag ein Dienstag, und eben das ist 1828 der Fall; aber im Jahre 1828 stört der Schalttag sogleich diese Ordnung, und der 1ste März, der 1822 ein Freitag war, ist 1828 ein Sonnabend.

Der Zeitraum von 28 Jahren ist aus dem eben angeführten Grunde mit dem Namen des Sonnencirkels bezeichnet, und diejenigen Jahre, welche als die gleichbezeichneten im Sonnencirkel vorkommen, haben auch gleiche Sonntagsbuchstaben, z. B. 1811 war das letzte des Sonnencirkels, und 1839 wird wieder das letzte seyn; beide haben in unserm Gregorianischen Calender den Buchstaben F. Im Julianischen Calender ist dasjenige Jahr das letzte oder 28ste des Sonnencirkels, welches den Neujahrstag an einem Sonntage hat; im Gregorianischen Calender hat die abgeänderte Einschaltung in den Secularjahren eine Abänderung hervorgebracht.

Dieß mag von den chronologischen Kennzeichen der Jahre, — denn so nennt man die Bestimmung: das wievielte im Mondcirkel und Sonnencirkel jedes Jahr ist — genug seyn. Wir endigen damit zugleich die Betrachtungen, die sich anstellen ließen, ohne nach den wirklichen Bewegungen der Himmelskörper zu fragen, die Betrachtungen nämlich, die bloß die scheinbaren Bewegungen betrafen, und werden nun zu dem Versuche, die wahren Bewegungen kennen zu lernen, übergehen.

Untersuchungen

über

die wahre Bewegung

der Erde und der Himmelskörper.

Theorische und physische Astronomie.

Forschung, die still in dem sich verliert, was schon lange
War, und was wird in der Schöpfungen Labyrinthe,
Du bist Quelle mir auch, aus der mir
Wonne der Einsamkeit rinnt.

Hat sich mein Geist in Wahrheit vertieft, die auch fern nur
Spuren mir zeigt vom Beherrscher der Erschaffnen,
O, dann tönet umsonst des Weltgetümmels
Toben; — ich höre dann nicht!

Klopstock.

Zwölfte Vorlesung.

Lassen Sie uns, m. h. H., ehe wir in unsern Betrachtungen weiter fortgehen, einen Blick auf die Folgerungen zurückwerfen, die sich uns bis jetzt aus den Beobachtungen dargeboten haben. Es muß, dünkt mich, eine erfreuliche Ueberlegung seyn, daß so einfache, sich so von selbst darbietende Beobachtungen, zu denen die sorgfältige Aufmerksamkeit auf die tägliche Umwälzung der Himmelskugel und auf die Erscheinungen der Sonne und des Mondes uns Veranlassung giebt, hinreichen, um uns über die Größe und Gestalt der Erde, über unsere Stellung auf derselben, selbst wenn wir uns in den verschiedensten Standpunkten befinden, über die Ursache der Jahreszeiten und ihrer Verschiedenheit in verschiedenen Gegenden der Erde, über die Ursachen der Erscheinungen des Mondes, ja endlich über den Ort, wo dieser sich im Weltraume befindet, zu belehren.

Die Kenntniß, zu welcher die Beobachtung des Mondes uns führte, daß dieser Weltkörper in einer Entfernung von uns, die nur etwa 30 ganzen Durchmessern der Erde gleich ist, sich im Weltraume fortbewegt, ist unstreitig eine der wichtigsten, die sich uns darbieten konnte. Sie zerstört die Vorstellung von einer die Erde umgebenden festen Himmelskugel, oder enthält wenigstens eine starke Aufforderung, die Frage zu beantworten, ob denn nicht vielleicht alle jene leuchtenden Erscheinungen, Weltkörper sind, welche, wenn gleich viel weiter entfernt von uns, doch eben so frei schwebend als der Mond sich im Weltraume fortbewegen. Und ist nicht die Erde ein eben so im Weltraume schwebender Körper? Hat nicht die Ueberzeugung, daß sie eine Kugel sey, die wir nach allen Richtungen umschiffen können, deren Oberfläche wir genau genug und umfassend genug kennen, um nicht mehr nach den ewigen alten Säulen, auf denen sie nach der Meinung früherer Jahrhunderte ruhen sollte, uns umzusehen, hat nicht diese Ueberzeugung uns nothwendig dahin geführt, auch sie als einen Weltkörper, dem Monde ähnlich, anzusehen? und führt nicht dieß uns zu der Vermuthung hin, daß auch die Erde vielleicht sich bewegen könne, und zu der Frage, welche Erscheinungen sich uns darbieten müßten, wenn sie sich bewegte?

Bisher ließen wir uns durch den bloßen Schein leiten, und sahen jenes mit Sternen besäete Gewölbe als eine feste Kugel an, die sich täglich gleich um ihre Axe drehe; aber selbst in den bisher beobachteten Erscheinungen bietet sich uns Manches dar, wodurch diese Meinung unwahrscheinlich wird. Wären alle Himmelskörper an dieses unermeßliche Gewölbe fest geheftet, so ließe sich jene Meinung eher glaublich finden; aber Sonne und Planeten rücken mit eigenthümlicher Bewegung unter den Fixsternen fort und vom Monde wissen wir nicht nur, daß auch er eine eigenthümliche Bewegung hat, sondern seine Entfernung haben wir abmessen gelernt, haben ihn so ungemein viel näher als alle andern Himmelserscheinungen gefunden, daß er wenigstens mit jener Himmelskugel in gar keiner festen Verbindung stehen kann. Wenn also die ganze Himmelskugel mit allen Fixsternen sich um uns dreht, wie sollen wir uns denn die Verbindung denken, in welcher der Mond mit ihr steht, indem auch er im täglichen Aufgange und Untergange sich nahe an die Bewegung der ihn umgebenden Gestirne knüpft, dennoch aber, langsam unter ihnen fortschreitend, zeigt, daß er keineswegs fest mit ihnen verbunden sey?

Doch es ist Zeit, daß wir einen andern Weg der Untersuchung, um die Wahrheit genauer kennen zu lernen, einschlagen. Dieser Weg ist der Weg der Hypothesen. Es scheint Ihnen vielleicht gefährlich, diesen Weg als einen zur Wahrheit führenden empfohlen zu sehen, und dennoch trage ich kein Bedenken, ihn als den zu empfehlen, der, mit Vorsicht betreten, uns am besten zu neuen Entdeckungen fortführt, auf dem wir zur wahren Kenntniß der Ursache der Erscheinungen gelangen. Einer Hypothese folgen, kann nur da bedenklich seyn, wo es uns an Mitteln fehlt, um die Folgerungen aus ihr mit der Erfahrung zu vergleichen, oder wo wir uns von ihr blenden lassen und die Vergleichung mit der Erfahrung verabsäumen; dagegen kann die Hypothese uns höchst nützlich seyn, wenn wir jede aus ihr hervorgehende Folgerung anwenden, um zu sehen, ob denn die Erfahrung ihr entspreche. Und hier eigentlich ist es, wo die Mathematik sich uns als die nützlichste, ja als eine nothwendige Begleiterin darbietet, wenn wir neue Forschungen anstellen wollen; als eine Begleiterin, deren Nützlichkeit auch Sie anerkennen werden, obgleich ich hier nur die Art, wie sie unsere Untersuchungen leitet und unterstützt, angeben kann, ohne in dem, was ich Ihnen mittheile, eigentlich ihre Hülfe anzuwenden.

Sobald wir eine Hypothese aufstellen, das heißt, sobald sich uns die Vermuthung darbietet, daß die Ursache irgend einer Erscheinung wohl diese oder jene seyn könne, fangen wir an, die einzelnen Umstände der Erscheinung zu erwägen, und fragen, ob denn jene Ursache allen einzelnen Umständen entspreche. Sind wir nun unbefangen und aufrichtig genug, lassen wir dem Zweifel, ob auch unsere Erklärung die richtige sey, Raum, so wird sich uns schon bei dieser auf dem gewöhnlichen Wege angestellten Vergleichung Vieles ergeben, was die Hypothese zu bestätigen oder zu widerlegen, dient; aber die Mathematik gewährt uns darum eine größere Sicherheit, weil sie in strengen bestimmten Zahlen jene Erfolge angiebt, und uns daher Gelegenheit giebt, die Erfahrungen nicht bloß obenhin, sondern mit der größesten Genauigkeit mit dem zu vergleichen, was der Hypothese gemäß wäre. Die Mathematik rechnet nach einer Hypothese, sie giebt uns zum Beispiel in den hier zu betrachtenden Fällen an, in welcher Minute und Secunde das Gestirn, dessen Bewegung die Hypothese betrifft, im Meridian erscheinen, in welcher Minute und Secunde eine Sonnenfinsterniß anfangen soll, u. s. w.; da nun die Beobachtung sogleich zeigt, ob diese Bestimmung richtig und genau war, so dient jede Beobachtung zur Prüfung der Hypothese, und da, wo lange Reihen von Beobachtungen ganz genau mit den Berechnungen übereinstimmen, da werden wir immer mehr überzeugt, daß die Hypothese, auf welche die Rechnung gegründet ist, Wahrheit enthalte.

Dieses wird wohl genug seyn, um zu zeigen, daß wir nicht besorgen dürfen, durch Hypothesen irre geleitet zu werden, so bald wir uns vorsetzen, ihnen nur da, wo eine so strenge Wachsamkeit es gestattet, zu folgen; und Sie werden jene Besorgniß gewiß ganz aufgeben, wenn Sie nach und nach mit dem Gebrauche vertraut werden, welchen die Astronomie, die in dieser Hinsicht allen Wissenschaften als Muster empfohlen werden kann, von den Hypothesen macht.

Die erste Hypothese, die wir näher zu betrachten veranlaßt sind, ist die, ob es nicht eine Bewegung der Erde sey, durch welche die Erscheinung der täglichen Umdrehung der Himmelskugel hervorgebracht wird? — Wenn die Erdkugel sich um ihre Axe drehte, so würde sich uns, wofern wir diese Bewegung nicht empfinden, die Erscheinung der uns umgebenden Körper eben so darstellen, als ob diese einen Kreislauf um die Erde vollendeten, und aus dieser Ueberlegung bildet sich die Hypothese, es sey wohl wirklich nur eine Rotation der Erde um ihre Axe, durch welche die Phänomene der täglichen Bewegung der Gestirne hervorgebracht werden.

Schon ganz gewöhnliche Erfahrungen zeigen uns, daß wir sehr oft geneigt sind, den Gegenständen Bewegung beizulegen, die in der That ruhen, wenn wir die Bewegung, die uns selbst ertheilt ist, nicht bemerken oder vergessen. Selbst wenn wir im Wagen sitzend durch Stöße und Schwanken unaufhörlich erinnert werden, daß wir selbst mit bedeutender Schnelligkeit fortgeführt werden, können wir es uns nicht ableugnen, daß die hinter uns zurückbleibenden Bäume, am Wagen vorbeizulaufen scheinen, und daß unsere eigene Bewegung vorwärts sich in eine scheinbare, nach der entgegengesetzten Richtung gehende Bewegung der uns nahen Gegenstände, verwandelte. Fast noch überraschender ist dieser Schein, wenn wir uns auf einem Schiffe befinden, während dieses plötzlich gedreht wird. Es ist bekannt, daß durch eine Wendung des Steuers, die der in der Mitte des Schiffes stehende Beobachter gar nicht bemerkt, das Schiff sehr schnell in eine andere Richtung gebracht werden, oder um eine Axe gedreht werden kann. Der Reisende, der auf diese Erscheinung, deren Ursache sich ihm gar nicht kenntlich macht, nicht vorbereitet ist, hat während dieser Drehung des Schiffes ganz genau die Erscheinung vor sich, als ob die Gegenstände am Ufer oder die ihm sichtbaren, nahen oder entfernten Schiffe alle gemeinschaftlich einen Kreislauf um ihn anfingen, und wenn das Schiff, auf welchem er sich befindet, unaufhörlich sich so um seine Axe drehte, so würden Ufer und Schiffe um unsern Beobachter eben so gut fortwährend ihre Kreislaufe zu vollenden scheinen, während ihre Stellungen gegen einander unverändert bleiben, wie wir es an den Himmelskörpern in ihrem täglichen Kreislaufe sehen. So dienen also schon ganz gewöhnliche Erfahrungen, uns in der Meinung zu bestärken, daß es wohl die Erde seyn könne, die durch ihre Axendrehung oder Rotation zu dem Scheine, als machten alle Himmelskörper täglich einen Umlauf um uns, Veranlassung giebt. Diese Meinung erhält noch mehr Bestätigung, wenn wir sie sorgfältiger betrachten. Die Erde schwebt frei im Weltraume, und ist von allen Seiten mit jenen leuchtenden Gestirnen, die wir wegen ihrer sehr großen Entfernung als große Weltkörper anzusehen, Grund genug haben, umgeben. Wenn diese Weltkörper ihre Stellung unverändert behielten, die Erde aber drehte sich um die Axe AB (Fig. 33.), so würde ein Beobachter in E auf dem Kreise ED nach D fortgeführt, und es läßt sich leicht übersehen, wie ihm die Sterne fortzurücken scheinen müßten. Der Beobachter befindet sich genau in demselben Verhältnisse gegen die, die Erde umgebenden Gestirne, als wenn er auf der Erde, auf demselben Parallelkreise bleibend, fortreiste. Wir haben schon früher gesehen, daß allen denjenigen Bewohnern der Erde, die sich auf einerlei Parallelkreise befinden, der Pol des Himmels gleich hoch über dem Horizonte erscheint, oder daß sie einerlei Polhöhe haben; auch unserm Reisenden also bleibt der Himmels-Pol in immer gleicher Höhe über dem Horizonte, und es läßt sich leicht zeigen, daß die Sterne alle sich ihm um diesen Punkt zu bewegen scheinen. Wendet er nämlich sein Auge gegen Norden, so sieht er, während er in E ist, diejenigen Sterne im Meridian, die in der durch E und AB gelegten Ebne sind; aber wenn er nach H gekommen ist, so sind es andere Sterne die in seinem Meridian stehen, und wenn er nach Osten fortgegangen ist, so hat er die vorhin im Meridian erscheinenden Sterne westlich hinter sich zurückgelassen; da sie aber immer noch eben so weit vom Pole entfernt erscheinen, weil sie zu entfernt sind, als daß die Aenderung der Stellung des Beobachters in jenem Abstande eine Aenderung hervorbringen könnte, so sieht man sie einen Kreis um den Pol beschreiben. Irgend ein Stern erschien dem Beobachter in E nach der Richtung EK, also unterhalb des Poles, weil EL den nördlichen Horizont, EG die Richtung nach dem Pole bezeichnet; eben der Stern erscheint dem Beobachter in D nach der Richtung DM, wenn DM mit EK parallel ist, und nun sieht der Beobachter ihn also über dem Pole, weil die Linie DF, die den Pol trifft, weniger gegen den nördlichen Horizont DN geneigt ist, als DM. Jener Stern hat also einen halben Kreis um den Pol durchlaufen, während der Beobachter von E nach D gelangt, und durchläuft die andere Hälfte seines Kreises, während der Beobachter auf der andern Seite der Erde von D nach E fortgeht.

Es läßt sich leicht übersehen, daß ähnliche Betrachtungen in Beziehung auf jeden Stern gelten, und wenn man sich genau die Vorstellung entwickelt, wie in einem bestimmten Augenblicke die Bewohner verschiedener Gegenden der Erde den Sternenhimmel sehen, und nun den Beobachter nach und nach in diese Standpunkte versetzt, die er auf einerlei Parallelkreise in dem Verlauf von 24 Stunden erreicht, so findet man, daß Aufgang und Untergang der Gestirne und die ganze Umdrehung der Himmelskugel sich ihm so zeigen muß, wie wir sie wirklich beobachten, daß der auf dem Aequator wohnende Beobachter immer beide Pole im Horizonte sieht, und nach 12 Stunden genau alle die Sterne über seinem Horizonte hat, die vor 12 Stunden unter dem Horizonte waren; daß der auf dem Pole A der Erde stehende Beobachter immer den Pol des Himmels im Zenith und immer einerlei Sterne über dem Horizonte sieht, die aber, indem die Erde sich dreht, nach und nach über die auf der Erde sichtbaren Gegenstände fortzurücken scheinen u. s. w.

Die täglichen Erscheinungen des Himmels oder diejenigen Erscheinungen, die wir bisher einer Umdrehung der Sternenkugel zuzuschreiben, geneigt waren, lassen sich also eben so gut aus einer gleichförmig schnellen Umdrehung der Erde selbst erklären; und da die täglich gleiche Wiederkehr der Erscheinungen eine unveränderliche Lage der Erdaxe voraussetzt, die Erde sich also unaufhörlich um dieselbe Axe dreht: so können wir nun mit allem Rechte die Punkte der Erdoberfläche, welche bei dieser Rotation ruhend bleiben, Pole der Erde nennen, und den größten Kreis, der von beiden Polen gleich entfernt ist, den Aequator der Erde.

Die Behauptung, daß die Erde sich um ihre Axe drehe, hat zwar zu manchen Einwürfen Veranlassung gegeben, aber diese beruhten auf unrichtigen Vorstellungen und lassen sich leicht widerlegen. Man glaubte nämlich darin, daß auch die mit der Erde nicht fest verbundenen Körper, der frei fallende Stein, der fliegende Vogel, uns in eben den Verhältnissen zur Erde erscheinen, wie es bei ruhender Erde der Fall seyn würde, Gründe gegen diese Bewegung zu finden; aber man bedachte nicht, daß alle diese Körper Theil an der Bewegung der Erde nehmen, und deshalb sie so begleiten, wie es die Erfahrung zeigt. Da diese Einwürfe selbst in neuern Zeiten öfter wiederholt sind, so werden Sie mir erlauben, einige Augenblicke bei denselben zu verweilen.

Der Einwurf, daß der fallende Stein nicht am Fuße des Thurmes ankommen könne, von dessen Spitze er herabfällt, sondern daß der Thurm ihm sehr weit nach Osten hin voreilen müsse, da sich ja die Erde ostwärts fortdrehe, läßt sich sehr leicht beantworten. Es ist nämlich offenbar, daß der an der Spitze des Thurms festgehaltene Stein ganz die

Bewegung besitzt, wie die rotirende Erde selbst; er wird, so lange er noch nicht zu fallen anfängt, mit dem Punkte des Thurms, wo er anscheinend ruht, fortgeführt, und würde, wenn die Schwere nicht auf ihn wirkte, immerfort jenen Punkt des Thurmes begleiten. Diese ihm einmal ertheilte Bewegung verläßt ihn auch im Fallen nicht, sondern sie verbindet sich nun nur mit der herabwärts gehenden Bewegung, und der Körper begleitet auch im Fallen die verticale Wand, an deren obern Rande er seinen Fall begann. Wenn dieß noch nicht überzeugend genug scheinen sollte, so kann man aus bekannten Erfahrungen noch auffallendere Beweise hernehmen. Wenn wir auf einem Schiffe, das gleichförmig und ohne Schwankungen fortsegelt, einen Körper herabfallen sehen, so bleibt er nicht hinter dem forteilenden Schiffe zurück; ein vom Maste bei stillem Wetter herunter fallender Körper erreicht dicht am Maste das Verdeck des Schiffes, ein gerade aufwärts geworfener Ball fällt in die Hand des Ballspielers zurück, und dieser findet gar nicht nöthig, andere Regeln bei seinem Wurfe zu befolgen, als in einem festen Standpunkte, sondern, während ein Beobachter, der am Ufer dem Ballspiele zusieht, bemerkt, wie der fliegende Ball das forteilende Schiff begleitet, bemüht der Ballspieler sich nur, ihn vertical aufwärts zu werfen, damit er von selbst in die Hand des Werfenden zurückfalle. Nach diesen Regeln bewegt sich auch der auf einem galoppirenden Pferde stehende Kunstreiter, und wenn es gleich große Gewandheit fordert, auf dem schnell forteilenden Pferde alle Stellungen und Bewegungen so, wie bei völliger Ruhe, anzunehmen, so ist doch sein Ballspiel von dem bei ruhiger Stellung fast gar nicht verschieden. Ganz eben so ist es mit den übrigen Einwürfen. Der von seinem Neste fortfliegende Vogel hat die der Drehung der Erde entsprechende Geschwindigkeit; er arbeitet sich fliegend in der mit der Erde fortbewegten Luft fort, und, so wie wir Schwimmvögel in einem raschen Strome mit dem Strome fortgeführt sehen, obgleich sie kräftig rudernd sich durch ihn hindurch arbeiten, so werden auch die fliegenden Vögel von der die Erde begleitenden Luft mit fortgeführt und entfernen sich von dem Punkte, den sie verließen, nur so weit als ihre eigne Kraftanstrengung es gestattet. Und wem diese Erörterungen nicht genügten, der lasse in dem untern Schiffsraume eines segelnden Schiffs einen Vogel fliegen, um zu sehen, ob die schnelle Fortbewegung des Schiffes Einfluß auf seine Bewegung habe, oder er rauche in der Kajüte eines schnell segelnden Schiffes eine Pfeife und gebe Achtung, ob nicht die Rauchwölkchen sich in dem ganz umschlossenen, aber schnell fortbewegten Raume eben so erheben, wie in jedem andern Zimmer. Doch ich verweile zu lange bei diesen Einwürfen, und würde sie gänzlich verlassen, wenn sie mir nicht noch Veranlassung gäben, zu erklären, wie gerade die Erscheinungen, die man als Beweise gegen die Umdrehung der Erde anführte, Beweise für dieselbe liefern.

Wenn ein Stein oben an der Wand eines sehr hohen Thurmes fest gehalten wird, so bewegt er sich, vermöge der Rotation der Erde, mit dem Thurme fort; aber an einem sich drehenden Körper ist die Bewegung der einzelnen Punkte um desto schneller, je entfernter diese Punkte sich von der Axe befinden. Aus diesem Grunde hat der Stein an der Spitze des Thurmes (Fig. 34) in B eine schnellere Bewegung, als der Fuß des Thurmes A, weil er in derselben Zeit, da der Punkt A nach C fortgeführt wird, den größern Bogen BE durchlaufen muß; diese größere Geschwindigkeit bleibt ihm auch während des Falles eigen, und obgleich der Unterschied wegen der gegen die ganze Erde ACD geringen Höhe unserer Thürme höchst unbedeutend ist, so eilt er dennoch, wenn auch in geringem Maße, im Fallen dem Thurme etwa so vor, wie es die krumme Linie EF andeutet. Statt also, daß jene älteren Astronomen meinten, der Stein müsse weit westwärts hinter dem von BA nach EC eilenden Thurme zurückbleiben, zeigt unsere sorgfältigere Betrachtung, daß er um etwas weniges ostwärts dem Thurme voreilen muß; und diese kleine Abweichung des frei fallenden Körpers von der genauen Verticallinie, so wie der Faden, an welchem ein schwerer frei aufgehängter Körper, sie uns als Richtung der Schwere angiebt, findet sich bei sorgfältig angestellten Versuchen wirklich bestätigt. Benzenbergs Versuche, die besonders in Hinsicht auf die Genauigkeit, womit sie angestellt worden, lehrreich sind, zeigen dieses, und machen zugleich bemerklich, daß die bei 230 Fuß Fallhöhe nur 4 Linien betragende Abweichung von der Verticallinie, bei minder genauen Versuchen gar nicht wahrgenommen werden kann *).

Lange ehe man diese auf sehr feine Versuche gegründete Erfahrung, welche einen directen Beweiß für die Umdrehung der Erde giebt, kannte, hatte man schon aus der beobachteten Axendrehung anderer Himmelskörper und aus der von der Kugelform abweichenden Gestalt der Erde neue Bestätigungen für die Axendrehung der Erde hergeleitet. Da nämlich die Erde eben so ein frei im Weltraume schwebender Körper ist, wie die Planeten, welche sich unsern Fernröhren deutlich als erleuchtete Kugeln zeigen, so liegt in der Beobachtung, daß die Sonne und die Planeten sich um ihre Axe drehen, ein Grund, auch bei der Erde eine ähnliche Umdrehung zu vermuthen. Jene Himmelskörper zeigen uns aber deutlich eine solche Rotation, indem die Flecken, die wir auf ihrer Oberfläche mit Fernröhren gewahr werden, so vor unsern Augen fortrücken, wie es die Umdrehung fordert.

Doch dieser Schluß aus Analogie könnte trüglich scheinen, und kann allenfalls nur zu einiger Unterstützung des schon sonst als wahrscheinlich Erkannten dienen; ich will daher hiebei nicht länger verweilen, und behalte mir vor, eine Erscheinung, welche entscheidender für die Umdrehung der Erde spricht, in der nächsten Vorlesung zu erklären.

*) Auf dem Aequator würde diese Abweichung etwas mehr als in unserer geographischen Breite betragen.

Dreizehnte Vorlesung.

Die Erscheinung, welche ich neulich als beweisend für die Umdrehung der Erde erwähnte, nämlich die, daß die Gestalt der Erde von der Kugelform abweichend ist, und die damit verbundene, daß die Schwere unter dem Aequator schwächer wirkt, als in andern Punkten der Erdoberfläche, fordert eine etwas sorgfältigere Betrachtung, und verdient diese um desto mehr, da die Lehren, auf welche die nähere Erklärung jener Erscheinung sich stützt, schon an sich selbst für alle folgenden Untersuchungen von der größten Wichtigkeit sind.

Die bekannte Eigenschaft der Körper, daß sie schwer sind, daß sie, so lange man sie unterstützt, einen Druck auf diese stützende Unterlage ausüben, und sich gegen die Erde zu bewegen, wenn keine Unterstützung mehr ihren Fall hindert, ist eine der merkwürdigsten Eigenschaften, weil sie allen Körpern eigen ist, und weil sie selbst die Gesetze des Laufes der Himmelskörper bestimmt. Dieselbe Anziehungskraft, welche die ganze Erde gegen die einzelnen Körper auf ihrer Oberfläche zeigt, üben im kleinen alle Körper auf einander aus, und daß auch die Weltkörper sich eben so gegenseitig einander anziehen, werde ich später zeigen.

Daß jeder Körper eine anziehende Kraft auf andere ausübt, zeigt das Hängenbleiben des Wassertropfens, den einzig diese Kraft am Herabfallen hindert, das Aufsteigen des Wassers in engen Röhren, in welchen sich das Wasser höher erhält, als in dem umgebenden Flüssigen, und ähnliche Erscheinungen. Vermöge dieser gegenseitigen Anziehung aller Theilchen nimmt der Wassertropfen, den wir herabfallen sehen, seine runde Form an, indem alle einzelnen Theilchen sich gegen den Mittelpunkt zu drängen, und erst dann in ihrer gegenseitigen Lage beharren, wenn die an der äußern Oberfläche liegenden Theilchen alle gleichen Abstand vom Mittelpunkte haben. Und völlig so, wie hier der Tropfen sich abrundet, so würde die Erde, wenn sie ganz flüssig wäre, die Kugelgestalt annehmen; denn so lange nach (Fig. 35.) bei b ein Theilchen höher als die übrigen a, c läge, würde es zu diesen herab gezogen werden, und das Gleichgewicht würde nicht eher da seyn, bis kein Theilchen über das andere vorragend mehr übrig wäre, alle also in eine Kugelform um den gemeinschaftlichen Mittelpunkt sich vereiniget hätten.

Die Richtung der Schwere zeigt sich uns, sofern wir die Erde als eine Kugel betrachten dürfen, als gegen den Mittelpunkt dieser Kugel gerichtet, als senkrecht gegen die Oberfläche der größern oder kleinern Gewässer, die uns umgeben. Daß es, so lange wir an die Unebenheiten auf der Oberfläche der Erde nicht denken, so seyn muß, läßt sich leicht übersehen; denn wenn gleich jedes einzelne Theilchen der Erde den fallenden Körper anzieht, so ist doch dieser Zug nach allen Seiten der Verticallinie gleich, und die gesammte Anziehung vereiniget sich daher zu einem gerade herabwärts, gerade gegen der Erde Mittelpunkt gerichteten Zuge. Wenn es wahr ist, daß jeder Körper eine anziehende Kraft besitzt, und wenn wir auf die sphäroidische Gestalt der Erde jetzt noch nicht unsere Aufmerksamkeit richten, so bietet sich uns hier zunächst die Frage dar, welchen Einfluß auf die Richtung der Schwere denn die ungleiche Oberfläche der Erde habe, oder ob wir in der Richtung der Lothlinie, so wie ein mit einem schweren Körper belasteter Faden sie uns zeigt, einen solchen Einfluß, der durch die anziehende Kraft der Berge bewirkt werde, bemerken können. Es ist wohl klar, daß dieser Einfluß nicht so leicht wahrzunehmen ist, da die Abweichung von der Verticallinie, die bei jenen herabhängenden Gewichten etwa statt findet, auf gleiche Weise alle unsere gewöhnlichen Bestimmungen der Verticallinien unsicher macht, und auch die Oberfläche der Gewässer so an den Berg D (Fig. 38) herangezogen wird, daß auch sie uns keine Belehrung geben kann. Dennoch giebt es Mittel, diese ungewöhnliche, von dem Berge D abhängende Ablenkung des herabhängenden Lothes zu bemerken, indem astronomische Beobachtungen auch hier wieder dienen, uns die Erscheinungen auf der Erde näher kennen zu lehren. Es sey AB ein Theil der Erde, und auf ihr eine Entfernung FG, die ich einem Grade gleich setzen will, durch genaue Abmessung bestimmt. Sie wissen, daß wir die Größe der Erde genau genug kennen, und in den Regeln der Feldmeßkunst Anleitung genug finden, um diese Messung wirklich anzustellen, und auch das ist Ihnen bekannt, daß die nach dem Zenith des Ortes G gerichtete Linie GE gegen die in F nach dem Zenith gerichtete Linie FC unter einem Winkel von einem Grade geneigt ist, wenn FG genau den 360. Theil des Umfangs der kugelförmigen Erde ausmacht. Indem wir also nun an beiden Orten unsere Aufmerksamkeit auf den Himmel richten, erwarten wir, daß die durch den Zenith des einen Ortes gehenden Sterne genau um einen Grad von denen abstehen, die durch den Zenith des andern Ortes gingen, und wenn die Beobachtung dieses nicht ganz so ergiebt, fragen wir, woher diese Abweichung entstehe. Da wir kein anderes Mittel, um unsere Instrumente gegen den Zenith zu richten, besitzen, als das Loth oder die Wasserwage, so ist es einleuchtend, daß die nach dem scheinbaren Zenith gezogne Linie, so wie IE an der einen, und so wie HC an der andern Seite des Berges, von der nach dem Mittelpunkte der Erde gerichteten, oder eigentlichen Verticallinie abweichen werde, wenn der Berg eine anziehende Kraft besitzt; diese beiden Linien CH, EI machen offenbar einen größern Winkel mit einander als es die wahren Verticallinien CF, EG, thun würden, und da wir an unsern Instrumenten den Stern als im Zenith erscheinend sehen, der sich in der Richtung des durch den Berg unrichtig bestimmten Lothes befindet, so ergiebt unsere Beobachtung einen größern Abstand zwischen dem Zenith des einen und des andern Ortes, als dem Abstande beider Orte auf der Erde gemäß ist. Beobachtungen, die man wirklich an Orten, die sich in einer solchen Lage befinden, angestellt hat, zeigen, daß sich in der That ein solcher Unterschied, der deutlich auf eine Attractionskraft der Berge hinweist, ergiebt.

Diese Erscheinung steht indeß nur in einer entfernteren Beziehung mit der Frage, welche wir uns zu behandeln vorgenommen hatten, nämlich ob denn die Erde, wenn sie ganz aus Wasser bestände, wegen der Umdrehung um ihre Axe eine von der Kugelform abweichende Gestalt annehmen würde. Es ist eine sehr bekannte Erfahrung, daß sich bei den im Kreise gedrehten Körpern eine Schwungkraft äußert, vermöge welcher sich jeder so bewegte Körper oder Theil des Körpers von dem Mittelpunkte der Drehung zu entfernen strebt. Die Kugel, die ich am Faden gehalten herumschwinge, dehnt den Faden aus und kann ihn sogar zerreissen, um dem Bestreben, ihre erlangte Bewegung geradlinigt fortzusetzen, Folge zu leisten; der Körper, den ich frei liegend auf einer Drehscheibe der drehenden Bewegung unterwerfe, bleibt nicht in dem ihm angewiesenen Abstande vom Mittelpunkte der Drehung, sondern entfernt sich von demselben; Wasser, das sich in einem Gefäße befindet, drängt sich gegen den Rand, wenn das Gefäß um eine verticale Axe gedreht wird. — So wie sich hier die Schwungkraft zeigt, als ein Bestreben der Körper, sich von dem Mittelpunkte der Drehung zu entfernen, so muß sie sich auch auf der Erde zeigen, wenn diese sich um die Axe FD (Fig. 37.) dreht, und wenn sie gleich hier nicht, wie bei den sehr schnell rotirenden Körpern auf der Drehscheibe, ein völliges Fortfliegen bewirken kann, weil die mächtige Anziehung der ganzen Erde dieses hindert, so bringt sie doch eine Verminderung der Schwere und dadurch eine Verringerung des Druckes der obern Wasserschichten auf die untern, vorzüglich unter dem Aequator hervor. Wenn die Erde ohne alle Bewegung wäre, so könnten wir das Gleichgewicht unter den einzelnen Theilchen uns so vorstellen: da jedes Theilchen gegen die Seite hin gezogen wird, wo sich die meiste Masse befindet, und daraus ein Zug gegen den Mittelpunkt der Kugel hervorgeht, so drückt jedes Theilchen B gegen den Mittelpunkt zu, und wenn wir uns alle, senkrecht über einander liegende Theilchen durch eine Röhre FE von den übrigen abgesondert denken, so wird die vereinigte Pressung aller in FE enthaltenen Theilchen im Mittelpunkte selbst einen gewissen

Druck hervorbringen, der in der ruhenden Wasserkugel von allen Seiten her gleich ist. Aber auf der um die Axe FD gedrehten Erde vermindert die Schwungkraft in sehr bedeutendem Maaße den Druck, welchen die in EC liegenden Theilchen auf einander und gegen den Mittelpunkt ausüben, und da eine ähnliche Einwirkung auf die in der Axe selbst liegenden Theilchen EF nicht statt findet, so ist durch die Schwungkraft das bis dahin statt findende Gleichgewicht zwischen Druck und Gegendruck in E aufgehoben, das Wasser FE würde, wenn es in einer Röhre FEC enthalten wäre, nach C zu hinübergehen, und nicht eher würde das Gleichgewicht eintreten, bis der Druck der größern Masse EC (Fig. 36.) dem Drucke der kleinern EB das Gleichgewicht hält. Daß etwas Aehnliches auch da statt finden wird, wo nicht zwei verbundene Röhren, wie BEC das Wasser einschließen, sondern die gesammte flüssige Masse sich dem Gleichgewichte gemäß zu ordnen sucht, läßt sich wohl leicht übersehen, indem auch da die Anschwellung des Wassers um den Aequator so viel betragen muß, als erforderlich ist, um den durch die Schwungkraft verminderten Druck der entfernt von der Axe liegenden Theilchen auszugleichen. So also folgt aus der Rotation der Erde nothwendig, daß ihre Axe kürzer als der Durchmesser ihres Aequators seyn muß, und es läßt sich sogar bestimmen, wie viel dieser Unterschied bei einem ganz aus Wasser bestehenden Körper betragen sollte, dessen Umdrehungsgeschwindigkeit bekannt ist. Die wirklichen Messungen zeigen eine solche Abweichung der Erde von der Kugelgestalt, und sie deuten zugleich noch mehr an, als unsere auf die Hypothese einer Axendrehung gegründeten theoretischen Betrachtungen zu ergeben schienen. Diese nämlich, zuerst nur für einen durchaus flüssigen Körper eingerichtet, würden für einen solchen Körper, wie unsere Erde, auf welchem das Meer nur einen Theil der Oberfläche bedeckt, doch immer nur ergeben, daß das Wasser der großen Oceane um den Aequator höher stehen müsse, und würden uns über die Form des festen Landes nicht belehren; aber die Beobachtung zeigt, daß auch die festen Länder eine nicht sehr von dieser Figur der Meere abweichende Gestalt haben, indem das Land gegen die Pole hin nicht höher als am Aequator über das Meer hervorragt, ja sogar die höchsten Berge sich gerade um den Aequator finden, und diese Beobachtung leitet zu dem Schlusse, daß selbst die jetzt festen Theile der Erde sich einigermaßen nach den Gesetzen der durch die Schwungkraft modificirten Schwere anordneten, und sich also ehmals in einem Zustande der Flüssigkeit oder Weichheit müssen befunden haben, welcher diese Lagerung nach den Gesetzen des Gleichgewichts flüssiger Körper möglich machte, eine Lagerung, die freilich durch viele fremde Ursachen gestört werden mochte, wie es die Höhen und Tiefen, die Berge und Thäler hinreichend beweisen.

Die Gestalt der Erde ist also im Ganzen, so sehr auch ihre Oberfläche durch ungleiche Höhen und Bergzüge unregelmäßig geworden ist, dennoch jenen Gesetzen gemäß; und wenn gleich die Unkunde, in welcher wir uns über das Innere der Erde und dessen mehr oder mindere Dichtigkeit befinden, uns hindert, die genaue Form der Erde, so wie sie der Umdrehung gemäß seyn sollte, zu berechnen, so ist es doch ein ungemein günstiges Zeugniß für die Richtigkeit unserer theoretischen Untersuchungen, daß die wahre, durch Messungen bestimmte Gestalt der Erde gar nicht sehr viel von derjenigen Gestalt abweicht, welche die Rechnung für einen ganz aus Wasser bestehenden Körper ergiebt. Ein solcher Weltkörper würde bei der Größe und Rotationszeit, welche bei der Erde statt findet, in seinem Aequatorealdurchmesser die Länge der Axe etwa um $\frac{1}{230}$ übertreffen, statt daß bei der Erde, so wie sie wirklich ist, dieser Ueberschuß etwa $\frac{1}{300}$ (nach einigen neuern Bestimmungen nur $\frac{1}{270}$) beträgt.

Die Untersuchungen, die ich bisher verfolgte, haben mich schon oft genöthigt, von der Verminderung der Schwere, welche durch die Schwungkraft bewirkt wird, zu reden, und diese Verminderung der Schwerkraft ist nun auch in der Schnelligkeit, mit welcher frei fallende Körper sich der Erde nähern, merklich. Um Ihnen zu zeigen, daß man dieß beobachten kann, und wie man es beobachtet hat, ist es nicht nöthig, die Gesetze des freien Falles genauer zu erklären, sondern es ist zureichend, zu bemerken, daß eine stärker wirkende Schwere nothwendig die Körper schneller zur Erde herabziehen muß, und daß daher auch die Bewegungen unsers gewöhnlichen Pendels unter ihrer Einwirkung, wenn man immer eben das Pendel anwendet, schneller seyn müssen. Da man die Zeit eines Pendelschlages sehr genau bestimmen kann, weil dieses mit der Uhr verbunden, uns die Gelegenheit die Anzahl der Pendelschläge zu zählen, darbietet, indem die Uhr, zum Beispiel bei Beobachtung zweier Meridiandurchgänge eines und desselben Sternes, selbst die Anzahl der die Zwischenzeit ausfüllenden Pendelschläge abzählt: so sind wir im Stande, wenn eben das Pendel in verschiedenen Weltgegenden gebraucht wird, die Ungleichheit in der Schwingungszeit sehr genau zu beobachten. Diese Schwingungszeit des Pendels ist größer in der Nähe des Aequators, die Bewegung also dort langsamer, und die Erfahrung bestätiget also die der Umdrehung der Erde gemäße Verminderung der Schwere, die um den Aequator statt findet. Diese Pendelbeobachtungen sind es vorzüglich, die nun auch durch eine umgekehrte Anordnung der Schlüsse, uns dienen, um die Figur der Erde zu bestimmen, indem, wie sich leicht übersehen läßt, theils die anziehende Kraft der ganzen Erdmasse anders ist, wenn der Durchmesser um den Aequator größer ist, theils die Schwungkraft desto mehr zur Verminderung der Schwere mitwirkt, je größer der Halbmesser des Aequators ist.

So ist also wohl die Behauptung, daß die Erde sich um eine in der Erdkugel unveränderlich bleibende Axe drehe, hinreichend erwiesen, und das, was anfangs nur als Hypothese angenommen wurde, durch sorgfältige Vergleichung dessen, was der Hypothese gemäß statt finden muß, mit dem was die Beobachtung ergiebt, als fest begründete Wahrheit anerkannt worden.

* *

Da die Betrachtung der Erscheinungen, welche die Schwere uns darbietet, uns auch zur Erklärung anderer höchst wichtiger

Erscheinungen im Weltgebäude hinüberführt, so will ich an die bisherigen Untersuchungen sogleich noch eine Reihe anderer Betrachtungen anknüpfen. Das Ziel, wohin diese uns führen sollen, ist die Beantwortung der Frage, warum denn der im Weltraume frei schwebende Mond, Kreisläufe um die Erde vollendet, und welche Kraft ihn in seiner Bahn erhält. Da wir nämlich jetzt wissen, daß die tägliche Bewegung aller Gestirne, vermöge welcher sie sich uns als aufgehend und untergehend zeigen, eine bloß scheinbare ist, so ist es wohl natürlich, daß unsere Aufmerksamkeit sich nun zunächst auf die eigne Bewegung der Gestirne und zuerst auf den Mond richtet, einen Weltkörper, der wie ich neulich gezeigt habe, uns so nahe ist, daß wir seine Entfernung abmessen können, einen Weltkörper, dessen eigne Bewegung ziemlich einfachen Gesetzen zu folgen scheint, indem er bei jedem Umlaufe um den Himmel einen größten Kreis durchläuft, und von dem wir daher berechtiget scheinen zu sagen, er vollende wirkliche Kreisläufe um die Erde.

Die Schwere zieht die nicht unterstützten Körper im freien Falle zur Erde herab, und je tiefer sie gefallen sind, desto schneller ist ihre Bewegung, desto heftiger sind die durch ihren Stoß hervorgebrachten Wirkungen. Scheint es gleich, als litte diese Regel bei den sehr leichten Körpern, die nämlich in Vergleichung mit ihrem Volumen ein geringes Gewicht haben, eine Ausnahme, so überzeugen wir uns doch bald, daß diese Ausnahme nur durch den Widerstand der Luft hervorgebracht wird, und daß die Schwere, die anziehende Kraft der Erde, auf alle Körper beschleunigend einwirkt. Die Erfahrung zeigt, daß der frei fallende Körper in zwei Secunden viermal so viel Raum als in 1 Secunde, in 3 Secunden neunmal so viel Raum als in einer Secunde durchläuft, und daß überhaupt der durchlaufene Weg den Quadratzahlen der Zeiten proportional ist. Dieses Gesetz des freien Fallens beruht darauf, weil die Kraft der Schwere auf den schon in Bewegung gesetzten Körper noch immer mit eben der Gewalt als während der Ruhe wirkt, bei größerer Geschwindigkeit des fallenden Körpers eben so sehr als bei geringerer Geschwindigkeit. Aus diesem Grunde erhält die Geschwindigkeit des senkrecht herabfallenden Körpers in jeder Secunde einen gleichen Zuwachs, so daß die Geschwindigkeit am Ende der ersten Secunde ihn in der folgenden Secunde durch 30 Fuß fortführen würde, die Geschwindigkeit am Ende der zweiten Secunde doppelt so groß = 60 Fuß, am Ende der dritten Secunde 90 Fuß ist u. s. f. Diese Geschwindigkeit nimmt im Verlaufe der Zeit nur nach und nach zu, und da der Körper am Anfange der ersten Secunde noch gar keine Geschwindigkeit hatte, am Ende derselben aber eine solche, die ihn in der nächsten Secunde durch 30 Fuß führen würde, so durchläuft er in dieser ersten Secunde 15 Fuß; eben so kann man für die zweite Secunde rechnen, in deren Anfang die Geschwindigkeit 30 Fuß, am Ende 60 Fuß, also im Mittel 45 Fuß ist, und so viel durchläuft der Körper in der zweiten Secunde; für die dritte Secunde ist der durchlaufene Weg 75 Fuß, weil diese Zahl in der Mitte zwischen der Geschwindigkeit von 60 Fuß im Anfange, und von 90 Fuß am Ende der Secunde liegt; ebenso für die vierte 105 Fuß, als das Mittel zwischen 90 Fuß (3 mal 30) und 120 Fuß (4 mal 30,) und so für alle folgenden. Diese einfache Ueberlegung ergiebt, daß der durchlaufene Weg in der ersten Secunde 15 Fuß, in den zwei ersten zusammen 15 + 45 oder 60 Fuß, welches = 4. 15. ist, in den drei ersten zusammen 15 + 45 + 75 welches 135 Fuß = 9. 15. ist, in den vier ersten zusammen 15 + 45 + 75 + 105 welches 240 = 16. 15 ist, beträgt, und daß man so für jede Zahl von Secunden fortrechnen könnte.

Wieviel der Fallraum in der ersten Secunde beträgt, mußte durch genau angestellte Erfahrungen entschieden werden, und diese zeigen, daß er etwas mehr als 15 pariser Fuß beträgt; ich werde deshalb die Zahl 15, wenn sie gleich nicht ganz genau der wahren Fallhöhe entspricht, immer da, wo von dieser die Rede ist, nennen. Die Beobachtung der Zeit eines Pendelschwunges, wenn nämlich die Länge des Pendels genau bekannt ist, hat vorzüglich zu Bestimmung dieses Fallraums gedient, aber es würde mich hier zu weit von den

Untersuchungen, die jetzt unser Zweck sind, abführen, wenn ich zeigen wollte, in welcher Beziehung beide Beobachtungen zu einander stehen, wie das längere Pendel langsamer schwingt u. s. w.

Wenn wir also die beschleunigte Bewegung frei fallender Körper bildlich darstellen wollen, so können wir (Fig. 39.) dem Fallraume AB in der ersten Secunde eine willkührliche Größe geben, dann aber muß der Fallraum BC in der zweiten Secunde dreimal so groß, der Fallraum CD in der dritten Secunde fünfmal so groß, DE in der vierten Secunde siebenmal so groß seyn, und so nach den ungeraden Zahlen fortschreitend, wo dann zugleich die Linien, AB für eine Secunde, AC als das vierfache der Linie AB für die zwei ersten Secunden, AD als das neunfache der Linie AB für die drei ersten Secunden, AE als das sechzehnfache der AB für die vier ersten Secunden, den gesammten Fallraum angeben.

Dieselbe Kraft der Schwere, welche den frei herabfallen, den Körper fortwährend beschleunigt, vermindert die Geschwindigkeit des vertical aufwärts geworfenen Körpers, und raubt ihm von der ihm ertheilten Anfangsgeschwindigkeit, womit er seine Bewegung aufwärts begann, in jeder Secunde 30 Fuß. Ein Körper also, der mit einer Geschwindigkeit von 120 Fuß in der Secunde aufwärts geworfen wurde, steigt in der ersten Secunde von E aus (Fig. 39.) nicht 120 Fuß, sondern nur 105 Fuß, bis D, weil er mit 120 Fuß Geschwindigkeit von E ausgeht, aber mit 90 Fuß Geschwindigkeit in D ankommt; er durchläuft in der zweiten Secunde nur den Raum DC von 75 Fuß, weil in D seine Geschwindigkeit nur noch 90, in C nur noch 60 Fuß ist, zwischen welchen Zahlen 75 in der Mitte liegt; in der dritten Secunde steigt er durch CB nur 45 Fuß, und kommt in B mit 30 Fuß Geschwindigkeit an; in der vierten Secunde legt er nur noch 15 Fuß = BA zurück, und hat in A seine ganze aufwärts gerichtete Geschwindigkeit verloren, daher er dort wieder zu fallen anfängt.

Diese Bestimmungen würden völlig richtig seyn, wenn nicht der Widerstand der Luft eine Aenderung hervorbrächte.

Diese ist bei großen Geschwindigkeiten, so wie die Kanonenkugeln sie besitzen, ungemein groß, und daher ist die Höhe, zu welcher man Kanonenkugeln hinauf schießen kann, sehr viel geringer, als sie durch die eben gelehrte Berechnung würde angegeben werden. Doch dieser Umstand kann hier um so eher aus den Augen gelassen werden, da die Bewegungen der Himmelskörper einem solchen Widerstande nicht unterworfen sind, und unsre Untersuchungen sich doch vorzüglich nur auf diese beziehen.

Vierzehnte Vorlesung.

Noch einmal, m. h H. muß ich Sie in das Gebiet der irdischen Erscheinungen einführen, ehe ich zu den Folgerungen übergehen kann, die den Lauf der Himmelskörper betreffen. Die Gesetze, nach welchen wir geworfene Körper auf der Erde sich bewegen sehen, sind es nämlich, die auch für den Kreislauf der Himmelskörper zwar nicht ganz eben so, aber doch auf eine sehr ähnliche Weise, gelten, und diese zu erläutern, ist daher der nächste Gegenstand, womit ich Sie unterhalten muß.

Wenn von einer Anhöhe A eine Kugel nach der horizantalen Richtung AB (Fig. 40.) geworfen wird, so würde diese immer fort die horizontale Richtung verfolgen und mit ungeänderter Geschwindigkeit nach derselben fortgehen, wenn nicht die Schwere auf sie wirkte. Daß dieses da, wo gar kein Widerstand statt findet, wo gar keine fremde Kraft einwirkt, wirklich so seyn müsse, kann ich wohl als einleuchtend annehmen, da jede Aenderung in der Bewegung eine neu einwirkende Kraft voraussetzt, und in den Fällen, wo wir die ertheilte Geschwindigkeit allmählig abnehmen sehen, sich immer auch die Hindernisse der Bewegung, die entgegen wirkenden Kräfte, angeben lassen, von welchen diese Verminderung der Bewegung abhängt.

Wir wollen jetzt den von A aus geworfenen Körper verfolgen, und den Weg zu bestimmen suchen, welchen er, indem die Schwere auf ihn wirkt, durchlaufen muß. Ohne Einwirkung der Schwere würde er auf seiner anfänglichen Richtungslinie AB in jeder Secunde gleiche Räume durchlaufen, also am Ende der zweiten Secunde in G, am Ende der dritten Secunde in B seyn, wenn AF den in der ersten Secunde durchlaufenen Weg bezeichnete; aber da die Schwere auf diesen bewegten Körper eben so wie auf den frei herabfallenden Körper wirkt, so sinkt er allmählig unter die Horizontallinie AB herab. Sein Fallen bringt ihn, genau wie beim freien Falle, in zwei Secunden viermal so tief als in einer Secunde, in 3 Secunden neunmal so tief als in einer Secunde, in 4 Secunden sechzehnmal so tief als in einer Secunde, unter die Horizontallinie AB herab, und wenn also FH oder AC dem Fallraume in der ersten Secunde gleich ist, wenn GI dem vierfachen, BK dem neunfachen Fallraume der ersten Secunde gleich ist, so sind H, I, K, die Punkte, in welchen der geworfene Körper am Ende der ersten, zweiten, dritten Secunde ankömmt. Da sein Fortrücken nach horizontaler Richtung in jeder Secunde gleich viel beträgt, sein Herabsinken unter diese Linie dagegen immer mehr zunimmt, so ist sein Weg keine gerade Linie, sondern eine krumme Linie, deren hohle Seite nach unten gekehrt ist, und die genaue Form dieser Linie, die die Wurflinie im leeren Raume heißen würde, ist offenbar vollkommen genau bestimmt. Will man sich mit den wenigen eben angegebenen Punkten nicht begnügen, so kann man leicht viel mehrere bestimmen, indem man zum Beispiel von f, wohin die horizontale Bewegung den Körper am Ende der ersten halben Secunde bringen würde, wenn Af die Hälfte von AF ist, die senkrechte Tiefe des Falls gleich dem vierten Theile von FH auftragen müßte, um den Ort, den der Körper wirklich nach einer halben Secunde erreicht hat, zu finden. Eben so könnte man für viele zwischenliegende Punkte verfahren.

Diese Wurflinie erhält eine verschiedene Gestalt, wenn die dem Körper anfangs ertheilte horizontale Geschwindigkeit eine andre ist. Da nämlich der Fallraum in einer gegebnen Zeit immer derselbe bleibt, so wird die Weite des Wurfes bei bestimmter Tiefe immer geringer werden, je kleiner die horizontale Geschwindigkeit war. Werden zwei Körper nach horizontaler Richtung so geworfen, daß der eine ohne Einwirkung der Schwere nach F, der andre nur nach f in der ersten Secunde gelangen würde, so fallen beide in dieser Zeit gleich tief, der eine bis H, der andre bis h herab, und H ist der Punkt, den jener, h ist der Punkt, den dieser am Ende der ersten Secunde erreicht. Eben so läßt sich für das Ende der zweiten Secunde schließen, wo der schneller geworfene die Verticallinie GI erreicht hat, während der andre sich in der durch F gezognen Verticallinie befindet, beide sind gleich tief gefallen, und jener hat den Punkt I, der andre den Punkt i erreicht.

Die bisherige Betrachtung setzte einen Wurf nach horizontaler Richtung voraus; aber auch bei andrer Richtung bleiben die Schlüsse dieselben. Es sey AB (Fig. 41.) die Richtung des anfänglichen Wurfes, und C, D, E, F bezeichnen die Punkte, wohin der Körper in einer Secunde, in zwei, in drei, in vier Secunden gelangen würde, wenn keine Schwere ihn herabzöge; dann erhellt wieder leicht, daß der Körper sich in den eben angegebnen Zeitpunkten in den Verticallinien CG, DH. EI, FK befinden muß, und daß er so tief als die Fallräume es fordern, unter die anfängliche Richtungslinie herabgesunken ist, also sich in G 15 Fuß unterhalb C am Ende der ersten Secunde befindet, nach H, 60 Fuß unter D, am Ende der zweiten Secunde, nach I, 135 Fuß unter E, am Ende der dritten Secunde gelangt, und so ferner.

Man kann die Betrachtung noch auf eine andre Weise führen, die wegen der folgenden Bestimmungen erwähnt zu werden verdient. Wenn man (Fig. 40.) die Wurflinie durch eine hinreichende Zahl richtig bestimmter Punkte gezogen hat, so ziehe man in dem Punkte H, den der Körper am Ende der ersten Secunde erreicht, eine Berührungslinie

HL an jene krumme Linie, diese trifft in die Verticallinie GI in L so ein, daß LI gleich FH, dem Fallraume in der ersten Secunde gleich ist; eben so trifft die an I gezogne Berührungslinie IM in die Verticallinie BK so ein, daß MK eben jenem Fallraum gleich ist, und wir entdecken daher die Regel, daß der geworfene Körper unter irgend eine an die Wurflinie gezogne Berührungslinie so herabsinkt, daß er nach Verlauf einer Secunde sich genau so viel, als der freie Fall in einer Secunde beträgt, nach verticaler Richtung von ihr entfernt befindet. Es läßt sich auch leicht einsehen, daß es so seyn muß, da HL eben so gut die in H erlangte Richtung des Wurfes ist, als AB die Richtung des Wurfes in A war, und daher das Herabsinken unter diese Richtung, auf welcher der Körper ohne Einwirkung der Schwere nach L in einer Secunde gelangen würde, eben so bestimmt wird, wie vorhin das Herabsinken unter die Linie AB.

Doch es ist Zeit, daß ich diese Betrachtung abbreche, um Sie zu einer neuen Anwendung derselben fort zu führen. Ich befürchte zwar nicht, daß diese an die Geometrie grenzenden Untersuchungen Sie ermüden könnten, da ihr lebhafter Wunsch, mit den wahren Gesetzen der Bewegungen der Himmelskörper bekannt zu werden, Sie gewiß über die kleinen Schwierigkeiten hinweg heben wird, die Sie in den Vorbereitungen zur Auffindung jener Gesetze etwa finden könnten; aber dennoch will ich meinem Vorsatze treu bleiben, Ihnen diese Gesetze in der einfachsten Form, so daß Sie der mathematischen Vorkenntnisse nicht bedürfen, zu entwickeln. Ich hoffe, daß ich genug gesagt habe, um das, was wir auf der Erde beobachten, ins Licht zu setzen, und gehe nun zu der Frage über, ob denn der Mond vielleicht ein eben so geworfener, von der Erde angezogener Körper sey.

Wenn man eine Kugel in bedeutender Höhe über der Oberfläche der Erde nach horizontaler Richtung abschießt, so fliegt sie desto weiter über der Erde hin, je größer die ihr ertheilte Geschwindigkeit war, und da wir uns jene Geschwindigkeit, sobald bloß von einem hypothetischen Falle die Rede ist, immer größer und größer denken können, so ist wohl die Frage nicht ungereimt, ob diese Geschwindigkeit nicht so groß seyn könnte, daß der geworfne Körper einen Umlauf um die ganze Erde machte, ehe er die Erde im Fallen erreichte. Die Beantwortung dieser Frage ist nicht ganz ohne Schwierigkeit, da sie nicht mit so einfachen Hülfsmitteln, als für die bisherigen Untersuchungen zureichten, gefunden werden kann, sondern darauf, daß die Erde nach allen Seiten hin eine anziehende Kraft ausübt, Rücksicht genommen werden muß. Bisher nämlich, wo von Wurfsbewegungen die Rede war, die den Körper nur über einen kleinen Theil der Erde hinschleuderten, konnten wir die Verticallinien, nach welchen die Schwere den Körper herabzieht, als parallele Linien ansehen; jetzt müssen wir den Umstand, daß diese Linien im Mittelpunkte der Erde zusammen treffen, und daß selbst ein horizontaler Wurf den Körper von der Erde entfernen kann, mit in Betrachtung ziehen.

Wenn in B (Fig. 42.) über der Oberfläche der kugelförmigen Erde eine überaus heftige Gewalt den Körper nach der horizontalen Richtung fortschleudert, so würde dieser Körper, indem er die gerade Linie BC durchläuft, sich von der Erde entfernen, wenn die Erde nicht durch ihre Attractionskraft ihn zu sich herabzöge, und es läßt sich wohl übersehen, daß in Rücksicht auf die weitere Bewegung des geworfenen Körpers drei Fälle statt finden können. Ist die Schwerkraft nicht so stark, daß sie den in einer Minute bis D fortgeschleuderten Körper durch die ganze Tiefe DF herabziehen kann, so wird der geworfene Körper anfangen, sich von der Erde zu entfernen; ist die anziehende Kraft gerade so stark, daß sie den Körper von D auf der Berührungslinie bis zum Punkte F, der in dem durch B gezognen Kreise liegt, herabzieht, so behält er die einmal erlangte Entfernung; ist sie endlich so mächtig, daß sie ihn noch tiefer herabziehen würde, so müßte der geworfne Körper sich dem Mittelpunkte der Erde nähern. Ich will hier besonders den zweiten Fall umständlicher betrachten, da der Kreislauf des Mondes ihm zu entsprechen scheint.

Wenn wir jetzt die Untersuchung, ob es so ungemein heftig wirkende Wurfkräfte gebe, bei Seite setzen, sondern uns unbedenklich eine Geschwindigkeit, groß genug, um den Körper in einer Secunde Meilen weit fortzutreiben, denken, so ist es offenbar, daß wir uns diese gegen die Schwerkraft genau so abgemessen denken können, daß der horizontal geworfne Körper am Ende der ersten Minute in F, dem Mittelpunkte der Erde eben so nahe wäre, als anfangs in B. Freilich würde dazu, wenn der Körper nahe an der Oberfläche der Erde fortliefe, eine Geschwindigkeit von 24400 Fuß in der Secunde erfordert, weil erst in dieser ansehnlichen Entfernung die Berührungslinie der kugelförmigen Erdfläche, oder die scheinbare Horizontallinie, sich um 15 Fuß von der Oberfläche der Erde entfernt; aber dennoch wollen wir uns den Körper so schnell bewegt denken, und nun seine Bewegung sorgfältiger bestimmen. Die geometrische Betrachtung zeigt, daß für die nicht sehr weit von B entfernt liegenden Punkte I, D, der Berührungslinie, die Abstände vom Kreise sich so verhalten, daß der Abstand in I das Viertel des Abstandes DF ist, wenn BI die Hälfte von BD, daß dieser das Neuntel der DF ist, wenn BI das Drittel von BD ist, oder allgemein, daß diese Abstände der Berührungslinie vom Kreise dem Quadrate der auf der Tangente oder Berührungslinie genommenen Entfernungen proportional sind. Da wir nun auch wissen, daß die Schwere, wofern DF den Fallraum in einer Minute bezeichnet, den Körper in der ersten Hälfte der Minute durch ein Viertel dieses Raumes führt, so läßt sich leicht übersehen, daß der geworfne Körper auf dem ganzen Wege BD genau so von seiner geraden Richtung BD abgezogen wird, daß er den Kreisbogen BF verfolgt. Der Körper hat in F noch eben die horizontale Geschwindigkeit, welche er in B hatte; denn da die Schwere senkrecht gegen die Richtung der Bewegung wirkt, so trägt sie weder, wie beim fallenden Körper, zur Vermehrung der Geschwindigkeit, noch, wie beim steigenden Körper, zur Verminderung der Geschwindigkeit bei. Der Körper ist also in F abermals so anzusehen, als ob er mit eben der Geschwindigkeit, wie in B horizontal geworfen würde, und weicht von der Berührungslinie FL in eben der Zeit wieder eben so viel ab, durchläuft also den Kreisbogen FM aus eben den Gründen, die ich so eben erläutert habe; und so erhellt deutlich genug, daß er den ganzen Kreislauf um die Erde mit ungeänderter Geschwindigkeit vollenden muß, wenn diejenigen Hindernisse der Bewegung, welche der Widerstand der Luft den auf der Erde geworfenen Körpern entgegen setzt, hier als nicht vorhanden angesehen werden.

Diese Ueberlegungen zeigen ganz klar, daß allerdings ein Kreislauf eines geworfenen Körpers um die den Körper anziehende Erde möglich ist, und daß der Mond wohl ein solcher Körper seyn mag. Es käme nun darauf an, die Untersuchung etwas genauer auf ihn anzuwenden; zu fragen, mit welcher Geschwindigkeit denn der Mond in seiner Bahn fortrückt, um wie viel er sich in einer Secunde oder Minute oder Stunde von der Richtung der Berührungslinie, die in jedem Augenblicke als Richtung des Wurfes angesehen werden kann, entfernt, und welche anziehende Kraft also auf ihn wirken muß, um diese Ablenkung hervorzubringen, das ist, um ihn in dieser Bahn zu erhalten?

Die Betrachtungen, mit welchen ich Sie in einer der frühern Vorlesungen unterhalten habe, zeigen deutlich, daß die Entfernung des Mondes mit vollkommener Genauigkeit gefunden werden kann, und ich darf also diese als aus Beobachtungen bekannt ansehen. Zeigt nun gleich die Beobachtung, daß die Bahn des Mondes kein im strengsten Sinne genauer Kreis ist, daß der Mond sich abwechselnd der Erde etwas nähert und sich wieder von ihr entfernt, so sind doch diese Verschiedenheiten des Abstandes nicht so erheblich, daß wir besorgen müßten, Folgerungen, die wir an die als kreisförmig angesehene Bewegung des Mondes knüpften, könnten weit von dem, was in der Natur statt findet, abweichen. Berechnen wir also die ganze Länge der Kreisbahn, welche der Mond durchläuft, und bestimmen daraus den Raum, welchen er in jeder Minute zurücklegt, so finden wir diesen etwas größer als 188000 Fuß, oder finden, daß der Mond in 1 Secunde 3130 Fuß zurücklegt. Könnten wir einen Kreis zeichnen, groß genug, um noch für den vierzigtausendsten Theil des Umfanges, (denn so viel durchläuft ungefähr der Mond in einer Zeitminute,) den Abstand der Tangente vom Kreise messen zu können, so würden wir finden, daß, indem der

Mond diese 188000 Fuß durchläuft, er sich nur sehr wenig über 15 Fuß von der Berührungslinie entfernt, oder daß die anziehende Kraft der Erde ihn nur um so viel zur Erde herabzieht, diese Attraction also hinreicht, um ihn auf dem Kreise, den wir ihn durchlaufen sehen, zu erhalten.

Diese aus einer leicht verständlichen Rechnung gezogne Folgerung lehrt uns etwas, vielleicht nicht Unerwartetes, aber doch Neues, nämlich daß die Anziehungskraft in der Entfernung, wo der Mond sich befindet, viel schwächer ist, als an der Oberfläche der Erde; denn ein nahe an der Erdoberfläche horizontal geworfener Körper, würde schon in einer Secunde sich 15 Fuß von seiner anfänglichen Richtung entfernt haben, und hätte in einer Minute 54000 Fuß frei fallend zurückgelegt; statt daß der Mond in einer ganzen Minute nur um 15 Fuß angezogen wird; die Kraft der Schwere muß also, da wir diese Kraft nach ihren Wirkungen abmessen, dort oben in dem Verhältnisse schwächer seyn, daß sie nur $\frac{15}{54000}$ oder $\frac{1}{3600}$ derjenigen Kraft beträgt, die wir in der Nähe der Erde beobachten. Da nun unser Standpunkt um einen Erdhalbmesser von dem Mittelpunkte der Erde entfernt ist, der Mond dagegen 60 Erdhalbmesser von dem Mittelpunkte der Erde absteht, so bietet sich die merkwürdige Folgerung dar, daß die Schwerkraft nach Verhältniß des Quadrats der Entfernungen abzunehmen scheint; denn wenn wir die anziehende Kraft in der Entfernung von 2 Erdhalbmessern auf ein Viertel, in der Entfernung von 3 Erdhalbmessern auf ein Neuntel, in der Entfernung von 10 Erdhalbmessern auf ein Hundertel herabgesetzt annehmen, so beträgt sie nur noch ein Dreitausendsechshundertel dessen, was sie an der Erdoberfläche ist, in der Gegend, wo der Mond sich befindet.

Hier lassen Sie uns einen Augenblick verweilen, und dem Gedanken, welcher tiefe Blick in die Anordnung des Weltgebäudes sich uns hier aufthut, eine nähere Aufmerksamkeit schenken. Ist uns durch diese Betrachtungen der Weg gezeigt, um die Bewegung des Mondes zu berechnen, die Kraft, welche ihn in seiner Bahn erhält, kennen zu lernen, so dürfen wir auch wohl hoffen, die übrigen Bewegungen der Himmelskörper auf strenge Regeln zurückzuführen, ihre Bahnen nicht bloß durch ein mühsames Errathen, sondern als fest bestimmt durch allgemeine, sie alle umfassende Gesetze, kennen zu lernen. Dieser Gedanke ist es, durch welchen Newton einen Ruhm erworben hat, von dem man sagen darf, der Himmel selbst verkündiget ihn, da selbst die späteste Nachwelt, wenn sie die Bewegung der Himmelskörper berechnen, wenn sie die Erscheinungen derselben voraus bestimmen will, Newtons Gesetz der Schwere zum Grunde legen muß, und des Entdeckers nicht bloß mit Dank sich erinnern wird, sondern auch mit Bewunderung, daß er zu einer Zeit, wo die Mathematik noch keine große Ausbildung erhalten hatte, wo er sich die Hülfsmittel für seine Untersuchungen erst selbst schaffen mußte, so viel leistete und die Mechanik des Himmels zuerst enträthselte.

Doch, ehe ich den Reichthum von Folgerungen ganz anschaulich machen kann, der aus Newtons Forschungen, besonders aus der Entdeckung, daß nicht die Erde allein diese anziehende Kraft besitze, sondern daß sie jedem Weltkörper eigen sey, hervorging, muß ich Sie mit einer andern Reihe von Untersuchungen bekannt machen, durch welche Copernicus und Kepler zu einer genauern Kenntniß der Anordnung des Sonnensystems gekommen waren.

Funfzehnte Vorlesung.

Die großen Entdeckungen, mit welchen ich Sie, m. h. H. neulich zu unterhalten versprach, können erst dann in ihrem rechten Lichte dargestellt werden, wenn Sie noch einmal die unvollkommenen Kenntnisse näher betrachten, aus deren allmähligen Vervollkommnung sie hervorgingen. Ich habe Sie noch so wenig mit der Bewegung der Sonne, noch weniger mit den Bewegungen der Planeten bekannt gemacht, daß es nöthig ist, in sehr frühe Zeiten oder zu sehr engbegrenzten Kenntnissen zurückzugehen, um das allmählige Wachsen dieser Kenntnisse zu zeigen. Von der Bewegung der Sonne, welche wir als eine eigne Bewegung anzusehen veranlaßt waren, weil wir fanden, daß die Sonne unter den Sternen eben so wie der Mond fortrücke, habe ich Ihnen nur gesagt, daß sie dem Kreise am Himmel, den wir die Ecliptik nennen, folge, und habe gelegentlich mit wenigen Worten bemerkt, daß sie nicht in allen Theilen des Umlaufs, in allen Jahreszeiten gleich schnell sey. Diese Ungleichheiten näher kennen zu lernen, mag der erste Gegenstand unserer Untersuchungen seyn.

Die jährlich wiederholten Beobachtungen der Sonne hatten schon die frühern Astronomen belehrt, daß die Sonne zwar bei allen ihren scheinbaren Umläufen um die Himmelskugel immer auf der Ecliptik fortgehe, daß sie aber nicht jeden Theil dieser Umläufe mit gleicher Geschwindigkeit vollende. Um die Zeit, wo wir unser Jahr anfangen, rückt die Sonne täglich um etwas mehr als 61 Minuten auf der Ecliptik fort, aber diese Bewegung wird nach und nach geringer, so daß sie im Anfange des Juli nur noch 57 Minuten beträgt; um diese Zeit ist die Bewegung am langsamsten, und beschleuniget sich wieder bis zum Ende des Jahres, wo eben die Bewegung, wie zu Anfang des Jahres beobachtet wird, und die Erscheinungen nach eben dem Gesetze aufs Neue fortgehen. Diese Ungleichheit führt sehr natürlich zu der Vermuthung, daß die Sonne wohl dann entfernter von uns seyn mag, wenn ihre scheinbare Bewegung langsamer ist, und daß also, wofern die Sonne sich wirklich um die Erde bewegt, diese doch nicht im genauen Mittelpunkte der Bahn stehen kann. Da es hier nicht meine Absicht ist, Ihnen eine Geschichte der Astronomie zu erzählen, sondern nur zu zeigen, wie wir im Stand gesetzt werden, die wahren Gesetze der himmlischen Bewegungen kennen zu lernen, so will ich hier sogleich eine Beobachtung erwähnen, die, freilich den Alten unbekannt, uns belehren könnte, daß jene scheinbare Ungleichheit zum Theil in der größern Entfernung ihren Grund hat, aber doch zugleich noch von einer wahren Ungleichheit abhängt. Wenn man nämlich mit den uns jetzt dargebotenen Hülfsmitteln, mit sehr genauen Uhren, Meßinstrumenten und Fernröhren, theils den Ort der Sonne in der Ecliptik täglich genau bestimmt, theils den Durchmesser der Sonne täglich abmißt: so findet man, daß die Sonne uns dann am größesten erscheint, wenn sie am schnellsten fortrückt, daß ihre scheinbare Größe abnimmt, wenn die Bewegung langsamer wird, daß ihr Durchmesser am kleinsten erscheint, wenn sie sich am langsamsten bewegt, und daß Schnelligkeit und scheinbare Größe zugleich wieder zunehmen. Diese Verschiedenheit der scheinbaren Größe ist so erheblich, daß die Sonne am ersten Januar einen scheinbaren Durchmesser von 32 Min. 38½ Sec. hat, statt daß sie am ersten Juli nur 31 Min. 34 Sec. groß erscheint. Man findet diese Verschiedenheit der scheinbaren Größe, indem man den Durchmesser mit irgend einem Micrometer abmißt, dessen Einrichtung sich leicht so übersehen läßt. Stellen Sie sich neben dem im Fernrohr, am liebsten in der Mitte des Fernrohrs, vertical ausgespannten Faden noch einen zweiten, mit jenem parallelen Faden vor, der durch eine feine Schraube, deren Gänge mit großer Sorgfalt gearbeitet sind, zu jenem hinan gerückt werden kann. Sie übersehen leicht, daß es dann möglich ist, indem die Sonne sich im Fernrohr zeigt, dem beweglichen Faden den Abstand vom unbeweglichen zu geben, welcher gerade hinreicht, die Sonne zwischen beide einzuschließen, oder den Zwischenraum der Fäden dem scheinbaren Durchmesser der Sonne gleich zu machen. Ein an der Schraube angebrachter Zeiger dient nun anzugeben, wie viele Umgänge und Theile von Umgängen der Schraube nöthig sind, um den beweglichen Faden aus jener Stellung bis zum Zusammentreffen mit dem unbeweglichen hinan zu bringen, und da man aus andern Beobachtungen sich die Kenntniß, wie viele Secunden jeder Umgang umfaßt, verschaffen kann, so ist dadurch der scheinbare Sonnendurchmesser in Minuten und Secunden gegeben.

Die scheinbare Größe der Sonne giebt uns unmittelbar an, in welchem Verhältnisse wir ihr zu einer Jahreszeit näher als zur andern sind, da bei einer Kugel, die nicht größer als die Sonne erscheint, die Entfernungen in eben dem Maße größer sind, als die scheinbare Größe sich vermindert. Jene Abmessungen also zeigen, daß die Sonne uns fast genau um $\frac{1}{30}$ ihrer Entfernung im Winter näher ist als im Sommer; die Beobachtung ihrer Bewegung dagegen zeigt, daß sie zu der Zeit, da sie uns am nächsten ist, sich um $\frac{1}{15}$ schneller bewegt, als wenn sie am entferntesten ist. Hieraus ergiebt sich ein neuer Schluß, den ich jetzt wenigstens andeuten will, wenn er gleich erst in der Folge vollständiger betrachtet werden kann, nämlich daß die eigne Bewegung der Sonne, — oder vielleicht der Erde? — selbst ungleich seyn muß, indem ein Körper, der sich gleichförmig fortbewegt, uns bei einer Annäherung, die nur $\frac{1}{30}$ beträgt, auch nur um $\frac{1}{30}$, nicht um $\frac{1}{15}$ schneller scheinbar fortrücken könnte. — Doch ich übergehe diese Betrachtung, um eine folgenreichere, die uns zu der eben erwähnten Bemerkung zurückführen wird, Ihrer Aufmerksamkeit zu empfehlen.

Sie haben bemerkt, daß ich so eben mit einer kurzen Frage die Vermuthung andeutete, es könne vielleicht die Erde seyn, deren Bewegung uns den Anschein, als bewege sich die Sonne um uns, darbiete, und es ist wohl nöthig, daß ich mich darüber näher erkläre. Diese Andeutung scheint durch die bisher angeführten Beobachtungen noch nicht eben begründet zu seyn, ja, wenn wir gleich leicht zeigen können, daß eine Bewegung der Erde um die Sonne wohl den Schein, als bewege sich die Sonne um die Erde, hervorbringen könne, so wird Ihnen in diesem Augenblicke doch kaum ein Grund da zu seyn scheinen, warum wir lieber diese Bewegung, die wir nicht empfinden, annehmen, als jene für wahr halten wollen, die unser Auge mit Sicherheit wahrzunehmen glaubt. In der That, in den Beobachtungen, mit denen ich Sie bis jetzt unterhalten habe, sind eher Gründe gegen diese Meinung aufzufinden, die ich Ihnen keinesweges vorenthalten will.

Die Sonne ist so ungemein entfernt, daß der Kreis, den die Erde um sie durchlaufen muß, wenn es wirklich die Erde ist, die sich bewegt, ungemein groß seyn muß.

Diese große Entfernung der Sonne ist nicht hypothetisch; denn wenn gleich die Beobachtungen, welche ich hier anführen kann, nicht gerade den Beweiß enthalten, daß sie beinahe 21 Millionen Meilen entfernt ist, so reichen sie doch zu, um uns zu überzeugen, daß sie hundertmal so weit als der Mond, und mehr als hundertmal so weit entfernt seyn muß. Sie wissen, daß wir die Entfernung des Mondes durch die Beobachtung seines, in verschiedenen Gegenden der Erde ungleich erscheinenden Laufes unter den Sternen, oder durch seine Parallaxe bestimmten. Sie wissen, daß wir Mittel genug besitzen, um die geographische Breite und Länge sehr genau anzugeben, und daß dadurch die gegenseitige Lage zweier Beobachtungspunkte gegeben ist; daß es also nun nicht schwer seyn würde, auch die Parallaxe der Sonne zu finden, wenn diese irgend von erheblicher Größe wäre. Um diese zu bestimmen, hätten wir nur nöthig, an Orten, die am besten so gewählt würden, daß sie unter demselben Meridian lägen, die Mittagshöhe der Sonne zu beobachten, und daraus herzuleiten, wie viel dem einen Orte die Lage der Sonne anders als dem andern erschiene. Aobo zum Beispiel und das Vorgebirge der guten Hoffnung, liegen unter demselben Mittagskreise, und ungefähr um ein Viertel des ganzen Erdumfanges von einander entfernt; man wird daher, wenn der Mond einen Grad Parallaxe hat, ihn am Vorgebirge der guten Hoffnung einen ganzen Grad nördlicher sehen, als in Aobo, und eben so würde man die Sonne dort um eine halbe Minute nördlicher sehen, wenn sie nicht weiter als hundert und zwanzigmal, so weit als der Mond von uns wäre; aber eine solche Differenz, die unsern jetzigen Beobachtungen nicht entgehen könnte, bemerkt man keinesweges, und eine Entfernung, die 6 Millionen, 7 Millionen Meilen beträgt, dürfen wir also schon hier unbedenklich der Sonne beilegen. Diese große Entfernung nöthiget uns also, wenn die Erde um die Sonne läuft, ihrer Bahn einen sehr großen Durchmesser, den ich aus künftig anzuführenden Gründen sogleich auf 41 Millionen Meilen setzen will, beizulegen; dennoch bemerken wir nicht, daß wir in der einen Jahreszeit den Sternen des Löwen, in der andern Jahreszeit den Sternen des Wassermannes näher wären, und dieses sollten wir doch, scheint es, wohl bemerken, wenn unsre Annäherung gegen das eine dieser Gestirne hin so ungemein viel betrüge. Eben so wenig bemerken wir, daß die nähern Fixsterne ihren scheinbaren Ort so ändern, wie es doch zu erwarten wäre, wenn die Erdbahn erheblich groß gegen die Entfernung AB eines nähern Fixsternes B von der Sonne A (Fig. 18.) ist; denn dieser Stern B müßte der in E stehenden Erde, den entferntern Stern D zu verdecken, der in C stehenden Erde rechts von D, der in F stehenden Erde links von D erscheinen, statt daß die Beobachtung uns die gegenseitige Lage als ganz unverändert zeigt.

Allerdings ist dieser Einwurf von einem großen Gewichte, und wir können es den ältern Astronomen nicht so sehr verdenken, wenn sie durch ihn bewogen, die Bewegung der Erde unwahrscheinlich fanden, wenn sie die Vorstellung von einer so unbegreiflichen Größe des Sternenhimmels, daß dagegen 40 Millionen Meilen etwas Unmerkliches seyn sollten, nicht in sich aufnehmen konnten. Erst überwiegende Gründe konnten die Ueberzeugung, daß es dennoch so sey, herbeiführen, und diese Gründe fanden sich in der scheinbaren Bewegung der Planeten, die durchaus als unregelmäßig erscheint, wenn man die Erde als ruhend ansieht. Mit diesen Erscheinungen der Planeten muß ich Sie daher genauer bekannt machen.

Unter den Planeten giebt es zwei, die sich nie weit von der Sonne entfernen, immer nur Abends, kurz nach Sonnenuntergang, oder Morgens, kurz vor Sonnenaufgang sichtbar sind. Die Venus, die sich etwas weiter als der Mercurius von der Sonne entfernt, giebt uns, vorzüglich wenn wir Fernröhre und Micrometer zu Hülfe nehmen, besser als Mercurius Gelegenheit, alle Umstände der Bewegung dieser Planeten wahr zu nehmen. Wenn sie Abendstern wird, das heißt, wenn sie erst anfängt, Abends nach Sonnenuntergang sich zu zeigen, so sieht man sie im Fernrohre rund oder ganz erleuchtet, wie den Vollmond. Sie entfernt sich täglich mehr von der Sonne, und bleibt daher länger in der Abenddämmerung sichtbar, ihr Durchmesser erscheint täglich größer, aber ihr erleuchteter Theil nimmt ab, so daß sie bald nicht mehr dem vollen, sondern dem abnehmenden Monde ähnlich erscheint. Je länger sie nach Sonnenuntergang sichtbar bleibt, desto mehr nähert ihr Ansehen sich dem der Mondsviertel, während ihr scheinbarer Durchmesser immer größer wird, und sie sich also offenbar der Erde nähert. Diese Annäherung zur Erde dauert auch dann noch fort, wenn ihre Entfernung von der Sonne wieder abnimmt; denn weiter als etwa 45 Grade entfernt dieser Planet sich nie von der Sonne, sondern kehrt, nachdem er seine größte Elongation, seinen größten Abstand von der Sonne erreicht hat, zu ihr zurück. Nach der größten Elongation kehrt uns die Venus bei fortwährender Annäherung zur Erde, je mehr und mehr ihre dunkle Seite zu, und wird, dem Neumonde ähnlich, uns in der Nähe der Sonne unsichtbar, indem sie uns ganz den Anblick ihrer erleuchteten Seite entzieht. Aber nach einer nur wenige Tage dauernden Unsichtbarkeit zeigt sich die Venus am Morgenhimmel vor Sonnenaufgang; sie ist noch immer sichelförmig, oder zeigt uns wenig von ihrer erleuchteten Seite, und der erleuchtete Rand ist, so wie vor der Zusammenkunft mit der Sonne, der Sonne zugekehrt; ihr scheinbarer Durchmesser ist kurz nach der Conjunction eben so groß, als kurz vor derselben. Bei ihrem jetzt zunehmenden westlichen Abstande von der Sonne, und ihrem dadurch bewirkten früherem Aufgange und längerem Erscheinen vor Sonnenaufgang, entfernt sie sich, wie das Abnehmen ihrer scheinbaren Größe zeigt, von der Erde, wendet uns aber allmählig wieder mehr ihre erleuchtete Seite zu; sie erscheint halb erleuchtet, wenn sie sich am weitesten von der Sonne entfernt hat, kehrt dann anscheinend zur Sonne zurück, wobei ihr erleuchteter Theil zunimmt, und ihre scheinbare Größe abnimmt, und entzieht sich, weil sie von der Sonne überglänzt wird, unsern Augen, obgleich sie uns um diese Zeit ihre ganze erleuchtete Seite zukehrt.

Diese Erscheinungen konnten den ältern Astronomen nicht so genau bekannt seyn, da das bloße Auge zwar eine Ungleichheit des gesammten Glanzes wahrnehmen läßt, aber uns nicht im Stand setzt, zu beurtheilen, welchen Antheil daran die Annäherung zur Erde, und welchen Antheil die Ungleichheit der Phase, oder die Größe des uns zugewandten erleuchteten Theiles hat. Uns, denen alle nöthige Hülfsmittel zu Gebote stehen, kann es wohl nicht mehr zweifelhaft scheinen, welche Folgerungen wir in Hinsicht auf die Bewegung dieses Planeten aus den Erscheinungen ableiten müssen. Ganz gewiß hat die Venus (Fig. 45.) eine Bewegung um die Sonne, und die Erde befindet sich außerhalb dieser Bahn, die wir uns als eine kreisförmige Bahn ABCD vorstellen wollen; denn dann muß bei der obern Conjunction, das heißt, bei der Zusammenkunft mit der Sonne, wo die Venus rund und ganz erleuchtet erscheint, die jenseits der Sonne in A stehende Venus, klein erscheinen, weil sie den größten Abstand von der Erde erreicht hat; sie muß, während sie sich von A nach B bewegt, sich von der Sonne zu entfernen scheinen, weil die Richtungslinie zu ihr hin, sich immer mehr von der nach der Sonne gezogenen Linie entfernt; sie muß uns allmählig größer erscheinen, weil sie sich der Erde nähert; sie muß uns bei B nur etwas über halb erleuchtet, und wenn sie in G ist, genau halb erleuchtet erscheinen, nämlich dann, wenn die von ihr nach der Erde und nach der Sonne gezognen Linien auf einander senkrecht sind. Es läßt sich nun wohl leicht übersehen, daß bei ihrer Stellung in C die untere Conjunction mit der Sonne statt findet, und daß sie uns da aus doppeltem Grunde unsichtbar wird, nämlich nicht sowohl deswegen, weil der Glanz der Sonne einen schwach leuchtenden Körper nicht zu bemerken gestattet, sondern zuletzt deswegen, weil ihre dunkle Seite uns zugewandt ist. Diese Erklärung thut so sehr allen Erscheinungen Genüge, daß niemand an ihrer Wahrheit zweifeln kann, ja wir könnten, wenn wir die genauen Messungen des scheinbaren Durchmessers zum Grunde legten, sogar die genauern Verhältnisse der jedesmaligen Entfernungen von der Erde, und daraus die Bahn der Venus um die Sonne bestimmen.

Eben das gilt für den zweiten untern Planeten Mercurius, der ganz eben die Erscheinungen nur mit der Verschiedenheit darbietet, die einer kleinern Bahn um die Sonne angemessen sind. Da er, selbst bei seiner größten Elongation sich nie so weit von der Sonne, als Venus, am Abendhimmel oder

Morgenhimmel zeigt, so giebt schon das einen Grund, seine Bahn als kleiner anzusehen, und die geringere Ungleichheit seines scheinbaren Durchmessers, während er sich der Erde nähert oder sich von ihr entfernt, bestätiget diese Bestimmung.

Ich habe die Erscheinungen dieser Planeten, die untere Planeten heißen, weil sie der Sonne näher sind, als die Erde, nur in Beziehung auf die Sonne dargestellt; ihre scheinbare Bewegung in Beziehung auf die Fixsterne, läßt sich daraus schon vermuthen. Da nämlich die Sonne selbst nach Osten fortrückt, so muß der am Abendhimmel erscheinende, seiner größten östlichen Elongation zu gehende Planet, noch schneller als die Sonne unter den Sternen fortrücken, und eine etwas sorgfältigere Aufmerksamkeit auf die in der Nähe der Venus sichtbar werdenden Sterne, zeigt auch wirklich ihr schnelles Fortrücken. Kehrt die Venus von ihrer östlichen größten Elongation zur Sonne zurück, so ist ihr Fortrücken unter den Fixsternen geringer als das der Sonne, und eben diese Ungleichheit findet auf entgegengesetzte Art statt, wenn wir sie am Morgenhimmel sehen.

Diese Beobachtungen lehren uns Mercur und Venus als dunkle, von der Sonne erleuchtete kugelförmige Körper kennen, als Körper, welche Bahnen um die Sonne durchlaufen; und da die übrigen Planeten, die wir obere nennen, weil sie sich weiter als die Erde von der Sonne entfernen, und uns daher zuweilen der Sonne gegenüber erscheinen, eben solche dunkle Körper sind, so haben wir schon einigen Grund, auch bei ihnen eine Bewegung um die Sonne zu vermuthen. Sie werden bald sehen, daß diese Vermuthung sich auch durch die genauere Beobachtung ihrer Erscheinungen bestätiget.

Sechzehnte Vorlesung.

Die Erscheinungen der oberen Planeten zeigen sich am auffallendsten am Mars, der uns am nächsten kommt, und sehr ungleiche Entfernungen von der Erde erlangt. Wir sehen ihn als einen sehr schönen hellen Stern, wenn er um Mitternacht im Meridian steht, also der Sonne gerade gegenüberstehend, mit der Sonne in Opposition ist; dagegen wird er sehr viel kleiner zu der Zeit, da er nahe bei der Sonne erscheint, oder sich der Conjunction mit der Sonne nähert, und diese Ungleichheit seiner scheinbaren Größe ist so erheblich, daß er im ersten Falle viermal so groß im Durchmesser, als im letzten Falle, erscheint.

Um den ganzen scheinbaren Lauf des Mars am Himmel zu verfolgen, will ich die Erzählung seiner Erscheinungen mit der Opposition anfangen. Dann steht der Planet um Mitternacht im Meridian, und wenn man ihn mehrere Abende nach einander auch nur mit bloßem Auge beobachtet, sieht man, daß er immer weiter westlich unter den Sternen fortrückt. Die Astronomen nennen diese Bewegung eine rückläufige, weil nicht bloß der Mond und die Sonne unter den Sternen ostwärts fortgehen, sondern auch die Planeten selbst, welche zuweilen nach Westen fortrücken, dennoch ihre ganzen Umläufe um den Himmel ostwärts fortgehend vollenden, und nur als Ausnahme diese retrograde oder rückgängige Bewegung befolgen. Setzt man nach der Opposition die Beobachtung des Mars länger fort, so bemerkt man, daß sein Fortrücken nach westlichern Sternen hin langsamer wird, er wird endlich fast ganz stillstehend, oder verweilt mehrere Tage bei denselben Sternen, und dann geht seine Bewegung in die entgegengesetzte über, oder er wird rechtläufig. Er setzt dieses östliche Fortrücken, welches allmählig schneller wird, nun lange Zeit fort, und während die Sonne, schneller als der Planet gegen

Osten unter den Sternen fortrückend, ihn immer näher und näher zu ereilen im Begriff ist, eilt er ihr doch lange Zeit noch voraus, bis er endlich etwa 11 Monate nach der Opposition am Abendhimmel wegen zu großer Annäherung der Sonne unsichtbar wird. Während er so vom Anfange seiner rechtläufigen Bewegung an, nach Osten fortgerückt ist, hat er mehr als die halbe Ecliptik durchlaufen. Nach seiner Conjunction mit der Sonne findet man ihn, nach Verlauf einiger Zeit, am Morgenhimmel wieder, aber da er noch immer sehr schnell zu östlichern Sternen fortrückt, so entfernt er sich wenig von der Sonne, und tritt langsam aus der Morgenröthe hervor, oder geht erst nach mehreren Monaten früh genug auf, um leicht am Morgenhimmel aufgefunden zu werden. Hat sich aber die Sonne bedeutend von ihm entfernt, so bemerkt man ein Abnehmen seiner ostwärts gerichteten Bewegung, endlich scheint er gar nicht mehr fortzurücken, und nimmt nach kurzem Stillstande eine rückwärts gehende Bewegung an, die er dann auch bis zur Opposition, mit welcher eben der Cyclus von Erscheinungen neu beginnt, beibehält.

Jupiter und Saturn bieten ähnliche Erscheinungen dar, nur mit dem Unterschiede, daß ihre Bewegung um den ganzen Himmel langsamer ist, und ihre Rückgänge nicht so viel, als bei Mars betragen. Die Rückgänge aller dieser Planeten stehen mit der Opposition in einer genauen Verbindung, und diese Bemerkung läßt darüber, daß die angeführten Erscheinungen auf eine Verbindung auch dieser Planeten mit der Sonne hinweisen, keinen Zweifel.

Es ist nicht meine Absicht, Sie lange mit den verschiedenen Meinungen zu unterhalten, welche die Astronomen über die wahre Bewegung dieser Planeten gehegt haben. Das Ptolemäische System, nach welchem jeder Planet einen Kreis durchläuft, dessen durch gar keinen Körper bezeichneter Mittelpunkt einen Kreis um die Erde beschreibt, würde uns, da wir zu fragen gewohnt sind, welche Kraft denn den bewegten Körper in seiner Bahn erhalte, gewiß nicht genügen; denn wir dürften weder sagen, der leere Mittelpunkt wirke mit einer anziehenden Kraft auf den Planeten, um diesen auf seinem Kreise zu erhalten, noch auch, die Erde wirke anziehend auf jenen leeren Mittelpunkt, der um sie seinen Kreislauf vollenden soll. Die Erscheinungen selbst würden auch, wenn wir einmal die Erde als ruhend ansehen wollten, uns bald zum Tychonischen Weltsysteme hinführen, nach welchem der um die Erde laufende Mittelpunkt aller Planetenbahnen die Sonne selbst ist, oder nach welchem die Erde, in der Mitte ruhend, den Mond auf einem kleinern, die Sonne auf einem größern Kreise um sich gehen sieht, der Sonne aber alle Planeten zu Begleitern dienen, so daß sie, jeder in einer andern Bahn und in andern Umlaufszeiten, sich um diese bewegen, während die Sonne selbst um die Erde läuft. Dieses System hat allerdings weit mehr Schein der Wahrheit für sich, ja es lassen sich die einzelnen Erscheinungen recht gut nach demselben erklären, aber es wird sich in der Folge zeigen, daß die Gesetze der Attraction die Bewegung der Sonne um die Erde nur dann erklären könnten, wenn wir annehmen wollten, die von der Oberfläche der Erde an bis zum Monde so sehr verminderte Attractionskraft der Erde nehme wieder zu in noch größern Entfernungen.

Lassen Sie uns also nun die zweite von Copernicus zuerst gründlich entwickelte Hypothese, die Erde ruhe nicht, sondern bewege selbst sich um die Sonne, näher betrachten. Daß die scheinbare Bewegung der Sonne, ihr jährlicher Kreislauf um den ganzen Himmel sich aus dieser Voraussetzung erklären läßt, kann man ohne Schwierigkeit zeigen. Denn daß wir die Bewegung der Erde, die mit allem was auf ihr ist, im Weltraume schwebt und fortrückt, nicht bemerken, kann uns nicht sehr überraschen, da ja selbst Bewegungen auf der Erde, die gewiß nicht so ohne Stöße und Ungleichheiten sind, wie das Forteilen der Erde im Weltraume, uns so täuschen können, daß wir an unsere Bewegung nicht denken, sondern sie auf die uns umgebenden ruhenden Körper zu übertragen geneigt sind. Daß aber dem Erdbewohner, wenn er selbst in einem Kreise um die Sonne läuft, die Sonne einen Kreis unter den Sternen zu durchlaufen scheint, ist eine nothwendige Folge. Ist nämlich (Fig. 49.) A die Sonne, und B die Erde, so sagen wir, die Sonne stehe in dem Sternbilde, welches nach H zu liegt, also wenn sich uns dort die Sterne des Widders zeigen, die Sonne stehe im Widder. Ist die Erde nach 2 Monaten in C angekommen, so erscheinen uns die Sterne des Widders, welche viel entfernter sind, als die Sonne, nach der Richtung CH, die fast mit BH parallel ist, wenn die Sterne eine ungemein große Entfernung haben; die Sonne erscheint uns in der Richtung CK, und wir sagen also, die Sonne ist von dem Gestirne des Widders weg gerückt; sie steht jetzt 60 Grade von dem Standpunkte entfernt, den sie vor 2 Monaten einnahm, sie ist durch den Stier in die Zwillinge gerückt, die sich in der Richtung CKA befinden. In den folgenden zwei Monaten hat die Erde den Punkt D erreicht, DH ist abermals die Richtung nach dem Sternbilde des Widders oder nach dem Sterne zu, bei welchem sich vor vier Monaten die Sonne befand; die Sonne ist jetzt um den Winkel HDM von eben diesem Sterne entfernt, und hat ihren Lauf durch den Krebs zum Löwen fortgesetzt. Am Ende des sechsten Monats ist die Erde in E, und die Sonne erscheint dem Widder gerade gegenüber, so daß die Sterne des Widders also um Mitternacht im Meridian stehen. So scheint uns also die Sonne in Zeit von 6 Monaten um den halben Umfang des Himmels fort zu gehen, und da wir die Bewegung der Erde nicht empfinden, sondern noch immer da zu seyn glauben, wo wir anfangs waren, zum Beispiel in B, so kommt es uns vor, als sey die Sonne, die zuerst nach der Richtung BH stand, so um uns fortgerückt, daß sie nach zwei Monaten die Zwillinge erreicht habe, die in der Richtung BK stehen, und so ihren Kreislauf um die Erde vollende.

Der Anschein, daß die Sonne nach und nach den Himmel durchläuft, kann also nicht als ein Gegengrund gegen die Bewegung der Erde angeführt werden, da dieser Anschein auch für die bewegte Erde eben so statt finden muß. Der verschiedene Anblick, den der Himmel uns in gleichen Stunden der Nacht zu verschiedenen Jahreszeiten darbietet, muß eben derselbe seyn, es sey nun die Sonne, die einen Kreislauf um die Erde vollendet, oder es sey die Erde, die um die Sonne läuft. Die Gestirne, die etwas östlich von der Sonne erscheinen, werden in beiden Fällen am Abendhimmel, kurz nach Sonnenuntergang zu sehen seyn, die Sonne wird, indem sie scheinbar oder wirklich ostwärts fortrückt, mit diesen Sternen täglich näher zusammen kommen, und alle die, welche nun zugleich mit ihr untergehen, kommen nicht mehr Abends uns zu Gesichte, sondern zeigen sich bald nachher Morgens vor Sonnenaufgang.

Doch dieß alles erhellt wohl ziemlich leicht, gewährt aber nicht die Ueberzeugung, daß die Bewegung der Erde eine bessere Erklärung der Erscheinungen gebe, als die Hypothese, daß die Sonne um die Erde laufe; ich gehe daher zu einer nähern Betrachtung der Erscheinung der obern Planeten über, auf welche auch Copernicus vorzüglich die Lehre von der Bewegung der Erde gründete.

Daß Venus und Mercurius Umläufe um die Sonne vollenden, habe ich neulich mit so entscheidenden Gründen bewiesen, daß ich wohl diese Behauptung als unbezweifelt gewiß ansehen darf. Die übrigen Planeten sind diesen beiden so ähnlich, indem auch sie dunkle Körper sind, wie der Schatten des Jupiter und Saturn, und die Erleuchtungsphasen des Mars es zeigen, daß wir auch ihre Bewegung um die Sonne als wahrscheinlich ansehen dürfen. Ja die Erde selbst ist den Planeten so ähnlich, daß wir überwiegende Gründe finden, um sie als eben so von der Sonne abhängig, wie die übrigen Planeten anzusehen. Auch sie empfängt, gleich den übrigen Planeten, ihr Licht von der Sonne, und Tag und Nacht wechseln auf ihr, wie auf jenen; so wie sie einen Mond zum Begleiter hat, so haben auch Jupiter und Saturn mehrere Monde, so wie auf ihr die Jahreszeiten während eines ganzen Umlaufs um die Sonne einmal wechseln, so muß es, wie die Beobachtung der Rotation und des Umlaufs des Mars zeigt, auch bei diesem der Fall seyn. Ist sie also in so vielen Rücksichten den Planeten gleich, so läßt sich vermuthen, daß auch sie einen Kreislauf um die Sonne vollendet, und dann muß ihr Platz im Sonnensystem zwischen der Venus und dem Mars seyn, da jene immer der Sonne näher blieb, als die Erde, statt daß Mars, zuweilen der Sonne gerade gegen über stehend, offenbar mehr als die Erde von der Sonne entfernt ist.

Wenn man die Umläufe des Mars viele Jahre durch beobachtet, so findet man, daß er in etwa 23 Monaten einen Umlauf um den ganzen Himmel vollendet, und, ohne jetzt schon nach großer Genauigkeit zu streben, wollen wir untersuchen, welche Erscheinungen uns ein Planet, dessen Umlaufszeit 23 Monate wäre, darbieten müßte. Diese Frage ließe sich freilich nur dann vollkommen richtig beantworten, wenn wir auch die Entfernung des Planeten von der Sonne schon kennten; aber da sich die Mittel, diese kennen zu lernen, erst später darbieten, so begnüge ich mich, nur jetzt die Hauptumstände der Erscheinung anzugeben, und werde ihre genauen Abmessungen später bestimmen. Es sey also BLNP die Erdbahn, auf welcher die Erde in 12 Monaten einen Umlauf um die Sonne macht; Emrm' sey dagegen die Bahn des Mars, die er in 23 Monaten durchläuft. Die auf diesen Kreisen bezeichneten Punkte geben an, wohin beide Weltkörper nach Beendigung jedes Monates gelangen, und es ist nun leicht, die scheinbare Bewegung des Mars unter den Sternen, und in Vergleichung gegen die Sonne, so wie ein Beobachter auf der bewegten Erde sie wahrnimmt, anzugeben.

Ich fange mit dem Zeitpunkte an, da der Mars in Opposition mit der Sonne ist, oder, wo der Beobachter auf der Erde in B den Mars in E gerade in der, der Sonne A entgegengesetzten Richtung sieht, nämlich nach BE, während die Sonne A sich in der Richtung BA befindet. Um die Vergleichung der folgenden scheinbaren Orte des Mars mit der Stellung der Sterne anzustellen, oder zu entscheiden, ob seine Bewegung als rechtläufig oder rückläufig erscheint, wollen wir uns einen nach der Richtung BI stehenden Fixstern denken, dem der Mars jetzt, da er sich in E, die Erde sich in B befindet, ganz nahe zu stehen scheint. Da die Fixsterne viel entfernter seyn müssen, als die Sonne und die Planeten, so zeichne ich die nach diesen Sternen gezognen Linien, BI, HI, KI, LI, als unter einander parallel; die ferneren

Untersuchungen werden dieses rechtfertigen, und ich sage daher, wenn die Erde in H ist, so bezeichnet HI die Richtung gegen jenen Stern; wenn die Erde nach L gelangt, so erscheint eben der Stern nach der Richtung LI u. s. w.

Die Bewegung von E nach h würde uns eine rechtläufige heißen; wenn also der Mars anscheinend die entgegengesetzte Richtung befolgt, oder von I rechts fortrückt, so schreiben wir ihm eine scheinbar rückläufige Bewegung zu.

Nachdem nach der Opposition ein Monat verflossen ist, hat die Erde den Punkt H, der Mars den Punkt h erreicht, und wir sehen ihn nach der Richtung Hh, zugleich aber erscheint jener Fixstern nach der Richtung HI; der Mars ist also rechts von diesem Sterne, und seine Bewegung während des Monats ist rückläufig gewesen. Am Ende des zweiten Monats ist die Erde nach K, der Mars nach k gelangt, und Kk ist die Richtung, in welcher uns der Mars erscheint. Vergleichen wir den Winkel IKk, welcher den scheinbaren Abstand des Mars von dem Sterne I bestimmt, mit dem Winkel IHh, der eben diesen Abstand am Ende des ersten Monats angab, so erhellt, daß der Mars nicht mehr erheblich zurückgegangen ist, sondern vielleicht in der ersten Hälfte des Monats noch ein wenig rückgängig gewesen seyn mag, aber in der zweiten Hälfte das durch rechtläufige Bewegung wieder eingebracht hat, was in der ersten Hälfte durch rückläufige Bewegung gleichsam verloren war. Daß dieser Wechsel in der Richtung der scheinbaren Bewegung wirklich eingetreten ist, zeigt die Beobachtung während des dritten Monats noch vollständiger; denn am Ende des dritten Monats steht die Erde in L, der Mars in l und die Linie Ll fällt schon auf die andere Seite der Linie LI, das heißt, nicht bloß ist der Mars in diesem Monate rechtläufig fortgegangen, sondern die Bewegung nach dieser Richtung ist auch so erheblich gewesen, daß er schon wieder bei dem Sterne I vorbei gegangen ist, oder statt daß Kk westlich von KI lag, der Planet jetzt östlich von dem Sterne I steht. Die Erde kommt im vierten Monate nach D, der Mars nach d, und da Dd einen größern Winkel mit DI, als Ll mit LI macht, so hat der Mars seine rechtläufige Bewegung fortgesetzt. Die Richtung D d ist ungefähr senkrecht auf die nach der Sonne gezogene Richtung D A, und der Mars steht also nun beinahe 90 Grade von der Sonne, er geht ungefähr um Mitternacht unter. Im fünften Monat, wo beide Weltkörper bis M und m, im sechsten wo sie bis N und n fortrücken, ist noch immer die scheinbare Bewegung des Mars rechtläufig, und sein Abstand von der Sonne nimmt ab; in N zum Beispiel hat der gegen die Sonne blickende Beobachter den Planeten nur etwa 45 Grade östlich von der Sonne, und die nach Osten fortrückende (immer rechtläufig fortgehende) Sonne scheint den Mars bald ereilen zu wollen. Aber wenn man am Ende jedes folgenden Monats die Linien O o, C G, P p, Q q, R r zieht, so sieht man zwar, daß die Winkel zwischen ihnen und den nach der Sonne gezogenen Linien O A, C A, P A, Q A, R A immer kleiner werden; daß aber dennoch nach 11 Monaten noch nicht einmal die wirkliche Conjunction mit der Sonne statt findet, sondern die Sonne noch immer ein wenig westlich von dem Planeten steht. Erst nachdem die Erde am Ende des dreizehnten Monats nach H, und der Mars nach h′ gekommen, ist die Sonne wirklich mit ihm in Conjunction, und in den folgenden Monaten liegen die Linien K k′, L l′, D d′, so, daß die Sonne links vom Mars, also östlicher erscheint. Die Bewohner der Erde sehen also nun den Mars vor Sonnenaufgang, und da der Winkel, welchen M m′ mit M A macht, größer ist, als der, welcher am Ende des vorigen Monats D d′ mit D A machte, so nimmt der scheinbare Abstand von der Sonne fortwährend zu. Während aller dieser Monate und noch durch mehrere Monate ist der Mars rechtläufig; denn da der Planet sich jetzt von der andern Seite her dem Sterne I nähert, so ist er rechtläufig, so lange diese Annäherung währt. Am Ende des achtzehnten Monats ist N n′, am Ende des neunzehnten Monats O o′, am Ende des zwanzigsten C c′, am Ende des ein und zwanzigsten P p′ die von der Erde nach dem Mars gezogene Gesichtslinie, und es erhellt, daß der Mars nun schon bei dem Sterne I vorbeigegangen ist, noch immer aber weit von der Opposition mit der Sonne entfernt ist, da P p′ und P A noch beinahe senkrecht auf einander sind. Während die Erde nach Q und R gelangt, nimmt der Winkel, den Q q′, R E mit der nach dem Sterne I gezognen Linie machen, noch zu; aber für das Ende des vier und zwanzigsten Monats, wo die Erde nach B zurückgekehrt ist, und der Mars in h steht, bildet B h nur ungefähr einen eben so großen Winkel mit B I, als einen Monat früher R E mit R I bildete, und darin verräth sich die wieder eintretende rückgängige Bewegung, die im folgenden Monate noch deutlicher wird, wo die Erde nach H, der Mars nach k rückt.

Diese freilich etwas umständliche Entwicklung zeigt also, daß eine gleichförmige Bewegung des Mars um die Sonne, und der Erde um die Sonne alle die Ungleichheiten in der scheinbaren Bewegung des Planeten erklärt, und rechtfertiget die Vermuthung, daß es wirklich die Bewegung der Erde sey, die, während sie schneller als der Mars, in B K diesem voreilt, ihm eine rückläufige scheinbare Bewegung ertheilt, und eben so alle andern Ungleichheiten bewirkt.

Diese Uebereinstimmung der Erscheinungen mit dem Erfolge, den wir aus einer Bewegung der Erde hergeleitet haben, ist zwar noch kein durchaus strenger Beweis für die Bewegung der Erde; denn auch nach Tycho's System lassen sich die Erscheinungen erklären; aber außer dem, aus dem Attractionsgesetze hergenommenen Beweise, auf den ich künftig noch zurückkomme, giebt es noch zwei Erscheinungen, die die Bewegung der Erde geradezu beweisen. Die eine ist die Abirrung des Lichtes, eine kleine Aenderung in der scheinbaren Richtung des von den Sternen zu uns kommenden Lichtes, die sich einzig durch die Bewegung der Erde erklären läßt: — von dieser werde ich Sie später erst unterhalten, wenn andere dabei vorauszusetzende Lehren abgehandelt sind. Die zweite Erscheinung, die freilich noch erst genauer beobachtet werden muß, ist die scheinbare Bewegung der Sternschnuppen. Ich darf zwar dieser Erscheinung, da sie bis jetzt bloß aus einer kleinen Reihe von Beobachtungen bekannt, und aus diesen von mir hergeleitet ist, noch kein ganz entscheidendes Gewicht geben; aber ich zweifle nicht, daß künftige Beobachtungen sie bestätigen werden. Wenn man nämlich jene flüchtigen Lichterscheinungen, die Ihnen allen unter dem Namen der Sternschnuppe bekannt sind, von mehreren Orten aus beobachtet, um zu bestimmen, wo denn der Punkt liegt, in welchem sie entstanden und verschwanden: so findet man zwar, daß die Richtung ihrer Bahnen sehr mannichfaltig ist, aber dennoch herrscht diejenige Richtung vor, welche der Bewegung der Erde in ihrer Bahn entgegengesetzt ist. Wären nun diese leuchtenden Erscheinungen Gegenstände, die an sich völlig ruhend im Weltraume schwebten, so müßten sie ja den Bewohnern der unter ihnen hin mit großer Schnelligkeit fortbewegten Erde als hinter ihr zurückbleibend, oder als in der entgegengesetzten Richtung fortrückend sich zeigen. Solche ganz still stehende Massen sind sie nun zwar nicht, sondern sie scheinen eine mannichfaltige eigene Bewegung zu haben; aber dennoch läßt sich übersehen, daß jenes Zurückbleiben hinter der an ihnen vorbeieilenden Erde immer merklich bleiben muß. Und umgekehrt, da die Beobachtungen zeigen, daß der bei weitem größere Theil dieser Erscheinungen eine solche Bewegung über der Oberfläche der Erde hin hat, die der Richtung entgegengesetzt ist, welche wir als Richtung der Bewegung der Erde in ihrer Bahn ansehen, so geben diese Erscheinungen einen neuen und unerwarteten Beweiß für die wahre Bewegung der Erde.

Durchläuft aber nun wirklich die Erde eine so ungemein große Bahn, daß sie, wie ich in der Folge zeigen werde, in der einen Jahreszeit den Gestirnen, die mit der Sonne in Opposition sind, 41 Millionen Meilen näher ist, als in der 6 Monate spätern Jahreszeit, wo diese Gestirne sich hinter der Sonne verbergen, so ist es allerdings zu verwundern, daß dieser große Unterschied der Entfernungen uns durch nichts merklich wird. Die Sterne, denen wir uns nähern, erscheinen darum nicht größer, ihre Abstände von einander ändern sich nicht, oder leiden wenigstens keine, unsern so sehr vollkommnen Instrumenten nur im mindesten merkliche Aenderungen. In der That also müssen selbst die nächsten Sterne ungemein entfernt seyn, Billionen von Meilen sind es, durch welche wir diese Entfernung ausdrücken müssen, und noch viel größere Zahlen bedürfen wir, wenn wir uns zu den fernen Grenzen dieser durch unermeßliche Räume ausgestreuten Sternenheere erheben wollen. Aber dieses darf uns wohl nicht überraschen. Das, was in Beziehung auf die kleine Erde, auf die Werke der Menschen groß ist, ja selbst was ihrer begrenzten Vorstellungskraft unermeßlich scheint, ist offenbar etwas Geringes auf dem Schauplatze, der sich, je stärker unsere Seheröhre in die Ferne dringen, desto weiter vor unsern Augen ausdehnt. Und wie könnten wir uns auch wundern, daß die Werke Gottes unendlich sind!

Siebzehnte Vorlesung.

Die Bewegungen der obern Planeten habe ich neulich so erklärt, wie die Bewegung der Erde um die Sonne es fordert; ich muß wohl auch noch zeigen, daß die Bewegung der untern Planeten nicht weniger richtig durch diese Hypothese erklärt wird. Es sey (Fig. 47.) A die Sonne, BFIL die Erdbahn, Ceh die Bahn der Venus. Fangen wir nun die Betrachtung der Erscheinungen mit dem Zeitpunkte an, wo die Venus gerade hinter der Sonne stand, oder in der oberen Conjunction war, so können wir uns für diesen Zeitpunkt die Erde in B, die Venus in C denken. Da die Venus ihre Bahn in kürzerer Zeit als die Erde durchläuft, so ist sie nach d gelangt, während in einem Monate die Erde nach D gekommen ist, und man sieht von D aus die Venus ein wenig von der Sonne entfernt, und zwar, wenn man sein Gesicht gegen die Sonne richtet, von dieser links stehend, das ist, die Venus wird nach Sonnenuntergang sichtbar. Während die Erde die Punkte E, F, G erreicht, kommt die

Venus nach e, f, g und nähert sich also der Erde, indem zugleich der scheinbare Abstand von der Sonne zunimmt. Die Erde erreicht den Punkt K zu eben der Zeit, da die Venus nach k kommt, und hier ist die scheinbare Entfernung der Venus von der Sonne am größesten, weil Kk fast völlig senkrecht auf Ak ist; die scheinbaren Abstände der Venus von der Sonne werden geringer, indem die Erde nach L, M, die Venus nach l, m fortgeht. Daß unterdeß auch die Venus der Erde näher kommt, zeigt die Figur, und daß sie nach und nach immer vollständiger die dunkle Seite der Erde zukehrt, ist gleichfalls leicht zu übersehen. In n gelangt Venus zur untern Conjunction, weil die Erde zu gleicher Zeit in N steht, und in der folgenden Zeit steht der Planet rechts von der Sonne. Der Grund, warum von der obern Conjunction bis zur größten Elongation mehr Zeit verfließt, als von da bis zur untern Conjunction, ist wohl auch leicht zu entdecken. Da Venus uns in dem letztern Theile ihrer Bahn näher ist, so erscheint uns ihre Bewegung schneller, und sie kehrt daher schneller zur Sonne zurück, als sie sich von ihr entfernt hatte. An der andern Seite der Sonne entfernt sie sich nun schnell von der Sonne und kehrt, in dem weiter von uns entfernten Theile der Bahn langsamer zu ihr zurück.

Ich habe hier den Abstand der Venus von der Sonne und ihre Umlaufszeit anscheinend willkührlich angenommen; Sie werden aber bald sehen, daß wir Mittel besitzen, um beide genau zu bestimmen. Ehe ich diese angebe, lassen Sie uns die Bewegung der Erde selbst, so wie wir sie jetzt annehmen, noch etwas sorgfältiger betrachten. Die Erde bewegt sich in einer Bahn, die ich für jetzt noch einen Kreis nennen will, um die Sonne; sie dreht sich aber unterdeß auch fortwährend um ihre Axe, und ihre Bewegung muß nothwendig so beschaffen seyn, daß die Axe immer mit ihrer vorigen Lage parallel bleibt. Da nämlich die Beobachtung zeigt, daß der Punkt am Himmel, welchen wir Nordpol nennen, und eben so der Südpol am Himmel, im Laufe des ganzen Jahrs derselbe bleibt, gegen die umgebenden Sterne ganz einerlei Lage behält, so muß die Axe der Erde immer gegen diese

Punkte gerichtet bleiben, also ihrer vorigen Lage parallel bleiben, weil, bei der ungemein großen Entfernung der Sterne, die von verschiedenen Punkten der Erdbahn nach einerlei Sterne gezognen Linien als parallel anzusehen sind. Die Axe der Erde ist gegen die Ebne, worin die Erdbahn liegt, unter einem schiefen Winkel geneigt, und dieses ist der Grund, warum mit dem Umlaufe der Erde um die Sonne die Verschiedenheit der Jahreszeiten verbunden ist.

Es sey (Fig. 48.) ABCK die perspectivisch dargestellte kreisförmige Erdbahn, in deren Mittelpunkt, (eigentlich ein wenig von der Mitte entfernt,) die Sonne D steht. Wenn die Erdaxe EF eine solche Neigung hat, daß sich bei der Stellung der Erde in A der Nordpol E gegen die Sonne zu neigt, oder, um etwas mehr geometrisch zu reden, wenn in A die durch die Erdaxe gelegte, auf die Erdbahn senkrechte Ebne, durch die Sonne geht, und hier DAE ein spitzer Winkel ist, so wird offenbar nach Vollendung eines halben Umlaufes, in C der Südpol F gegen die Sonne gewandt, oder DCF ein spitzer Winkel seyn.

Bei der Stellung der Erde in A sieht man die Sonne nach der Richtung AD und diese ist von der Richtung AE, nach dem Nordpole des Himmels, nur $66\frac{1}{2}$ Grade entfernt, die Sonne steht also am Himmel nördlich vom Aequator, und dieses ist zur Zeit unserer längsten Tage der Fall, wenn die Sonne im Krebse erscheint. Dann wird der Südpol F gar nicht von der Sonne beschienen, und selbst bei der täglichen Drehung um die Axe EF, kommen die dem Punkte F benachbarten Punkte auf der Oberfläche der Erde niemals in eine Stellung, wo sie von den Sonnenstrahlen getroffen werden; der Nordpol E dagegen und alle Punkte, die zwischen E und P liegen, behalten während der ganzen Rotation um die Axe die Sonne; denn indem der Punkt P bei der Umdrehung der Erde nach p geführt wird, gelangt er offenbar in eine günstigere Stellung gegen die Sonne, und wenn sie ihm, als er in P war, nur kaum noch über dem Horizont erschien, sich ihm unterhalb des Poles am nördlichen Himmel zeigte, so steht sie ihm, wenn er nach p gelangt ist, am südlichen Himmel höher über dem Horizonte.

Ist dagegen die Erde nach C, in den entgegengesetzten Punkt ihrer Bahn gelangt, so ist der Südpol F während der ganzen Umdrehung, der Sonne ausgesetzt; der Nordpol dagegen mit der ganzen nördlichen kalten Zone, hat während der ganzen Drehung der Erde um ihre Axe, unaufhörlich Nacht. Diese Nacht endiget sich bei den vom Nordpole entfernteren Gegenden, das ist bei denen, die an der Grenze der kalten Zone liegen, sobald die Erde nur wenig gegen k zu weiter rückt, indem dann der Nordpol E nicht mehr ganz so weit von der Erleuchtungsgrenze entfernt bleibt, und daher einige Orte in der Nähe von P wenigstens dann, wenn sie bei der Umdrehung zwischen dem Erdpole und der Sonne durchgehen, auf kurze Zeit die Sonne zu sehen bekommen. Je mehr die Erde gegen K hin gelangt, wo sie sich in der Frühlings-Nachtgleiche befindet, desto mehr Orte treten am Nordpol aus der Nacht hervor, oder desto mehr Orte giebt es dort, die wenigstens eines kurzen, von Tag zu Tage längern Erscheinens der Sonne über dem Horizonte genießen, bis endlich in K die Erleuchtungsgrenze so liegt, daß sie durch beide Pole geht, welches die Folge hat, daß nun alle Orte der Erde täglich aus der Schattenseite der Erde hervortreten, und eben so lange in der erleuchteten Seite als in der dunkeln verweilen. So entsteht also der Wechsel der Jahreszeiten durch diese Neigung der Erdaxe gegen die Ebne der Erdbahn, und Planeten wie der Mars oder der Saturn, deren Axen gleichfalls stark gegen die Ebne der Bahn geneigt sind, müssen eben dem Wechsel der Jahreszeiten unterworfen seyn; der Jupiter dagegen, dessen Umdrehungsaxe fast senkrecht gegen die Ebne der Bahn ist, muß in den meisten Gegenden eine wenig verschiedene Tageslänge genießen, indem diese bei ganz senkrechter Lage der Axe durchaus das ganze Jahr gleich seyn würden *).

*) Die Lage der Axe dieser Planeten kennt man aus Beobachtung ihrer Flecken.

Welchen Einfluß diese ungleiche Tageslänge auf andere Planeten, in Beziehung auf die Wärme und andere Annehmlichkeiten haben mag, wissen wir nicht; daß aber auf der Erde davon vorzüglich die Wärme des Sommers und die Kälte des Winters abhängt, ist bekannt. Obgleich die Erde in den Tagen unsers Winters ein wenig der Sonne näher ist, als in dem Monate, da auf der nördlichen Hälfte der Erde die Tage am längsten sind, so hat doch diese Ungleichheit der Entfernung keinen merklichen Einfluß; sondern die südliche Halbkugel der Erde, deren längste Tage mit der größten Nähe der Sonne zusammen treffen, ist sogar, wegen anderer Umstände, die in der Vertheilung von Land und Wasser auf der Erde liegen mögen, kälter. Es läßt sich daher auch nicht vermuthen, daß eine kleine Aenderung, die in Beziehung auf die Jahreszeit, da die Erde der Sonne am nächsten ist, allmählig eintritt, einen merklichen Einfluß haben sollte. Die Sonnennähe der Erde ist nicht immer, so wie jetzt, in die Zeit unserer kürzesten Tage gefallen, sondern die Zeit, da die Sonne der Erde am nächsten kommt, rückt, zwar sehr langsam, aber doch ununterbrochen, dem Frühlings-Aequinoctio zu. Dadurch wird freilich bewirkt, daß in Zukunft immer mehr der Sommer der nördlichen Gegenden mit der geringern Entfernung der Erde von der Sonne zusammen treffen wird; aber da damit auch eine Verkürzung der Zeit vom Frühlings- bis zum Herbst-Aequinoctio und eine Verlängerung der Zeit, da die Sonne südlich vom Aequator verweilt, nothwendig verbunden ist, so scheint dadurch jener Einfluß völlig aufgehoben zu werden. Die Erde durchläuft nämlich diejenige Hälfte ihrer Bahn, welche der Sonne näher ist, schneller, und daher vergehen jetzt von der Herbstnachtgleiche bis zur Frühlingsnachtgleiche nur 179 Tage, statt daß die andere Hälfte des Jahres 186 Tage beträgt; diese Verlängerung unsers Sommers scheint völlig das auszugleichen, was dadurch, daß die Sonne im Sommer entfernter von uns ist, als Nachtheil für uns hervorzugehen scheint.

*　　*

Die bisherigen Betrachtungen bewiesen immer nur noch im Allgemeinen, daß eine Kreisbewegung der Erde, die obern Planeten bald als rückläufig, bald als rechtläufig zeigen müsse; aber sie führten noch nicht zu der Bestimmung, welche Umlaufszeit und welche Entfernung von der Sonne wir einem Planeten beilegen müssen, um die Dauer und Größe seiner rückläufigen Bewegung und überhaupt aller Erscheinungen genau zu erklären. Diese Bestimmungen fordern eine Reihe Beobachtungen, die wenigstens einige Umläufe des Planeten um die Sonne umfaßt, und dieß ist besonders beim Mars, dessen Bewegung sehr von der Gleichförmigkeit abweicht, nothwendig. Wäre die Bewegung des Planeten und auch die Bewegung der Erde vollkommen gleichförmig, so reichte die Beobachtung zweier Oppositionen aus, indem man dann folgende Schlüsse ziehen würde. Der Mars stand genau der Sonne gegenüber am 25. März 1824, und zum zweiten Male am 5. Mai 1826, so daß eine Zwischenzeit von 2 Jahren und 41 Tagen zwischen beiden Oppositionen liegt. Im Augenblicke der Opposition sieht der Erdbewohner den Planeten genau bei eben dem Sterne, bei welchem er von der Sonne aus erscheint, und man sieht also aus dem Orte, den er am Himmel erreicht hat, welchen Theil seiner Umläufe er zwischen zwei Oppositionen vollendet hat. Bei jenen beiden Oppositionen war das erste Mal seine Länge $184\frac{1}{2}$°;
das zweite Mal $224\frac{1}{2}$°;
der Mars hat also in 2 Jahren $1\frac{1}{3}$ Monat, oder 771 Tage, einen ganzen Umlauf und außerdem 40 Grade vollendet, und eine einfache Proportion ergiebt, daß, wenn

400 Grade 771 Tage fordern,

360 Grade 694 Tage fordern müssen.

Das würde die Umlaufszeit des Mars seyn, wenn die Oppositionen immer in gleichen Zwischenzeiten erfolgten. Aber dieses ist nicht der Fall, sondern wenn man viele Oppositionen in einer langen Reihe von Jahren beobachtet, so findet man große Ungleichheiten, je nachdem der Mars in einer oder in der andern Gegend der Ecliptik zu seiner Opposition gelangt, und man findet daher nöthig, wenigstens so viele Oppositionen abzuwarten, bis wieder eine vorkömmt, wobei die Länge des Planeten ziemlich mit der einmal bei der Opposition beobachteten übereinstimmt. Dieses ist, in Beziehung auf die im Jahre 1826 beobachtete Opposition, im Jahre 1794 der Fall gewesen, wo der Mars am 24. April in einer Länge von 214 Graden in der Opposition erschien. In dem Zeitraume von 32 Jahren hatte er etwas mehr als 17 Umläufe um den Sternenhimmel gemacht, denn zu dem 17. Umlaufe kommen noch 10 Grade. Da nun 17 Umläufe 17,360 Grade = 6120 Grade enthalten, und die Zwischenzeit 32 Jahre und 11 Tage, das ist (weil 7 Schalttage anzurechnen sind) 11698 Tage betrug, so kommen auf 360 Grade, oder einen Umlauf 687 Tage, welches schon nahe mit der wahren Umlaufszeit, bei deren Bestimmung man sich nicht mit ganzen Tagen und Graden begnügen müßte, übereinstimmt.

Diese bekannte Umlaufszeit des Mars kann uns nun schon dienen, um seine Entfernung von der Sonne in richtigem Verhältniß zur Entfernung der Erde von der Sonne anzugeben. Obgleich die Zeit, während welcher Mars nach seiner Opposition noch rückläufig bleibt, nicht immer gleich ist, so will ich mich doch hier begnügen, sie so wie sie im Jahre 1826 statt fand, anzunehmen, wo er 38 Tage nach der Opposition rückläufig blieb. Da wir nun wissen, wieviel Grade die Erde in dieser Zeit durchläuft, so nehmen wir auf dem Kreise BD (Fig. 50.), welcher die Erdbahn vorstellt, den Bogen BF, von dem Orte, wo sich die Erde bei der Opposition befand, so groß als es jener Zwischenzeit gemäß ist, und FD etwa gleich dem Bogen, den die Erde in fünf Tagen durchläuft. Aus der Kenntniß der Umlaufszeit des Mars ist zugleich bekannt, um welchen Winkel CAG der Mars in 38 Tagen um die Sonne fortgerückt ist, und obgleich wir nicht wissen, ob der Mars die Bahn cgh oder CGH durchläuft, so wissen wir doch wenigstens, daß er sich irgendwo auf der Linie gG am Ende des 38. Tages befindet, und in den nächsten fünf Tagen so fortrückt, daß er die Linie hH erreicht. Wollten wir nun cgh als seine wahre Bahn ansehen, so ergiebt sich sogleich, daß Fg nicht mit Dh parallel ist, also der von g nach h rückende Planet dem Erdbewohner nicht bei demselben Fixsterne bleibend erscheinen könnte; diese Bahn ist also unrichtig, da sie der Beobachtung nicht entspricht. Der Kreis C G H dagegen ist wirklich so gezogen, daß die der wahren Umlaufszeit angemessenen Orte G, H des Planeten, den gleichzeitigen Orten F, D der Erde entsprechen und F G, D H als Parallellinien ergeben.

Die kleine Zeichnung, auf welche ich hier verweise, könnte zwar diese Entscheidung nicht mit großer Strenge geben; aber schon eine große und etwas sorgfältig ausgeführte Zeichnung würde die richtige Bahn recht wohl andeuten, und die Berechnung, welche immer eine ungemein viel vollkommnere Genauigkeit zuläßt, als jede Zeichnung, setzt uns vollends im Stand, ganz strenge die Bahn so zu zeichnen, daß sie diesen Beobachtungen vollkommen entspräche.

Bei den unteren Planeten findet eine ähnliche Bestimmung der Bahnen statt. Die Beobachtung der Venus zeigt, daß diese, nachdem sie in der untern Conjunction mit der Sonne erschienen ist, etwa 19 Monate gebraucht, um zur nächsten untern Conjunction zu gelangen. In dieser Zeit hat die Erde einen ganzen Umlauf und $\frac{7}{12}$ eines Umlaufs vollendet, und die Venus, welche sich schneller bewegt, muß also zwei Umläufe und $\frac{7}{12}$ eines Umlaufs gemacht haben; da nun $2\frac{7}{12}$ oder $\frac{31}{12}$ eines Umlaufs 19 Monate Zeit fordern, so fordert ein ganzer Umlauf etwas mehr als 7 Monate oder genauer 225 Tage. Hiernach läßt sich zu jeder Zeit der heliocentrische Ort der Venus, das ist der Ort am Himmel, wo sie von der Sonne aus gesehen erscheint, bestimmen. Wissen wir also, daß (Fig. 51.) die Venus in der untern Conjunction war, als die Erde in H stand, und daß $2\frac{1}{2}$ Monate vergehen, bis die Venus in ihrem scheinbar größten Abstande von der Sonne erscheint, so können wir, der bekannten Umlaufszeit der Venus gemäß, HAM so groß nehmen, als der Winkel ist, den die Venus in $2\frac{1}{2}$ Monaten zurücklegt; der Erde aber zugleich ihren Platz in L so anweisen, wie es eben diese Zwischenzeit fordert. Wäre nun BCD die Venusbahn, so läßt sich leicht übersehen, daß die Venus sich in C befände, dort aber nicht die größte mögliche Elongation erlangt hätte, indem für ihre Stellung in C der Winkel A L c noch größer als A L C seyn würde; B C D ist also nicht die richtige Bahn. Die richtige Bahn läßt sich hier leicht dadurch finden, daß man von dem Orte L der Erde eine Linie L M senkrecht auf A M zieht, diese trifft den Ort der Venus, wo sie uns in M in der größten Entfernung von der Sonne erscheint; denn keine von L an den Kreis M F, den wir jetzt als Venusbahn kennen lernen, gezogne Linie kann mit der Richtung L A einen größern Winkel als L M machen, und die Venus hat also, wofern sie sich auf dem Kreise E M F bewegt, wirklich in M ihren größten Abstand von der Sonne erreicht.

Diese Hülfsmittel reichen bei allen Planeten aus, um die Größe ihrer Bahnen hinreichend, und bei genau angestellten Beobachtungen auch genau zu bestimmen. Ständen uns keine andern Hülfsmittel zu Gebote, so würden wir wenigstens, indem wir bei den obern Planeten um die Zeit jeder Opposition beobachteten, und indem wir bei den untern Planeten um die Zeit der größten Elongationen oft wiederholt diese Bestimmung erneuerten, eine Art von mittlerer Bestimmung erhalten, die wir als die mittlere Entfernung des Planeten ansehen könnten. Die Ungleichheiten, zu denen jede einzelne dieser Beobachtungen führt, würden wir dann als Ungleichheiten in der Bewegung oder als Abweichungen der Bahn von einem genauen Kreise ansehen, und deren nähere Untersuchung uns für die Folge vorbehalten müssen.

Ein wesentliches Stück scheint uns zwar bei diesen Bestimmungen noch zu fehlen, nämlich die wahre Entfernung der Erde von der Sonne, aber diese zu finden, hat mehr Schwierigkeit, als die genauere Berechnung der Planetenbahnen. Ich begnüge mich daher jetzt damit, nur zu zeigen, wie man die Verhältnisse der Bahnen aller Planeten bestimmt, und muß erst in der Folge den Maaßstab zu dem Gemälde, welches wir so von unserm Sonnensystem entwerfen, aufzufinden suchen. In der That ist auch, selbst bei dem jetzt so sehr vollkommenen Zustande der Astronomie, zwar das Verhältniß aller Entfernungen in unserm Planetensysteme mit sehr großer Genauigkeit bekannt, aber der ganz genaue Maaßstab fehlt noch immer, und wird, da hier die Entfernungen so ungemein groß sind, immer um einige Tausende von Meilen unsicher bleiben. Wir wissen jetzt, (und ich werde Ihnen die Gründe für diese Behauptung in der Folge entwickeln), daß die Entfernung der Erde von der Sonne nicht wohl unter 20 Millionen, und 580000 Meilen und nicht über 20 Millionen und 750000 Meilen betragen kann; aber diese, noch immer um 170000 Meilen von einander entfernten Grenzen sind dennoch die engsten, die wir jetzt mit Sicherheit angeben können. Die Entfernung der Erde von der Sonne kann daher zu 20,700000 Meilen angegeben werden, und da das Verhältniß der Abstände der übrigen Planeten von der Sonne zu dem Halbmesser der Erdbahn sehr genau bekannt ist, so erhalten wir daraus alle Umstände, jedoch mit einer ähnlichen Unsicherheit, die ungefähr $\frac{1}{240}$ des Ganzen beträgt, ausgedrückt. Ich werde Ihnen diese Abstände später, wenn ich die Untersuchungen über die genaue Gestalt der Bahnen beendigt habe, vollständig mittheilen.

Daß die bis jetzt erläuterte Erklärung der scheinbaren Bewegung der Himmelskörper, nach dem von Copernicus zuerst gründlich dargestellten Systeme die richtigere ist, daran werden Sie, da alles sich zur Vertheidigung derselben vereinigt, wohl kaum noch zweifeln; aber wünschen werden Sie dennoch vielleicht, zu übersehen, wie denn die frühern Astronomen diese Erscheinungen erklärten. Ich habe schon neulich das Ptolemäische und Tychonische System erwähnt, und da, wie Sie wohl einsehen, das Tychonische ein verbessertes Ptolemäisches ist; so will ich nur bei diesem verweilen. Nach Tychos Systeme ruhet die Erde, die Sonne aber durchläuft um sie einen Kreis (Fig. 52.) CHBD, in dessen Mittelpunkte A, die Erde sich befindet. Die Sonne ist der Mittelpunkt aller Planetenbahnen, und indem sie selbst sich um die Erde bewegt, führt sie die Planetenbahnen mit sich fort. Jeder Planet ändert auf dem Kreise um die Sonne seine Stellung gleichförmig, und der obere Planet erscheint in

Opposition mit der Sonne, wenn er sich gerade dann in F befindet, wenn die Sonne in H ist; der untere Planet befindet sich in der untern Conjunction mit der Sonne, wenn er den Punkt g erreicht, indem die Sonne in H ankömmt. Es läßt sich leicht übersehen, daß auch nach diesem Systeme der obere Planet in seiner Opposition der Erde am nächsten, in seiner Conjunction mit der Sonne von der Erde am entferntesten ist. Wenn man den Ort der Sonne, so wie er nach Verlauf eines Monats um ein Zwölftel des ganzen Kreises fortrückt, gehörig aufzeichnet, und die Fortrückung des Planeten, des Mars zum Beispiel, in seiner um diesen Standpunkt der Sonne gezeichneten Kreise so angiebt, wie es der ganzen Umlaufszeit gemäß ist, und wenn man so für alle folgende Standpunkte der Sonne, etwa von Monat zu Monat, verfährt, so lassen sich allerdings die Erscheinungen genügend erklären; die Stillstände, die Zeiten der rechtläufigen und rückläufigen Bewegung kommen, indem man den Planeten gleichförmig auf seinem Kreise fortgehend, und den Mittelpunkt dieses Kreises gleichförmig um die Erde fortrückend annimmt, ganz richtig heraus. Tycho hatte also manche Gründe für sein System, indem der ganz entscheidende Grund für das Copernicanische System damals noch nicht gefunden war.

Achtzehnte Vorlesung.

Obgleich, wie ich neulich erwähnte, Tycho, der später als Copernicus lebte, als ein Gegner des Copernicanischen Systems auftrat, und in der Ueberzeugung, daß auch bei einer Bewegung der Sonne um die Erde sich die scheinbaren Bewegungen der Planeten erklären ließen, (verleitet freilich durch mißverstandne religiöse Ansichten,) die Bewegung der Erde um die Sonne nicht anzunehmen geneigt war: so ist er dennoch einer von den Astronomen, welchem wir den größten Dank in Beziehung auf die Bestätigung des Copernicanischen Systems schuldig sind. Tycho war einer der unermüdetsten Beobachter, und seine Beobachtungen hatten eine für jene Zeiten ungewöhnlich große Genauigkeit. Seine Beobachtungen sind es, die Kepler mit eben so unermüdetem Fleiße als glücklichem Scharfsinne benutzte, und die diesen zu einer viel genauern Kenntniß des Sonnensystems führten, als bis dahin zu erreichen möglich gewesen war, und es ist höchst lehrreich, in Keplers Untersuchungen zu sehen, wie die ihm vorliegenden Beobachtungen ihm Gelegenheit gaben, bald irrige Ansichten zu berichtigen, bald die erkannte Wahrheit zu bestätigen und genauer zu bestimmen.

Hätte Kepler so mannigfaltige, alle einzelne Umstände umfassende Beobachtungen vor sich gehabt, wie wir sie jetzt besitzen, so würde ihm manche Bestimmung leichter geworden seyn. Aus solchen Beobachtungen ließe sich zum Beispiel die Figur der Erdbahn und der Weg, welchen die Erde in jedem Monate, ja während jedes Tages durchläuft, sogleich mit vieler Genauigkeit angeben. Denn da wir an jedem Tage den Durchmesser der Sonne abmessen, so sind wir im Stande, unsre verhältnißmäßigen Entfernungen von der Sonne an jedem Tage zu bestimmen; und da wir täglich das scheinbare Fortrücken der Sonne beobachten, so kennen wir den Winkel, um welchen die Erde täglich in ihrer Bahn weiter gerückt ist; hieraus aber läßt sich leicht die ganze Bahn der Erde in richtigen Verhältnissen zeichnen. Trägt man nämlich (Fig. 53.) die Winkel BAC, CAD, DAE, so groß auf, als es das Fortrücken der Sonne in den Monaten Januar, Februar, März fordert, und fährt man so für alle Monate fort; nimmt man dann die Entfernungen AB, AC, AD, dem scheinbaren Durchmesser der Sonne an den Tagen, da die Erde in B, C, D, stand, umgekehrt proportional, (weil die Sonne kleiner erscheint, wenn unsre Entfernung von ihr größer ist,) so hat man richtig bestimmte Punkte eines Bildes der Erdbahn, und brauchte nur eben so für alle einzelne Tage und durchs ganze Jahr zu rechnen, um alle Stellungen der Erde ganz genau anzugeben. Man würde dadurch den Abstand der Sonne vom wahren Mittelpunkte der Erdbahn kennen gelernt, und sogleich das merkwürdige Gesetz gefunden haben, daß die Flächenräume, welche, wie BAC von zwei Radien und dem Bogen BC eingeschlossen werden, in gleichen Zeiten gleich sind, und so weiter. *) Aber so leicht konnte Kepler nicht in seinen Schlüssen fortschreiten.

Um seine Schlüsse nur so weit, als es, ohne in alle Schwierigkeiten des Gegenstandes einzudringen, möglich ist, darzustellen, werden folgende Betrachtungen zureichen. Da Tycho eine Reihe von Oppositionen des Mars mit großer Genauigkeit beobachtet hatte, so ließ sich erstlich, wie Sie schon neulich gesehen haben, die ganze Umlaufszeit des Mars um die Sonne bestimmen, dann aber auch angeben, in welchen Zeiten er die einzelnen Stücke seiner Bahn durchlaufe.

Bei der Opposition nämlich sehen wir von der Erde aus den Planeten beinahe genau bei eben dem Sterne, bei welchem er von der Sonne aus erscheinen würde, und wenn gleich zwei zunächst auf einander folgende Oppositionen nicht zureichen, um die ganze Umlaufszeit genau zu finden, so geben sie doch, wenn man die Umlaufszeit einmal kennt, die genaue Zeit an,

*) Fig. 44. zeigt eine eben solche Bestimmung der Mondbahn.

in welcher der Planet den Raum durchläuft, der zwischen den zwei Punkten liegt, wo er das vorige Mal und das letzte Mal zur Opposition gelangte. Tycho's Beobachtungen gaben also feste Bestimmungen der Zeiten, in welchen verschiedene Theile der Bahn durchlaufen würden, an, und indem Kepler diese Theile so zerlegte, wie es der aus den Beobachtungen folgenden Ungleichheit der Bewegung gemäß schien, so befand er sich im Stande, ziemlich gut den Ort, wo an jedem Tage der Mars in seiner Bahn stehe, anzugeben. Ins besondere ließ sich, da die ganzen Umläufe immer gleiche Zeiten forderten, der Zeitpunkt ganz genau angeben, da Mars zu eben dem Punkte seiner Bahn, wo er irgend einmal beobachtet war, zurückkehrte; und diese Kenntniß benutzte Kepler, um die Abstände der Erde von der Sonne in den verschiedenen Punkten ihrer Bahn genau zu bestimmen. War zum Beispiel D (Fig. 55.) ein solcher Punkt der Marsbahn, so kannte man für diesen aus früher beobachteten Oppositionen die heliacentrische Länge, oder wußte, wo ein Sonnenbewohner den Planeten zu dieser Zeit sehe; aber auch der heliocentrische Ort der Erde B ist allemal aus der Beobachtung der Sonne bekannt, indem der Sonnenbewohner die Erde genau dem Punkte gegenüber erblickt, in welchem wir die Sonne sehen. Daraus kannte man in dem Dreieck, welches Sonne, Erde und Mars bildete, den Winkel BAD; die Beobachtung ergab aber auch den scheinbaren Abstand des Mars von der Sonne oder den Winkel ABD, und dadurch war das Verhältniß der Entfernungen AD, AB gegeben, das heißt, der Standort der Erde konnte nicht in b seyn, wenn AD den Abstand des Mars von der Sonne vorstellte, indem sonst der Winkel nicht die beobachtete Größe ABD hätte haben können, sondern so groß wie AbD hätte gefunden werden müssen. Eine eben solche Beobachtung, auf eben die Stellung des Mars bei D gerichtet, konnte nach einem neuen Umlaufe des Mars wiederholt werden, wenn sich die Erde nicht völlig zwei Jahre später in F befand, und man erhielt einen neuen Halbmesser AF der Erdbahn, so daß durch eine Reihe so zusammengestellter Beobachtungen, wozu Tycho's Beobachtungen Gelegenheit genug gaben, die Verhältnisse aller Radien der

Erdbahn angegeben wurden, und, das hervorging, was ich Ihnen so eben in Fig. 53. darstellte. Diese Bestimmungen hatten zwar nicht den Grad von Genauigkeit, daß daraus sich die geringe Abweichung der Erdbahn vom Kreise bestimmen ließ; aber das wichtige Gesetz, welches den Namen des ersten Keplerschen Gesetzes erhalten hat, daß die von Radius beschriebenen Flächen in gleichen Zeiten gleich sind, oder daß die Flächenräume, BAC, CAD, DAE und so ferner, sich wie die Zeiten verhalten, in welchen die Erde von B nach C, von C nach D, von D nach E gelangt, wurde auf diese Beobachtungen gegründet. Dieses Gesetz machte eine genauere Vorausberechnung der Stellungen der Erde in ihrer mit ungleicher Geschwindigkeit durchlaufenen Bahn möglich, und die Beobachtungen des Mars konnten nun auf eine neue Art zu Berechnung der Abstände des Mars von der Sonne angewandt werden.

Sie können sich die Untersuchung so vorstellen, als ob die Beobachtungen, bei welchen Mars sich in D, (Fig. 55.) befand, ganz allein zu jenen Bestimmungen gedient hätten, so daß aus einer großen Zahl von Umläufen des Mars, und aus seiner jedesmaligen Wiederkehr nach D, die Abstände der Erde von der Sonne in allen Theilen ihrer Bahn berechnet wären. Nahm man dann aus den übrigen zahlreichen Beobachtungen des Mars solche heraus, bei welchen des Planeten heliocentrischer Ort E ein andrer, aber wieder genau bekannt war, so ließ sich, weil man nun die Stellung F der Erde zur Zeit der Beobachtung genau kannte, aus dem Winkel AFE, der wahre Abstand AE des Mars von der Sonne finden. Diese, in allen verschiedenen Stellungen des Mars in seiner Bahn, angewandte Methode, zeigte nicht allein, daß auch der Mars nicht so um die Sonne laufe, daß die Sonne den genauen Mittelpunkt seiner Bahn einnehme, und daß auch seine Bewegung jenem Gesetze der gleichen Flächenräume gemäß sey, sondern auch, daß seine Bahn merklich von einem Kreise abweiche. Zeichnete man nämlich die beiden, einander gerade gegenüber liegenden Abstände auf, welche sich als größter und als kleinster Abstand des Mars von der Sonne fanden, halbirte diese Durchmesser der Bahn und zog einen Kreis, von dessen Mittelpunkte also die Sonne um etwas entfernt stand, so fand sich, daß der Mars, wenn er sich ungefähr mitten zwischen jenen Stellungen des größten und kleinsten Abstandes befand, der Sonne näher war, als es auf dem Kreise der Fall seyn konnte, oder daß die Marsbahn eine ovale Gestalt hatte, deren längster Durchmesser mit der Apsidenlinie, das ist, mit derjenigen Linie zusammenfiel, in welcher der Planet seine größte Entfernung von der Sonne, sein Aphelium an der einen Seite, seine kleinste Entfernung, sein Perihelium an der andern Seite erreichte. Mühsame Vergleichungen und Berechnungen vieler Beobachtungen führten Kepler zu dem zweiten nach ihm genannten Gesetze, daß die Bahn eine Ellipse sey, eine Linie, deren Eigenschaften schon in frühern Jahrhunderten von Apollonius untersucht waren, und deren Kenntniß jetzt einen practischen Nutzen gewährte, an welchen bei jenen frühern, rein theoretischen Untersuchungen nicht gedacht war.

Diese krumme Linie, welche nicht allein mit der Bahn des Mars übereinstimmt, sondern die sich als den wahren Bahnen aller Planeten entsprechend gezeigt hat, verdient es wohl, daß ich einige Augenblicke bei ihr verweile. Um sie zu zeichnen, bedient man sich am besten eines in zwei Punkten A, B (Fig. 54.) festgeknüpften Fadens, in welchem ein zum Zeichnen dienlicher Stift C so gehalten wird, daß die beiden Theile AC, BC des Fadens immer gespannt bleiben. Rückt man hier den Stift, während die beiden Theile des Fadens immer gespannt bleiben, so von C nach F, nach G fort, wie der Faden es erlaubt, so kann man die ganze Hälfte ECFGD der Ellipse, und auf ähnliche Weise die andere Hälfte zeichnen. Die Ellipse hat also die Eigenschaft, daß für jeden Punkt C, F, G, D in ihrem Umfange, die beiden nach den festen Punkten A, B gezognen Linien zusammen immer gleich viel, nämlich so viel, als die ganze Länge des Fadens, betragen. Diese beiden Punkte heißen die Brennpunkte der Ellipse. Es ist leicht zu übersehen, daß man um eben dieselben Brennpunkte sehr verschiedene Ellipsen zeichnen kann; denn wenn der Faden länger ist, so wird die Ellipse in Verhältniß gegen ihren längsten Durchmesser, welcher ihre große

Axe heißt, breiter werden, sich mehr dem Kreise nähern. Die Ellipse unterscheidet sich immer vom Kreise, aber sie kann mehr oder minder oval ausfallen, und dennoch immer die eben erwähnte Haupteigenschaft der Ellipse besitzen, und in der That sind auch die Planetenbahnen sehr verschieden in Rücksicht auf diese ovale Form, und gleichwohl sämmtlich Ellipsen. In dem einen Brennpunkte der Planetenbahnen steht die Sonne, und jeder Planet durchläuft seine Bahn so, daß die Flächenräume FAG den Zeiten proportionel sind. Stellt also EFGDFE die Erdbahn vor, die freilich sich nicht so sehr, wie ich es hier gezeichnet habe, vom Kreise entfernt, so hätte man nur nöthig den ganzen Flächenraum der Ellipse durch Linien, von der Sonne A ausgehend, in 365 gleiche Theile (eigentlich $365\frac{1}{4}$ gleiche Theile) zu zerlegen, so hätte man die ungleichen Bogen, welche die Erde täglich durchläuft, richtig angegeben. Hier also zeigt sich das Gesetz genauer bestimmt, welches wir schon früher obenhin angedeutet fanden, daß die Erde sich langsamer bewegt, wenn sie weit von der Sonne entfernt ist, schneller, wenn sie der Sonne näher ist, nämlich so, daß (Fig. 60.) AB, DE in gleichen Zeiten durchlaufen würden, wenn ABDE die Bahn der Erde wäre. Hier ist dieß Gesetz also so bestimmt, daß man darnach den jedesmaligen Ort der Erde vorausberechnen, und jede Beobachtung zur Prüfung, ob die Rechnung richtig zutrifft, mit der größten Schärfe anwenden kann.

Das Wenige, was ich hier über Keplers unschätzbare Bemühungen gesagt habe, reicht zu, um Ihnen zu zeigen, auf welchem Wege diese Kenntnisse von der genauen Anordnung unsers Sonnensystems gefunden werden konnten; ich hoffe, daß Sie mit Ueberzeugung eingesehen haben, daß so eine strenge Ausmessung der Planetenbahnen ausgeführt werden konnte; und daß man in jeder neuen Beobachtung ihre Bestätigung finden konnte; aber Keplers ganzes Verdienst Ihnen zu entwickeln, ist mir dennoch hier nicht möglich. Um dieses zu thun, müßte ich mit größerer Sorgfalt und rechnend auseinander setzen, wie sich sein unermüdlicher Fleiß zuerst in der sorgfältigen Berechnung der Beobachtungen zeigte, wie er diese dann auf die erwähnte Weise gebrauchte, um die nächsten Resultate daraus zu ziehen, wie er, anfangs durch falsche Hypothesen geleitet, eine unrichtige Bahn des Planeten voraussetzte, und die Beobachtungen befragte, ob sie dieser Hypothese entsprächen; wie er, die dabei aufgeopferte Zeit und Mühe nicht achtend, die Untersuchung ganz aufs neue anfing, als die Beobachtung ihn über die Unrichtigkeit jener Hypothese belehrte; und wie er so, theils durch scharfsinnige Schlüsse die Wahrheit errathend, theils durch mühsame, viele Jahre dauernde Rechnungen seine Irrthümer berichtigend, endlich das Ziel erreichte, und sich dadurch den gegründetsten Anspruch auf den Dank der Nachwelt erwarb, während seine Zeitgenossen ihn in Dürftigkeit, ja selbst dem Mangel hingegeben, sein Leben zubringen ließen.

Indem ich Ihnen hier die Grundzüge dieser Untersuchungen mittheilte, habe ich manche Umstände unerwähnt gelassen, die zwar an sich von Wichtigkeit sind, aber dennoch hier nur obenhin angeführt zu werden brauchen. Ich habe die Bahnen der Planeten immer so angesehen, als ob sie in der Ebne der Erdbahn lägen; — dieses ist nicht genau richtig, sondern jeder der Planeten durchschneidet in zwei Punkten, die von der Sonne aus gesehen, einander genau gegenüber liegen, die Ebne der Ecliptik, und entfernt sich zu jeder andern Zeit, bald nördlich, bald südlich von derselben. Diese Durchschnittspunkte heißen die Knoten seiner Bahn, und es ist auch für den Beobachter auf der Erde leicht zu bestimmen, wenn der Planet sich in derselben befindet. Kennt man nämlich die Lage der Ecliptik am Himmel genau, so wie der Astronom sie ja aufs strengste kennt, so ergiebt die Beobachtung, ob der Planet sich der Ecliptik nähert, und der Zeitpunkt, da er uns in der Ecliptik erscheint, ist auch die genaue Zeit seiner Ankunft im Knoten seiner Bahn. Befindet er sich nicht in der Ecliptik, so ist seine scheinbare Abweichung von derselben seine Breite, bald größer, bald kleiner, als sie einem Beobachter in der Sonne erscheinen würde. Befindet sich zum Beispiel (Fig. VI.) der Planet in P, in einer senkrecht auf die Ecliptik, durch die Sonne S gelegten Ebne PST, so ist offenbar die geocentrische Breite PTU größer, als die heliocentrische Breite PSU, wenn die Erde sich nahe an jener Ebne, und dem Planeten näher als die Sonne befindet, dagegen könnte die geocentrische Breite, oder der von dem Beobachter auf der Erde gesehene Abstand des Planeten von der Ecliptik, kleiner als die heliocentrische Breite seyn, wenn die Erde sich in W oder V befände.

Wegen dieser, von der Stellung der Erde abhängenden scheinbaren Breite des Planeten, geht der Planet bei seinem Rückgange, wo er zu den Sternen zurückkehrt, die er schon verlassen hatte, niemals in genau eben derjenigen Entfernung bei ihnen vorbei, wie bei seiner ersten Zusammenkunft mit ihnen. Dagegen ergeben alle Beobachtungen, wenn man sie nach den bis jetzt begründeten Kenntnissen auf die Sonne bezieht, oder den heliocentrischen Ort aus ihnen ableitet, daß von der Sonne aus gesehen der Planet einen genauen größten Kreis durchläuft, auf welchem er dem Sonnenbewohner nur darum ungleich fortzurücken scheint, weil er in größerer Entfernung von der Sonne langsamer, in geringerer Entfernung schneller fortrückt, so wie es das Gesetz, daß in gleichen Zeiten gleiche Flächenräume beschrieben werden, fordert.

Daß man die Bestätigung dieses Gesetzes auch für die Planeten finden kann, obgleich man erst mühsam aus jeder auf der Erde angestellten Beobachtung den heliocentrischen Ort suchen muß, daß man so die ganze Bahn des Planeten, die Lage der Ebne, in welcher er sich bewegt, und die Gestalt der Bahn selbst, bestimmen kann, das alles kann ich nun wohl, als überzeugend dargethan, ansehen.

Neunzehnte Vorlesung.

Um diesen Betrachtungen, welche dienen sollten, aus Beobachtungen eine vollkommene Darstellung unsers Sonnensystems abzuleiten, ihre Vollendung zu geben, fehlt uns noch immer der Maaßstab; denn während wir anzugeben im Stande sind, daß der Saturn $9\frac{534}{1000}$mal so weit als die Erde von der Sonne entfernt ist, haben wir die Entfernung der Erde selbst von der Sonne noch nicht kennen gelernt.

Ein Mittel, diese Entfernung zu bestimmen, bietet sich uns freilich in der Beobachtung der Sonnenparallaxe dar; aber ich habe schon früher bemerkt, daß die allzugeringe Größe dieser Parallaxe die Schlüsse sehr unsicher macht, die wir in Hinsicht auf die Entfernung der Sonne aus derselben ziehen könnten. Die Beobachtung zeigt nämlich, daß selbst, wenn die beiden Beobachter um den ganzen Durchmesser der Erde von einander entfernt wären, die Parallaxe nur 17 Secunden betrüge, und daß daher eine Unsicherheit von auch nur einer Secunde, uns über die Entfernung der Sonne eine Unsicherheit von mehr als einer Million Meilen übrig ließe. Wir sind folglich genöthigt, uns nach andern Mitteln zur Bestimmung dieser Entfernung umzusehen.

Schon den ältern Astronomen schien die Bemühung, diese Entfernung kennen zu lernen, wichtig, und eine von Aristarch angegebne Methode, wie man sich diese Kenntniß verschaffen könne, ist merkwürdig genug, um sie auch hier zu erwähnen, wenn sie gleich in der Ausführung nicht ohne Schwierigkeit ist. Es stelle (Fig. 56.) A die Sonne, B die Erde, C den Mond in dem Augenblick, da dieser uns genau im ersten oder letzten Viertel erscheint, vor: so ist die von der Erde nach dem Mittelpunkte des Mondes gezogne Linie BC genau senkrecht auf die vom Mittelpunkte des Mondes nach dem Mittelpunkte der Sonne gezogne Linie, indem nur bei dieser

Stellung des Mondes ganz genau die eine Hälfte der uns zugewandten Seite erleuchtet erscheint; zu dieser Zeit ist also BCA ein rechter Winkel. Beobachtet man nun in dem Augenblicke, wo diese Stellung genau statt findet, den scheinbaren Abstand des Mondes von der Sonne, oder den Winkel CBA, so läßt sich daraus durch Zeichnung oder Rechnung das Verhältniß der Entfernungen BC, AB finden, und da wir den Abstand des Mondes von der Erde BC, genau genug kennen, so erhalten wir daraus auch die Entfernung der Sonne. Diese Methode, welche uns die Parallaxe BAC der Sonne, wenn sie zugleich vom Monde und von der Erde aus gesehen würde, angäbe, würde, wenn sie nur genau ausführbar wäre, uns die Entfernung der Sonne von der Erde etwa 400mal so groß als die Entfernung des Mondes von der Erde zeigen; aber ihre Anwendung hat darum Schwierigkeit, weil es nicht gut möglich ist, im Beobachten des allmählig zunehmenden oder abnehmenden Mondes genau den Augenblick wahrzunehmen, wo er halb erleuchtet erscheint, und wenn dieser Augenblick auch nur um 5 Minuten unrichtig angenommen würde, so käme jener parallactische Winkel um 2 bis 3 Minuten fehlerhaft heraus, und dadurch würde die Entfernung der Sonne um ein Viertel zu groß oder zu klein gefunden werden. *)

Wegen der Unvollkommenheit dieser Mittel haben die neueren Beobachter Erscheinungen aufgesucht, die mit mehr Sicherheit zum Zwecke führen könnten. Die Beobachtung der Parallaxe des Mars ist dazu in Vorschlag gebracht, und auch wirklich angewandt worden; denn da der Mars, wenn er der Erde am nächsten kommt, nur halb so weit als die Sonne von uns ist, so kann man seine Parallaxe, die alsdann ungefähr das doppelte der Sonnenparallaxe ist, mit etwas mehr

*) Uns, die wir schon die Entfernung der Sonne und des Mondes anderswoher kennen, ist es freilich möglich, die Zeit des Mondsviertels, oder da der Mond halb erleuchtet ist, genau anzugeben; aber hier wird gefordert, daß dieß bloß aus der Beobachtung, des nun gerade halb erleuchteten Mondes geschlossen werde.

Sicherheit anwenden, um die Entfernung des Mars von uns in jenem Zeitpunkte zu bestimmen; daraus aber läßt sich dann auch die Entfernung der Sonne finden, weil das Verhältniß der Abstände in jedem Augenblick sehr genau bekannt ist. Aber auch diese Beobachtung gestattet bei Entfernungen, die Millionen von Meilen betragen, noch nicht die gewünschte Genauigkeit.

Eine viel größere Genauigkeit in der Bestimmung der Entfernung der Sonne, erhält man durch die Vorübergänge der Venus vor der Sonne, auf deren Anwendbarkeit zu diesem Zwecke Halley zuerst die Astronomen aufmerksam machte. Diese Durchgänge verdienen daher wohl, daß ich etwas länger bei ihnen verweile.

Sie übersehen leicht, daß die Venus, eben so gut wie der Mond, bei ihren Conjunctionen uns wohl vor der Sonne selbst erscheinen kann; denn wenn die Venus gleich, weil ihre Bahn gegen die Ebne der Erdbahn geneigt ist, nicht immer in der Ecliptik bleibt, und eben deshalb zuweilen oberhalb, zuweilen unterhalb der Sonne vorbei geht, so durchschneidet doch ihre Bahn die Ebne der Ecliptik in zwei einander gegenüberliegende Punkte, und wenn die Venus sich gerade da befindet, indem sie mit der Sonne in Conjunction ist, so erscheint sie uns vor der Sonne. Sie bewirkt zwar wegen ihrer Kleinheit keine Sonnenfinsterniß, aber kann doch mit Fernröhren als ein runder, schwarzer, vor der Sonne vorbeigehender Körper wahrgenommen werden. Jene Knoten der Venusbahn, die Punkte, wo die Bahn der Venus in die Ebne der Erdbahn einschneidet, liegen in der Gegend, wo die Sonne am 5ten Juni und am 7ten Dec. erscheint; und Durchgänge der Venus durch die Sonne finden daher nur dann statt, wenn sie um diese Zeit zu ihrer untern Conjunction gelangt; daraus ist die Seltenheit der Erscheinung wohl vollkommen erklärlich. Wenn man die Umlaufszeit der Venus mit der Umlaufszeit der Erde vergleicht, so findet man, daß zwischen zwei untern Conjunctionen nicht völlig 584 Tage vergehen, so daß wenn einmal eine Conjunction am 5ten Juni statt gefunden hat, nun ein ganzes Jahr und noch die Zeit bis zum

11ten Januar bis zur nächsten Conjunction vergeht; die dritte Conjunction würde nach drei vollen Jahren am 17ten August eintreten, die vierte nach beinahe fünf Jahren am 23sten März, die fünfte nach reichlichen sechs Jahren am 27ten October, die sechste nach acht Jahren am 3ten Juni. Da nun die Durchgänge nicht ganz strenge mit dem Eintritt in den Knoten zusammen zu treffen brauchen, sondern etwas früher oder später seyn können, so ist es möglich, daß nach acht Jahren die Venus wieder vor der Sonne erscheint, so wie es am 5ten Juni 1761 und am 3ten Juni 1769 der Fall war; aber noch acht Jahre später, 1777 konnte kein Vorübergang wieder erfolgen, weil die Conjunction der Venus am 1sten Juni eintrat, wo sie noch zu weit vom Knoten ab stand, und aus eben dem Grunde hat sich seitdem kein Durchgang ereignet, und wird sich in einer Reihe von Jahren, nämlich bis zum 9ten December 1874, keiner ereignen. — So übersehen Sie zugleich den Grund, warum zuweilen nur der kurze Zeitraum von acht Jahren, und dann wieder ein so langer Zeitraum von 105 Jahren, zwischen zwei Vorübergängen verstreicht.

Bei diesen Vorübergängen bietet sich die passendste Gelegenheit dar, um die Parallaxe der Venus, oder vielmehr den Unterschied zwischen der Parallaxe der Venus, und der Parallaxe der Sonne sehr genau zu beobachten. Die Venus befindet sich bei ihrer größten Annäherung zur Erde in einem Abstande von der Erde, der nur etwa das Viertel unsers Abstandes von der Sonne ist, und Sie übersehen daher leicht, daß zwei Beobachter in a und b auf der Erde, (Fig. 58.) die Venus B in demselben Augenblicke in sehr verschiedenen Punkten c, d, auf der Sonne sehen. Der eine Beobachter b (Fig. 58.) sieht die Venus eine mehr südlich liegende Sehne a b (Fig. 57.) durchlaufen, während der andre a (Fig. 58.) sie eine größere Sehne (Fig. 57.) c d durchlaufen sieht; aus der Ungleichheit dieser Sehnen, die sich durch die Zeit, welche die Venus vor der Sonne verweilt, sehr genau angeben läßt, erhält man die Bestimmung der Parallaxe, worauf es hier ankommt.

Diese Andeutung dessen, was der Astronom hier genau beobachten und berechnen soll, reicht vielleicht schon hin, um Sie zu überzeugen, daß dieses Mittel, uns die Entfernung der Venus und der Sonne kennen zu lehren, wohl zu recht genauen Bestimmungen führen kann, indeß will ich doch noch einige Bemerkungen beifügen, die Sie mit den hier vorkommenden Betrachtungen noch etwas näher vertraut machen werden. Da wir die Bewegung der Erde und der Venus in ihren Bahnen sehr genau kennen, so läßt sich für den Mittelpunkt der Erde die Zeit der wahren Zusammenkunft, die Zeit, da die Venus den Sonnenrand berühren müßte, und kurz alle Umstände des Vorübergangs, so wie er geocentrisch, oder vom Mittelpunkte der Erde aus gesehen, sich zeigen müßte, angeben. Hieraus könnte man wieder leicht die Erscheinungen für jeden Punkt auf der Oberfläche der Erde finden, wenn die Größe des Abstandes der Venus in Erdhalbmessern bekannt wäre; aber auch umgekehrt kann man nun aus der beobachteten Erscheinung die Größe jenes Abstandes herleiten. Dazu dienen am besten Beobachtungen an den Orten, wo die Dauer des ganzen Vorüberganges am längsten, und wo sie am kürzesten ist, und diese Orte pflegt man daher zu berechnen, und hat bei dem letzten Vorübergange Beobachter dorthin gesandt. Bei jenem letzten Vorübergange im Jahre 1769 war Lappland die Gegend, wo der Vorübergang am längsten dauern mußte, und im Südmeere, nicht weit von Otaheite, dauerte er am kürzesten; der Unterschied der Dauer betrug 23 Minuten, oder 1380 Secunden, und die Rechnung ergab, daß die Sonnenparallaxe ziemlich nahe $\frac{1}{160}$ so viel Raumsecunden betrug, als dieser Unterschied in Zeitsecunden ausmacht, also $\frac{1380}{160} = \frac{69}{8} = 8$ und $\frac{5}{8}$ Sec.

Doch ich wollte mich in eine Rechnung, die ohnehin hier nicht genau seyn könnte, nicht einlassen, und habe wohl genug gesagt, um die Möglichkeit einer sehr genauen Bestimmung zu zeigen. Nach Encke's höchst sorgfältigen Berechnungen ist durch diese Beobachtungen die Entfernung der Sonne so genau bestimmt worden, daß wir mit großer Sicherheit sagen können, die Sonne sey mehr als 20577600 geographische

Meilen, und weniger als 20756000 geographische Meilen entfernt, so daß diese Entfernung zu 20700000 Meilen angegeben werden kann, wie ich es früher schon gelegentlich erwähnt habe.

Der Mercur bietet uns zwar eben so wie die Venus, und wegen seiner öfteren Zusammenkünfte mit der Sonne, öfter das Schauspiel der Vorübergänge vor der Sonne dar; aber da er selbst zu der Zeit weit entfernter von uns ist, als die Venus, so läßt sich die Beobachtung seiner Parallaxe nicht gut zur Berechnung der Entfernung der Sonne gebrauchen, sondern die Vorübergänge sind nur darum einer genauern Beobachtung würdig, weil sie uns die Bahn des Mercurius immer noch genauer kennen lehren. Diese Vorübergänge treffen immer um den 8ten Nov. und 8ten Mai, weil die Erde um diese Zeit sich in der Knotenlinie der Mercursbahn befindet; die Vorübergänge im November sind aber zahlreicher, weil diese nahe mit seiner Sonnennähe zusammentreffen; denn da der Mercur von uns bei seiner Conjunction desto entfernter ist, je näher der Sonne er sich befindet, so erscheint sein Abstand von der Ecliptik uns geringer, wenn er bei gleicher heliocentrischer Breite der Sonne nahe ist. So lange nun seine geocentrische Breite nicht mehr als den Halbmesser der Sonne beträgt, kann er geocentrisch bei der Zusammenkunft vor der Sonne vorübergehen, und dieß geschieht daher im November selbst noch bei größeren Abständen vom Knoten, im Mai nur, wenn Conjunction und Knoten näher zusammen fallen.

* *

Da diese Untersuchungen nun unsre Kenntniß von der Größe und Anordnung des Sonnensystems vollenden, so füge ich hier eine Tabelle bei, welche die mittleren Entfernungen oder halben Axen der Bahnen, die Umlaufszeiten, die größten und kleinsten Entfernungen der Planeten von der Sonne enthält. Die Zeichnung Fig. 59. stellt gleichfalls die Verhältnisse der Planetenbahnen dar, jedoch mit Ausschluß des Uranus, der ungefähr doppelt so weit als Saturn von der Sonne entfernt ist. *)

	Mittlere Entfernung von der Sonne		Umlaufszeit.		
	in geographischen Meilen.	in Halbmessern der Erdbahn.	Jahre	Tage.	Stunden.
Mercurius	8000000	$\frac{38710}{100000}$	—	87	23
Venus	15000000	$\frac{72333}{100000}$	—	224	17
Erde	20700000	1	—	365	6
Mars	31500000	$1\frac{52369}{100000}$	1	321	16
Vesta	48900000	$2\frac{36179}{100000}$	3	230	—
Juno	55200000	$2\frac{66901}{100000}$	4	131	16
Ceres	57300000	$2\frac{76724}{100000}$	4	220	9
Pallas	57400000	$2\frac{772836}{100000}$	4	225	13
Jupiter	107700000	$5\frac{20279}{100000}$	11	314	20
Saturnus	197400000	$9\frac{53877}{100000}$	29	166	13
Uranus	397100000	$19\frac{18330}{100000}$	84	7	17

*) Bei dieser Zeichnung muß ich doch noch bemerken, daß die Bahnen der Vesta, Ceres, Juno, Pallas, sich nicht wirklich schneiden, da sie nicht alle in einer Ebne liegen, sich aber doch einander sehr nahe kommen.

	Größte Entfernung von der Sonne in geographischen Meilen.	Kleinste Entfernung von der Sonne in geographischen Meilen
Mercurius	9660000	6440000
Venus.	15080000	14870000
Erde	21050000	20350000
Mars	34480000	28520000
Vesta	53260000	44540000
Juno	69540000	40860000
Ceres	61800000	52800000
Pallas	71270000	43530000
Jupiter	112880000	102520000
Saturnus	207150000	187650000
Uranus	415400000	37880000

* * *

Die Kenntniß der Entfernung von der Erde, in welcher jeder Planet sich in einem bestimmten Augenblicke befindet, setzt uns nun auch im Stand, die körperliche Größe der einzelnen Himmelskörper zu berechnen. Um diese zu bestimmen, müssen wir zuerst die scheinbare Größe des Planeten ausmessen, und dann die Ueberlegung anstellen, welche wahre Größe dieser scheinbaren entspricht.

Zur Abmessung dieser kleinen Gegenstände, wie die Planetendurchmesser, bedient man sich am besten der Micrometer, deren Einrichtung ich schon sonst beschrieben habe. Indem man das Micrometer so stellt, daß der Planet von beiden parallelen Fäden des Micrometers berührt wird, und indem man dann vermittelst der Schrauben, die zur Messung des Abstandes beider Fäden dienen, zuerst den Durchmesser in ganzen Umgängen der Schrauben und in Theilen derselben ausdrückt, erhält man auch leicht den Durchmesser in Minuten und Secunden. Hiezu nämlich wird nur erfordert, daß man den Werth eines Schraubenumganges durch eine andre Beobachtung bestimme, welches zum Beispiel auf folgende Weise geschehen kann.

Wir wollen annehmen, man habe mit ungemein großer Genauigkeit den Durchmesser eines recht kenntlichen irdischen Gegenstandes, zum Beispiel eines Thurmknopfes, in Fußen, Zollen und Linien abgemessen, und kenne zugleich recht genau die Entfernung vom Fernrohre bis zu demselben hin; Sie übersehen gewiß, daß man aus diesen Abmessungen den Sehewinkel oder die scheinbare Größe berechnen kann, unter welcher sich der Thurmknopf zeigen muß, und daß man also, wenn man ihn im Fernrohre nach Schraubengängen und Theilen von Schraubengängen abmißt, die Kenntniß erlangt, wie viel ein Schraubengang in Minuten und Secunden beträgt.

Die in Minuten und Secunden gefundene Größe des scheinbaren Durchmessers ergiebt aber sogleich den wahren Durchmesser, wenn man die Entfernung des Gegenstandes kennt. Ein Gegenstand, dessen scheinbarer Durchmesser 10 Secunden beträgt, hat einen wahren Durchmesser, der 48 Millionteln der Entfernung gleich ist; wenn man also irgend einmal den Mercurius 10 Secunden im Durchmesser fände, und aus astronomischen Rechnungen seine Entfernung = $12\frac{1}{2}$ Millionen Meilen kennte, so würde man sagen, da ein Milliontel dieser Entfernung $12\frac{1}{2}$ Meilen, 48 Milliontel derselben 600 Meilen betragen, so sey sein wahrer Durchmesser 600 Meilen.

Nach solchen Beobachtungen sind die folgenden Angaben der Größe berechnet.

	Durchmesser in geographischen Meilen.	Durchmesser im Erddurchmesser.	Körperliche Größe.
Die Sonne	192000	$111\frac{7}{10}$	1394000
Mercurius	650	$\frac{38}{100}$	$\frac{55}{1000}$
Venus	1650	$\frac{96}{100}$	$\frac{885}{1000}$
Erde	$1718\frac{87}{100}$	1	1
Mars	900	$\frac{52}{100}$	$\frac{141}{1000}$
Jupiter	18600	$10\frac{86}{100}$	1281
Saturnus	17200	$9\frac{98}{100}$	990
Uranus	7300	$4\frac{23}{100}$	76

mal so groß als die Erde.

Und damit schließe ich für jetzt diese Untersuchungen über die Größe und die Anordnung des Sonnensystems, indem ich mir vorbehalte, Ihnen künftig etwas von dem mitzutheilen, was wir von der Natur und Beschaffenheit dieser entfernten Weltkörper theils wissen, theils mit Grund vermuthen. Die Beobachtung allein, freilich eine durch viele Jahre, mit unermüdeter Beharrlichkeit fortgesetzte, mit der größten Genauigkeit ausgeführte Beobachtung, hat, wie Sie aus dem Bisherigen übersehen, die Astronomen zu dieser zwar immer noch nicht vollendeten, aber doch sehr vollkommenen Kenntniß der Anordnung unsers Sonnensystems geführt, und Sie selbst haben jetzt gewiß die Ueberzeugung gefaßt, daß dieses große Unternehmen, den Weltbau auszumessen, dem menschlichen Fleiße und dem menschlichen Scharfsinn gelingen konnte. Aber der menschliche Geist, der auf keiner Stufe der Kenntnisse für immer befriedigt stehen zu bleiben geneigt ist, dem ein immer tieferes Eindringen in die Gesetze der Natur, als Bedürfniß, als seine wahre Bestimmung erscheint, hat sich auch in Beziehung auf das Sonnensystem noch weiter gewagt, — er hat nach den Ursachen der Bewegungen dieser Himmelskörper geforscht, er hat die Kräfte aufgesucht, die diesen ewigen Kreislauf bewirken und regeln, er hat gefunden, daß in einem großen Gesetze das ganze Geheimniß dieses für eine ewige Dauer, wenigstens für eine, unser Zeitmaaß weit übertreffende Dauer, gebauten Weltsystems ausgesprochen ist, und so hat sich ihm die Wahrheit auch hier bestätiget, daß nicht nur Ordnung und Einfachheit überall in den Werken des ewigen Herrn der Natur herrsche, sondern daß auch dem Menschen vergönnt sey, diese zu erkennen und zu bewundern.

Zwanzigste Vorlesung.

Die wichtigen Entdeckungen, welche Kepler im Anfange des siebzehnten Jahrhunderts gemacht hatte, begründeten eine so genaue Kenntniß des ganzen Sonnensystems, zeigten den Weg zu einer so genauen Ausmessung der Planetenbahnen, und entwickelten so viele Hauptregeln für die Berechnung der Bewegung der Planeten, daß einem tiefdenkenden Mathematiker, wie Newton es war, gar wohl der Gedanke erwachen konnte, dieser regelmäßige Weltbau lasse sich noch einfacher aus einem höheren Standpunkte übersehen, und ein Hauptgesetz werde alle Erscheinungen umfassen und alle erklären. Ich habe Sie schon vor einiger Zeit mit den Betrachtungen unterhalten, welche Newton belehrten, daß der Mond durch eine anziehende Kraft der Erde in seiner Bahn erhalten werde, und daß diese Kraft in größeren Entfernungen abnehme. Das beim Monde zutreffende Gesetz, daß diese anziehende Kraft in der 60maligen Entfernung nur den 60mal 60sten Theil derjenigen Größe habe, die ihr in der einfachen Entfernung eigen war, leitete zu der allgemeinen Frage, welche Bahn denn ein Körper durchlaufen werde, wenn die Attraction sich allemal umgekehrt wie das Quadrat der Entfernung verhält, oder in der doppelten Entfernung auf $\frac{1}{4}$, in der dreifachen Entfernung auf $\frac{1}{9}$ und so ferner sich vermindert. Bei der Beantwortung dieser

Frage kommt man zuerst auf dasjenige von Kepler entdeckte Gesetz, nach welchem die von einem Planeten, oder vielmehr von der Abstandslinie des Planeten, (Radius Vector,) durchlaufenen Flächenräume den Zeiten proportionel sind; und man findet, daß dieses Gesetz allemal gilt, wenn ein anziehender Mittelpunkt die Bewegung regiert, es mag die Anziehung übrigens mit den Entfernungen abnehmen oder zunehmen. Dieses erste Gesetz, wornach sich die durch Centralkräfte bewirkten Bewegungen richten, (denn Centralkräfte nennt man diese gegen einen Mittelpunkt ziehenden Kräfte,) läßt sich auf folgende Art beweisen. Wir wollen C als denjenigen Punkt annehmen (Fig. 61.), nach welchem zu der Körper, dem ein Wurf eine Geschwindigkeit nach der Richtung AB ertheilt hat, angezogen wird. Ist nun die Wurfkraft so groß, daß der Körper nach D in 1 Minute gelangen würde, wenn keine Kraft ihn von der geraden Linie AB ablenkte, so läßt sich leicht übersehen, daß der Körper, sobald die anziehende Kraft auf ihn wirkt, zwar nicht nach D kommen, aber doch in 1 Minute sich nicht weiter von der geraden Linie AC entfernen wird, als D von derselben entfernt ist, daß er sich also am Ende der Minute irgendwo in der mit AC parallelen Linie DE befinden wird. Daß dieß so sey, läßt sich am bequemsten übersehen, wenn man die anziehende Kraft mit Stößen vergleicht, die gegen den Punkt C zu, gerichtet, im Anfang jeder Minute erfolgen; wäre wirklich ein solcher Stoß nach C zu, in eben dem Augenblicke erfolgt, wo der nach D geworfene Körper den Punkt A verließ, so würde der Körper die Diagonale des Parallelogramms ADFG durchlaufen, wenn AD die vermöge des einen Stoßes, AG die vermöge des andern Stoßes in 1 Minute durchlaufene Entfernung darstellte; AF wäre also dann die wahre Bahn des Körpers in dieser Minute. Hier läßt sich aber leicht zeigen, daß das Dreieck AFC genau an Inhalt so groß als das Dreieck ADC ist, oder daß der vom Radius Vector CA beschriebene Raum durch die anziehende Kraft keine Aenderung erlitten hat, obgleich die Geschwindigkeit des bewegten Körpers vermöge der beschleunigenden Kraft eine andre geworden ist. Hörte nun die anziehende Kraft auf zu wirken, so würde in der nächsten Minute der bewegte Körper die Linie AF weiter verfolgen, und nach H gelangen, wenn nämlich FH so groß als AF ist; denn der Körper behält die einmal erlangte Geschwindigkeit, so lange keine neu einwirkende Kraft sie abändert. Aber auch in F wirkt wieder die nach C gerichtete anziehende Kraft, und wenn man annimmt, vermöge dieser Kraft würde der Körper in 1 Minute von F nach I fallen, wenn er ganz frei der anziehenden Kraft folgen könnte, so ergiebt die Ihnen schon bekannte Betrachtung, daß man HK mit FI parallel und gleich nehmen muß, um K als den Punkt zu erhalten, wohin der Körper am Ende der zweiten Minute gelangt. Der in der ersten Minute beschriebene Flächenraum AFC ist nun erstlich eben so groß, als der in der zweiten Minute beschriebene FHC seyn würde, wenn keine neue Einwirkung der anziehenden Kraft statt gefunden hätte, denn die Dreiecke AFC, FHC stehen auf gleichen in derselben geraden Linie liegenden Grundlinien, und haben einerlei Spitze C; er ist aber auch zweitens eben so groß als der wirklich in der zweiten Minute beschriebene Flächenraum FKC, weil wieder das Dreieck FKC dem, über eben der Grundlinie FC stehenden und eben so hohen Dreieck FHC, gleich ist. Diese Betrachtung läßt sich für den dritten Zeitpunkt und so immer weiter wiederholen, und der Satz also allgemein bewiesen, daß diese Ausschnitte oder Flächenräume, die zwischen zwei Radien und einem Theile der Bahn eingeschlossen sind, für gleiche Zeiten gleich werden müssen. Diese Ausschnitte sind nur dann gleich, wenn die Radien vom anziehenden Mittelpunkte ausgehen, und wir dürfen also nun aus dem Keplerschen Gesetze, welches in Beziehung auf die von der Sonne aus gezogenen Radien in allen Planetenbahnen gilt, schließen, daß die Sonne es ist, welche durch ihre anziehende Kraft alle Planeten in ihren Bahnen erhält.

Bei der Herleitung dieses Gesetzes war es gar nicht nöthig, die Stärke der Attraction der Sonne zu kennen, sondern diese möchte seyn welche sie wollte, immer bliebe dieß Gesetz der in gleichen Zeiten beschriebenen gleichen Flächenräume richtig;

dagegen hängt die Gestalt der Bahn offenbar von der größern oder geringern Gewalt ab, mit welcher diese Attraction wirkt. Da wir durch die Berechnung der auf den Mond wirkenden Kraft zu der Vermuthung geleitet werden, daß die anziehende Kraft allemal dem Quadrate der Entfernungen umgekehrt proportionel sey, und diese Abnahme der Kraft auch der Natur der Sache am gemäßesten scheint: so wollen wir suchen, ob wir nicht in den Bewegungen der Planeten Erscheinungen auffinden können, welche diese Vermuthung bestätigen oder widerlegen. Das dritte Keplersche Gesetz, welches ich früher noch nicht erwähnt habe, scheint dazu am passendsten. Dieses Gesetz, welches Kepler, nachdem er oft wiederholte Vergleichungen zwischen den Umlaufszeiten der Planeten und ihren Entfernungen von der Sonne angestellt hatte, auffand, ist, daß die Quadrate der Umlaufszeiten sich wie die Cubi der Entfernungen verhalten, das heißt, da die Erde in einem Jahre, und der Saturn in $29\frac{1}{2}$ Jahren um die Sonne laufen, der letztere aber $\frac{954}{100}$mal so weit als die Erde von der Sonne ist, so müßte

1mal 1 sich zu $29\frac{1}{2}$mal $29\frac{1}{2}$, wie 1 zu $\frac{954}{100}$mal $\frac{954}{100}$mal $\frac{954}{100}$ verhalten, welches, da $29\frac{1}{2}$mal $29\frac{1}{2}$ $870\frac{1}{4}$ giebt und $\frac{954}{100}$ zweimal mit sich selbst multiplicirt $868\frac{1}{4}$ giebt, so nahe zutrifft, als sich bei der nicht ganz richtig angenommenen Umlaufszeit des Saturn *) erwarten läßt. Gäbe es also einen Planeten, dessen Umlaufszeit genau 8 Jahre wäre, so würde dieser genau 4mal so weit von der Sonne seyn müssen, als die Erde von ihr entfernt ist, **) und einen solchen Planeten, für welchen die Rechnung sich bequem in ganzen Zahlen führen läßt, wollen wir uns nun vorstellen, um zu sehen, welche Schlüsse in Beziehung auf ihn, jenes Gesetz der anziehenden Kräfte darbieten würde. —

Die Erde durchläuft, wenn ich ihre Bahn als kreisförmig ansehe, in einem Tage nicht ganz einen Grad in ihrem

*) Die nämlich etwas kleiner als $29\frac{1}{2}$ Jahr ist.

**) Weil 8mal 8 mit 4mal 4mal 4 einerlei ist.

Kreise; Sie wissen schon, daß wenn AB (Fig. VII.) diesen Bogen vorstellt, BD die Entfernung ist, um welche die Erde frei fallend sich der Sonne nähern würde, wenn nicht jene Geschwindigkeit, mit welcher sie in ihrer Bahn fortläuft, dieses hinderte, oder daß die Ablenkung von der Richtung des Wurfes uns die Wirkung der anziehenden Kraft der Sonne angiebt. Eine Rechnung, deren Möglichkeit Sie gewiß übersehen, zeigt, daß dieser Fallraum in einem Tage für die Erde 3152 Meilen betragen würde, daß nämlich, nach der bekannten Größe der Erdbahn, für einen Grad die Entfernung der Berührungslinie vom Kreise so viel beträgt. Der viermal so entfernte Planet P wird nach der angenommenen Regel nur $\frac{1}{16}$ so stark angezogen, also in einem Tage nur 197 Meilen gegen die Sonne fallen; soll er also durch diese Ablenkung von der Berührungslinie PT gerade so weit von ihr entfernt werden, daß er auf dem Kreise PU bleibt, so muß er bis nach R, nämlich so weit fortgekommen seyn, daß QR = $\frac{1}{16}$ DB ist. Aber eine sehr leichte Betrachtung lehrt, daß UT gleich dem Vierfachen DB ist, also QR der 64ste Theil von UT; und eine geometrische Betrachtung, die ich hier nicht ausführen will, zeigt, daß man PR gleich dem achten Theile von PU nehmen muß, wenn man RQ gleich dem 64sten Theile von UT erhalten will; also muß der Planet ein Achtel des Bogens PU durchlaufen, wenn er ungeachtet der Einwirkung der Attraction auf seinem Kreise bleiben soll. Stellt also AD, und folglich auch PU einen Grad (oder eigentlich den 365sten Theil des Umfanges) vor, so durchläuft unser erdichteter Planet diesen Bogen in 8 Tagen, und mithin den ganzen Kreis in 8 Jahren, so wie es nach Keplers Erfahrungsgesetze, hergeleitet aus den Beobachtungen der Planeten, der Fall seyn sollte.

Das dritte Keplersche Gesetz erscheint also als eine nothwendige Folgerung, wenn wir jene den Quadraten der Entfernung umgekehrt proportionele Attraction als ein Naturgesetz voraussetzen, und ich hoffe, daß selbst diejenigen unter Ihnen, denen diese etwas schwerfällige rechnende Ableitung schwierig vorgekommen ist, doch den Hauptgang der Schlüsse übersehen, und darin Grund genug, um die anziehende Kraft so vorauszusetzen, finden werden.

Dem Keplerschen dritten Gesetze gemäß dürfen wir also sagen, die ganzen Umlaufszeiten verschiedener Planeten sind jener hypothetisch angenommenen Anziehungskraft gemäß, und wir dürfen nun wohl versuchen, auch die Bahn eines und desselben Planeten diesem Gesetze gemäß zu zeichnen. Und hier bietet sich uns zuerst sogleich die Betrachtung dar, daß der Planet nicht gerade nothwendig einen Kreis beschreiben wird, sondern daß er sich der Sonne nähern wird, wenn seine Geschwindigkeit in Vergleichung gegen die anziehende Kraft zu schwach ist, und daß er sich von der Sonne entfernen wird, wenn seine Geschwindigkeit in der Bahn in Vergleichung gegen die anziehende Kraft zu groß ist, denn wäre (Fig. VII.) der Planet EP so schnell, daß er in einem Tage bis T gelangen würde, wenn keine anziehende Kraft auf ihn wirkte, so würde er, da diese Kraft ihn nur um QR oder TV gegen die Sonne hinzog, am Ende des Tages in V, viel entfernter von der Sonne seyn, als am Anfange des Tages. Doch ich will sogleich versuchen, die Regeln zur nahe richtigen Zeichnung der ganzen Bahn anzugeben.

Es sey S (Fig. 62.) die Sonne, und der Planet befinde sich in A, wo er gerade eine gegen den Radius AS senkrechte Bewegung habe. Seine Geschwindigkeit sey so groß, daß er in einem Tage nach B kommen würde, wenn die Kraft der Sonne nicht auf ihn wirkte; die Kraft der Sonne aber sey so groß, daß sie ihn in einem Tage durch den Raum BD zur Sonne hin ziehen würde, wenn er in B gegen sie zu fallen anfinge; dann ist D der Punkt, wohin der Körper auf seiner Bahn um die Sonne am Ende des ersten Tages gelangt. AD kann hier als eine, während dieses Tages durchlaufene gerade Linie angesehen werden, und der Planet würde auf der verlängerten AD am zweiten Tage bis E gelangen, wenn DE so groß als AD ist, und wenn die anziehende

Kraft nicht abermals ihre Wirkung äußerte. Wegen dieser Wirkung aber tragen wir EF auf den nach der Sonne gehenden Radius auf, und diese ein wenig größer als BD, weil in dem Falle, welchen die Figur darstellt, der Planet sich ein wenig der Sonne genähert hat. Die aufzutragende Entfernung EF ließe sich offenbar jenem Attractionsgesetze gemäß ganz genau berechnen, und da Sie sich hier eine sehr große Zeichnung denken müssen, so werden Sie sich bei diesem und bei den folgenden Punkten immer vorstellen, daß wir diese aufzuzeichnenden Abstände, oder die Fallräume gegen die Sonne zu, mit großer Sorgfalt genau richtig austragen. Der Planet kommt also am zweiten Tage nach F, und da wir den Weg dieses Tages wieder sehr nahe als gerade ansehen können, so sehen wir abermals die der DF gleiche Verlängerung FG als denjenigen Weg an, den der Planet ohne neue Einwirkung der Sonne am dritten Tage durchlaufen würde; wir tragen abermals GH der bei größerer Annäherung verstärkten Wirkung der Sonne gemäß auf, und finden also, daß er am dritten Tage nach H gelangt. So fahren wir für die folgenden Tage fort, und wenn wir mit Genauigkeit und nach einem hinreichend großen Maaßstabe gezeichnet haben, so finden wir, daß der Planet, dessen Bewegung wir von der Sonnenferne A an verfolgt haben, in dem gerade entgegengesetzten Punkte N der Sonne am nächsten kommt, daß hier nämlich die Richtung seiner Bewegung wieder senkrecht gegen den Radius Vector ist, und seine Geschwindigkeit größer, als sie einem mit dem Halbmesser SN gezeichneten Kreise gemäß wäre. Hier fängt er daher an, sich wieder von der Sonne zu entfernen, und, da die Umstände, die ihn von A bis N der Sonne näher brachten, nun ganz genau in umgekehrter Ordnung wieder statt finden, so nimmt seine Entfernung von der Sonne von N gegen O, P hin, eben so zu, und seine Geschwindigkeit nimmt eben so ab, wie es zwischen LMN gerade umgekehrt der Fall war. Der Planet kehrt also nach A zurück, und erreicht diesen Punkt mit eben der Geschwindigkeit, die er hatte, als wir ihn zuerst dort antrafen.

Diese Behauptung, daß der Punkt der größten Annäherung zur Sonne genau dem Punkte der Sonnenferne gegenüber liegt, und die daraus dann leicht fließende Behauptung, daß der Planet in einer völlig geschlossenen Bahn seine Umläufe vollendet, und ferner die Behauptung, daß diese Bahn sich als eine Ellipse zeige, wenn sie genau den für die anziehende Kraft angenommenen Voraussetzungen gemäß gezeichnet wird, erscheint nun freilich hier nicht vollkommen begründet; indeß würde in der That eine sehr im Großen ausgeführte Zeichnung, die Ueberzeugung, daß es so sey, schon sehr befestigen, und eine mäßige Bekanntschaft mit den einfachern Sätzen der Geometrie und Mechanik reicht aus, um den vollendeten Beweis hinfür zu führen. Obgleich ich Sie nun mit diesem Beweise hier nicht unterhalten kann, so zeigt ihnen doch schon die Zeichnung, daß bei der Annäherung zur Sonne, weil die Richtung der anziehenden Kraft einen spitzen Winkel mit der Richtung der Bewegung macht, eine Beschleunigung der Bewegung statt finden muß, daß die Bewegung in der Sonnennähe am schnellsten ist, und daß sie abnimmt, wenn der Planet sich von der Sonne entfernt. Daß die Bahn eine Ellipse wird, in deren einem Brennpunkte die Sonne steht, und daß also die nach Newtons Attractionsgesetze berechnete Bahn genau mit Keplers, aus Beobachtungen gezognen Schlüssen übereinstimmt, das zu beweisen ist mir freilich hier nicht möglich.

Aber nicht bloß ergiebt eine vollständige Untersuchung, daß jenes Attractionsgesetz eine elliptische Bahn als nothwendige Folgerung in dem Falle, da der Planet von A an sich der Sonne näherte, mit sich führt, sondern es läßt sich auch zeigen, daß eine, nach andern Regeln wachsende oder abnehmende Kraft, keine elliptische Bahn gestatten würde, und daß also die Hypothese, die anziehende Kraft sey dem Quadrate der Entfernungen umgekehrt proportionel, die einzige ist, die mit der Natur übereinstimmt.

In diesen theoretischen Betrachtungen bietet sich uns nun aber auch ein entscheidender Grund dar, die von Tycho angenommene Anordnung der Weltkörper als unrichtig zu verwerfen. An sich hätte es nichts Unglaubliches, daß die Sonne um die Erde laufen, und alle Planeten so mit sich fortführen könnte, wie wir es in Beziehung auf die Sonne anzunehmen pflegen, um welche die Erde sich bewegt und den Mond mit sich fortführt; aber wenn es die Sonne ist, welche um die Erde läuft, so muß sie ohne Zweifel durch die anziehende Kraft der Erde in ihrer Bahn erhalten werden, und diese anziehende Kraft dürfen wir ganz gewiß kleiner für die weit entferntere Sonne, als für den nähern Mond annehmen. Diese so höchst einfache Voraussetzung würde aber durchaus falsch befunden, wenn wir die Sonne wirklich als bewegt annehmen wollten. Die Sonne durchläuft, wenn wir ihr eine Bewegung um die Erde beilegen, auf dieser Bahn in jeder Minute 248 Meilen, und da für diesen Bogen die Berührungslinie sich um 35 Fuß von dem Kreise, dessen Halbmesser $20\frac{1}{2}$ Millionen Meilen ist, entfernt, so müßten wir der Erde eine so große Attraction zuschreiben, daß sie die Sonne in einer Minute 35 Fuß zu sich heranzöge; auf den 400mal nähern Mond wirkt sie nicht einmal halb so mächtig, und es ist offenbar ganz unglaublich, daß ihre anziehende Kraft jenseits des Mondes wieder zunehmen sollte. Dieß ist der wichtige Grund gegen Tycho's Meinung, auf welchen ich früher schon hingedeutet habe. Und dieser Grund gewinnt dadurch noch mehr an Kraft; daß alles ganz richtig herauskommt, wenn man dagegen die Erde in die Reihe der die Sonne umkreisenden Planeten aufnimmt.

Bewegt sich, wie wir es als ganz gewiß anzunehmen berechtigt sind, der Mercurius um die Sonne, so ergiebt sich aus dem Bogen, den er in 1 Minute zurücklegt, daß die Sonne ihn in 1 Minute zu einem Falle von 230 Fuß nöthigen würde, wenn die Schnelligkeit der Bewegung in seiner Bahn ihn nicht gegen dieses Fallen sicherte; die Erde, die reichlich $1\frac{1}{2}$ oder $\frac{5}{2}$mal so weit von der Sonne entfernt ist, müßte hiernach (da $\frac{2}{5}$mal $\frac{2}{5}$. 230 Fuß = 37 Fuß ist) ungefähr 35 Fuß, also eben den Raum fallend gegen die Sonne zurücklegen, den wir vorhin als Fallen der Sonne gegen die Erde bestimmten, und so paßt die Erde ganz richtig in das System der um die Sonne laufenden Planeten, aber nicht die Sonne in ein System von Körpern, die sich um die Erde bewegen. Und eben so, wie eine genaue Rechnung zeigt, daß die Bewegung der Erde völlig diesem Gesetze der Attractionen entspricht, so entsprechen ihm auch die Bewegungen aller Planeten, so wie es sich auch schon aus dem dritten Keplerschen Gesetze ergab.

Aber die Folgerungen, die sich aus diesem merkwürdigen Attractionsgesetze ergeben, sind damit noch nicht erschöpft — es bieten sich ihrer noch eine große Reihe dar, die ich, da sie zu wichtig sind, um kurz abgehandelt zu werden, in unserer nächsten Unterhaltung umständlicher betrachten werde.

Ein und zwanzigste Vorlesung.

Unter den Kenntnissen, zu welchen die Lehre von der allgemeinen Gravitation oder der gegenseitigen Anziehungskraft der Himmelskörper führt, ist vielleicht die Bestimmung der Masse jedes einzelnen Weltkörpers, und die Angabe, mit welcher Gewalt auf der Oberfläche eines jeden, die Schwere die Körper herabzieht, eine der interessantesten, zumal da die Schlüsse, welche uns zu dieser Kenntniß führen, nicht schwer zu übersehen sind. Es scheint zwar etwas gewagt, wenn wir die Behauptung aufstellen, daß ein an der Oberfläche der Sonne gegen die Sonne herabfallender Körper in der ersten Secunde 400 Fuß fallend durchlaufen müßte, so wie die Körper auf der Erde 15 Fuß durchlaufen: aber dennoch beruht diese Behauptung auf guten Gründen, daß man nicht an der Zuverlässigkeit solcher Bestimmungen zweifeln kann. Die neulich angestellten Betrachtungen geben schon sehr nahe alles das an, was zu jenem Schlusse hinführt.

Ich erwähnte schon neulich, daß Mercurius in seiner Bahn durch die Anziehungskraft der Sonne eine solche Ablenkung von der Berührungslinie oder der Richtung des anfänglichen Wurfes erleide, daß man darin ein Fallen von 230 Fuß in einer Minute gegen die Sonne zu, erkenne. Nach dem Newtonschen Gesetze der Attraction würde man also sagen, in der halben Entfernung beträgt der Fallraum viermal so viel in der Minute, in einer nur $\frac{1}{3}$ so großen Entfernung neunmal soviel, und so ferner. Nun ist aber der Halbmesser der Sonne ungefähr 96000 Meilen, das ist etwa $\frac{1}{80}$ des Abstandes, in welchem sich der Mercurius von der Sonne befindet, also die anziehende Kraft 80 mal 80 mal so groß an der Oberfläche der Sonne, als in der Gegend des Mercurius, und der Fallraum in 1 Minute 230. 80. 80 = 1472000 Fuß; und daraus folgt in einer halben Minute der Fallraum, dem Viertel jener Höhe = 368000 Fuß, im

Zehntel der Minute dem Hundertel jener Höhe = 14720 Fuß; im Sechzigstel der Minute dem 3600tel oder 409 Fuß gleich. — So tief also fallen die der anziehenden Kraft der Sonne frei folgenden Körper auf der Oberfläche der Sonne.

Eben diese Ueberlegungen lehren uns die Masse der Sonne, oder eigentlich die Stärke der anziehenden Kraft der Sonne in Vergleichung gegen die von der Erde ausgeübten Kraft kennen. Auf der Erde würde ein Körper in 1 Minute 54000 Fuß frei fallend zurücklegen; aber Körper, die so weit vom Mittelpunkte der Erde entfernt wären, als die Oberfläche der Sonne vom Mittelpunkte der Sonne, würden, da der Halbmesser der Sonne hundert und zwölfmal so groß als der der Erde ist, nur in 1 Min. $4\frac{3}{10}$ Fuß gegen die Erde zu, fallen. Diese Größe ist in dem Fallraum auf der Sonne, den wir 1472000 Fuß in einer Minute fanden, 340000 mal enthalten, und die anziehende Kraft der Sonne ist also 340000 mal so groß als die anziehende Kraft der Erde, oder, wie wir auch sagen, die Masse der Sonne ist 340000 mal so groß als die Masse der Erde, oder nach einer strengern Rechnung 337100 mal so groß.

Ich wage es nicht, Sie noch mit mehreren Rechnungen zu unterhalten, und will daher die Bestimmung der Masse des Jupiter und Saturn kurz angeben. Diese Planeten, und eben so auch der Uranus haben Monde zu ihren Begleitern, und diese Monde, obgleich auch sie durch die Sonne angezogen werden, vollenden doch ihre Umläufe um den Hauptplaneten beinahe so, als ob sie von seiner anziehenden Kraft allein in ihrer Bahn um den Hauptplaneten erhalten würden. Dieselbe Rechnung also, die uns belehrte, wie weit die Erde ihren Mond, oder wie weit die Sonne den Mercurius in 1 Min. von der Richtung der Berührungslinie ablenkt, eben diese Rechnung auf den Abstand und die Umlaufszeit eines Jupitersmondes angewandt, zeigt, wie stark die anziehende Kraft des Jupiter in der Entfernung, wo einer seiner Monde sich befindet, wirkt. Auch bei ihm zeigt sich, daß die vier Monde, welche ihn begleiten, einer den ungleichen Abständen gemäßen Attraction unterworfen sind, und die Bestimmung, wie groß des Jupiters anziehende Kraft in Vergleichung gegen die anziehende Kraft der Erde sey, geht also eben so, wie vorhin für die Sonne, hervor.

Diese Vergleichung der von den verschiedenen Himmelskörpern ausgeübten anziehenden Kräfte findet bei allen den Planeten statt, welche vom Monde begleitet sind; die übrigen, Mercurius, Venus, Mars, bieten uns kein ähnliches Mittel, um auch ihre anziehende Kraft anzugeben, dar, und daher sind wir auch in Beziehung auf sie, über diesen Gegenstand nur unvollkommen unterrichtet. Was wir darüber wissen, beruht auf den Störungen, welche von diesen Planeten im Laufe anderer Planeten, und namentlich auch der Erde bewirkt werden.

* *

Die einfachen Gesetze der Bewegung, nach welchen die Planeten ihren Lauf um die Sonne vollenden würden, wenn jeder von der Sonne allein angezogen würde, bleiben nämlich nicht mehr in völliger Strenge gültig, da mehrere Planeten um die Sonne laufen, und jeder eine anziehende Kraft auf den andern ausübt. Die Störungen oder Perturbationen, welche daraus entspringen, sind zwar für alle länger bekannten Planeten so geringe, daß sie die Anordnung des ganzen Systems gar nicht erheblich ändern, indem die Entfernungen der Planeten von einander sehr groß, und ihre Massen nur geringe sind; aber dennoch verdienen sie, etwas näher betrachtet zu werden.

Diese Störungen sind von doppelter Art. Einige hängen nur von den täglich wechselnden Stellungen der Planeten gegen einander so ab, daß sie gar keine bleibende, sondern nur eine sich in kurzen Perioden wieder ausgleichende Abweichung von der reinen elliptischen Bewegung bewirken, andere gleichen sich nicht so schnell aus, und bringen daher dauernde Aenderungen in den Elementen der Planetenbahnen, namentlich in ihrer mehr oder weniger vom Kreise abweichenden Gestalt, und in der Richtung der Hauptaxe der Bahn, ja auch in der

Lage der Ebne der Bahn hervor. Da ich über diesen schwierigen Gegenstand hier nur einige oberflächliche Bemerkungen mittheilen kann, so mögen folgende allgemeine Betrachtungen genügen. Es ist wohl einleuchtend, daß wenn ein mächtig wirkender Planet, zum Beispiel der Jupiter, der Sonne gerade gegenübersteht, dieser die Wirkung der anziehenden Kraft der Sonne etwas vermindert, und daher den zwischen ihm und der Sonne stehenden Planeten etwas mehr von der Sonne entfernt. Solche kleine Abweichungen von der Ellipse, die die eigentliche Bahn des Planeten wäre, und die sich auch zwischen diesen kleinen Störungen als seine wahre Bahn erkennen läßt, müssen bei der Berechnung des Ortes, den der Planet in einem bestimmten Augenblick erreicht, immer in Betrachtung gezogen werden. Da die Stellungen aller Planeten täglich wechseln, und zu gewissen Zeiten eben so gut Annäherungen zur Sonne, als zu anderer Zeit Entfernungen von der Sonne, zu gewissen Zeiten eben so gut Beschleunigungen der Bewegung, als zu anderer Zeit Verzögerungen der Bewegung bewirken: so scheint es, daß diese Störungen sich ganz und gar ausgleichen müßten. Indeß ist dieses nicht in allen Beziehungen der Fall, sondern die schon früher angeführte Aenderung der Lage der großen Axe der Erdbahn, ist eine beständig fortgehende Wirkung der die Erde anziehenden Planeten. Fände eine solche Einwirkung nicht statt, so würde die Erde, wenn sie einmal in A (Fig. 62.) ihren größten Abstand von der Sonne erreicht hatte, im strengsten Sinne genau nach einem ganzen Umlaufe nach A zurückkehren; aber so verhält es sich nicht, sondern die Erde erlangt erst ein wenig später in der nach B zu liegenden Gegend diesen größten Abstand, und obgleich die Entfernung des Punktes, in welchem sie jetzt die Linie AS durchschneidet, von dem Punkte A höchst geringe ist, so fallen dennoch diese Punkte nicht vollkommen zusammen. Die Ellipse AKNP verändert ein wenig im Weltraume ihre Lage, und wenn die Erde von A nach D, F, fortläuft, so rückt die große Axe nach eben dieser Richtung fort. Eine ähnliche, sehr langsame Fortrückung findet bei den Apsidenlinien aller Planeten statt; aber bei allen ist sie sehr geringe.

Eine andere Einwirkung der Planeten findet auf die Form der Bahnen statt, wodurch diese entweder der Kreisform näher gebracht, oder mehr von derselben entfernt wird. Die vereinigte Wirkung aller Planeten auf die Erde ist jetzt von der Art, daß die Excentricität der Erdbahn abnimmt, oder diese von Jahrhundert zu Jahrhundert weniger vom Kreise abweicht; aber nicht für ewige Zeiten gilt eben dieses, sondern diese Abnahme wird, nach einem langen Zeitraume eine Grenze erreichen, und in Zunahme übergehen.

Auch die Lage der Ecliptik, der Ebne der Erdbahn, ist nicht völlig unveränderlich, und deshalb ist auch die von mir oft wiederholte Behauptung, die Sonne durchlaufe genau alle Jahre denselben Kreis am Himmel, nicht für alle Jahrtausende im strengsten Sinne richtig; aber diese Aenderung ist so unbedeutend, daß sie nur dem genau beobachtenden Astronomen merklich ist. Vermöge dieser Aenderung der Lage der Ecliptik, wird auch ihre Schiefe oder ihre Neigung gegen den Aequator geändert, und dieses hat einigen Einfluß auf die Ungleichheit unserer längsten und kürzesten Tage. Vor etwa 2000 Jahren entfernte sich die Sonne am längsten und am kürzesten Tage 23° 50′ vom Aequator, jetzt nur 23°. 28′. Wegen dieser Aenderung ist also allerdings die heiße Zone auf der Erde ein wenig schmäler, die kalte Zone aber auch minder ausgedehnt geworden. — Diese Abnahme der Schiefe der Ecliptik wird, nach den Berechnungen der Astronomen, noch einige Jahrtausende fortdauern, aber dann in ein Zunehmen übergehen, und nie wird die Ecliptik weniger als 18 Grade gegen den Aequator geneigt seyn. Aehnliche Aenderungen finden auch für die Lage der Ebnen statt, in welchen jeder der übrigen Planeten sich bewegt; aber alle diese Aenderungen sind geringe und wechselnd, — wechselnd freilich in Perioden, welche Jahrtausende dauern, und deren genaue Dauer wir, da die sorgfältigen Beobachtungen des Himmels noch kein ganzes Jahrhundert umfassen, noch nicht genau angeben können.

Nur die Länge der großen Axe der Bahn, und eben deshalb auch die Umlaufszeit leidet keine Aenderung.

Die Berechnung aller dieser Perturbationen setzt voraus, daß wir die Masse aller Planeten völlig genau kennten; aber so gut, wie man aus den bekannten Massen aller Planeten die Einwirkung jedes einzelnen, und dann die Summe aller Einwirkungen berechnen kann, so läßt sich nun auch wieder aus den beobachteten Abweichungen der Bewegungen von dem rein elliptischen Laufe, die Masse der einzelnen Weltkörper bestimmen. Dieß hat zwar darum große Schwierigkeiten, weil die Beobachtung uns nur den vereinigten Erfolg aller jener Einwirkungen zeigt; aber die Mathematik gewährt auch hier den unschätzbaren Vortheil, daß sie uns diejenigen Stellungen der Planeten kennen lehrt, wo der Einfluß des einen seinen höchsten Grad erreicht, und daß sie uns also dadurch leitet, um aus jenem anscheinenden Gewirre mannichfaltiger Einwirkungen dennoch — zwar erst nach und nach und mit großer Mühe — die Einwirkung jedes einzelnen Planeten kennen zu lernen, und so endlich daran die Bestimmung der Masse der Planeten zu knüpfen, die, weil sie keine Monde haben, uns kein leichteres Mittel zu jener Bestimmung darbieten.

Die aus diesen Perturbationen bestimmten Massen des Mars und Mercurius sind noch immer nicht sehr genau, weil diese Planeten nur eine geringe Einwirkung auf die Bewegungen der übrigen haben; auch die Masse der Venus ist besser, doch auch noch immer nicht genau bekannt. Die Massen der neu entdeckten Planeten, Vesta, Juno, Ceres, Pallas, sind noch völlig unbekannt, theils weil ihre Entdeckung noch so neu ist, theils weil sie, ihrer Kleinheit wegen, auf die entfernteren Planeten wohl gar nicht merklich wirken können.

Obgleich aber, zufolge der Betrachtungen, die ich so eben nur mit flüchtigen Umrissen angedeutet habe, die Bewegungen der Himmelskörper durch so mannichfaltige Kräfte verändert werden, obgleich die Berechnung derselben, wenn alle jene Einwirkungen in Betrachtung gezogen werden, zu den verwickeltsten und schwierigsten gehört: so ergiebt sich dennoch, daß jenes Newtonsche Gesetz der Attraction den Beobachtungen, die jetzt einen so ungemeinen Grad von Genauigkeit erreicht haben, Genüge thut. Nach diesem Gesetze, daß jeder einzelne Körper eine in umgekehrtem Verhältniß des Quadrats der Abstände abnehmende Wirkung äußert, werden die Stellungen der Planeten vorausberechnet, und die Beobachtung hat sich bis jetzt noch immer mehr und mehr jener Vorausberechnung besser entsprechend gezeigt, je sorgfältiger man bei der Berechnung auf alle einzelne Umstände Rücksicht genommen, und je genauer man sie beobachtet hat. Wir dürfen daher wohl behaupten, daß dieses Gesetz ein wahres Naturgesetz sey, daß durch dasselbe uns der Lauf der Weltkörper enträthselt ist, und der Plan dieses großen Systemes klar vor uns da liegt.

Aber indem ich so eben dieses Weltsystem groß nenne, dessen Durchmesser, wenn wir es als mit dem Uranus abgeschlossen ansehen, wenigstens 800 Millionen Meilen beträgt, finde ich mich plötzlich zu dem Gedanken zurückgeführt, wie klein doch diese Bahnen sind, wie unbedeutend dieß ganze System von Weltkörpern erscheint, in Vergleichung gegen die Entfernung der übrigen Sterne. Ich habe es früher schon als einen mit Recht gegen die Bewegung der Erde um die Sonne aufgeworfenen Zweifel angeführt, daß die Lage der Fixsterne im ganzen Laufe des Jahres so durchaus unveränderlich ist; dieser Zweifel hatte ein bedeutendes Gewicht, so lange die Bewegung der Erde um die Sonne noch als eine unbegründete Vermuthung angesehen werden konnte; aber jetzt hat unsere ganze Ansicht des Weltgebäudes eine ganz andere Gestalt gewonnen. Die Bewegung der Erde um die Sonne ist durch so wichtige Gründe erwiesen, die Größe der Erdbahn ist so sicher ausgemessen, daß wir jetzt nicht mehr daran zweifeln können, daß wirklich unser Standpunkt sich um 41 Millionen Meilen ändert, und wir sind daher nun genöthiget anzuerkennen, daß das, was uns unglaublich schien, dennoch wahr ist, daß die Fixsterne so entfernt sind, daß 41 Millionen Meilen gegen diese Entfernungen nur als etwas unmerklich Geringes erscheinen. Die sorgfältigsten Beobachtungen haben bis jetzt noch bei keinem der Fixsterne eine Parallaxe der Erdbahn gezeigt, keiner scheint gegen die übrigen seine Stellung auch nur um eine Secunde zu ändern, wenn unser Standpunkt sich um 41 Millionen Meilen ändert, und wir schließen daher, daß die nächsten Fixsterne wenigstens 400000 mal so weit als die Sonne von uns entfernt sind. Die für unsere Vorstellung unermeßliche Zahl von 8 Billionen Meilen, würde also die Entfernung des nächsten Fixsternes ungefähr erst angeben, und da jetzt wohl niemand von Ihnen mehr Bedenken tragen wird, die unzählbaren Heere von Fixsternen als Sonnen anzusehen, und anzunehmen, daß auch zwischen ihnen große Zwischenräume, so wie von unserer Sonne zu ihnen hin statt finden mögen: so brauche ich kaum noch zu sagen, daß wir nicht im Stande sind, auch nur entfernt ein Bild von der Größe aufzufassen, die wir dem uns sichtbaren Weltenheere zueignen müßten.

Zwei und zwanzigste Vorlesung.

Unter allen Himmelskörpern, m. h. H., verdient, nächst der Sonne, gewiß vor allem der Mond unsere nähere Aufmerksamkeit. Und nicht allein, weil er als ein freundliches Gestirn unsere Nächte erhellt, zieht er die Aufmerksamkeit dessen auf sich, der mehr mit poetischem als astronomischem Auge den Himmel betrachtet, und gern bei diesem schönen, stillen Gefährten der Nacht verweilt, sondern auch der Astronom findet mehr als einen Grund, die Bewegung des Mondes aufs sorgfältigste zu untersuchen; denn von der genauen Kenntniß seiner Bewegung hängt die Bestimmung der Länge auf dem Meere, und eben deshalb sehr oft Glück und Leben derer ab, die sich diesem unsichern Elemente anvertrauen; und überdas bietet seine Bewegung die reichhaltigsten und schwersten, aber deshalb auch anziehendsten Anwendungen der Attractionsgesetze dar.

Da ich Sie mit dem, was die Bestimmung der Länge auf der Erde oder auf dem Meere betrifft, schon früher unterhalten habe, und Sie daraus hinreichend übersehen, wie wichtig die Kenntniß und Vorausberechnung der Bewegung des Mondes ist, so übergehe ich diesen Gegenstand gänzlich, und will nur noch erwähnen, daß die große Nützlichkeit dieser Untersuchungen die seefahrenden Nationen bewogen hat, wichtige Entdeckungen in dieser Lehre mit großen Prämien zu belohnen. Aber die Anwendungen der Attractionsgesetze auf den Mond bieten auch für unsere Betrachtung manches Anziehende dar, wobei ich heute umständlicher verweilen will.

Wir betrachteten früherhin die Bewegung des Mondes so, als ob er einen Kreis, oder eine Ellipse um die ruhende Erde beschriebe; aber da die Erde selbst eine Bewegung um die Sonne hat, so verdient der Weg, welchen der Mond in Beziehung auf die Sonne durchläuft, der wahre Weg des

Mondes, während die Erde ihn mit sich fortführt, eine nähere Untersuchung. Offenbar ist es ungefähr eine so geschlängelte Linie, wie Fig. 63. sie darstellt, welche der Mond durchläuft; denn wenn der Mond beim Vollmonde sich in A befindet, während die Erde in B steht, so muß er offenbar nach E gelangt seyn, während die Erde bis nach D gekommen ist, wenn er der in D stehenden Erde, als Neumond erscheinen soll, und so begleitet er, bald innerhalb der Erdbahn, bald außerhalb derselben fortgehend, die Erde unaufhörlich.

Die Kräfte, welche ihn zu dieser zusammengesetzten Bewegung bestimmen, sind die anziehenden Kräfte der Erde und der Sonne, und die ganze Folge der Erscheinungen läßt sich auf folgende Weise übersehen. Befindet sich der Mond, wenn es Vollmond ist, in A (Fig. 63.) während die Erde in B ist: so würde er, vermöge der Geschwindigkeit, welche er schon besitzt, einen Kreis um die Sonne zu beschreiben anfangen, wenn nicht, indem er der Erde vorauszueilen strebt, diese ihn zurückzöge, und ihn nöthigte, sich der Sonne zu nähern. So wird er durch die zu starke Anziehungskraft, da Erde und Sonne vereint ihn gegen die Sonne zu ziehen, nach C hin gebracht, und während er so einen längern Weg, als die Erde durchläuft, gewinnt diese Zeit, ihn in E so zu ereilen, daß die Erde den Punkt D erreicht, indem der Mond nach E kommt, und hier zeigt sich der Mond uns nahe bei der Sonne als Neumond. Die Figur 64. stellt noch etwas genauer, obgleich auch sie den Abstand des Mondes zu groß in Vergleichung der Erdbahn angiebt, die gleichzeitigen Stellungen des Mondes und der Erde dar. Wenn nämlich die Erde in A war, als der Mond a sich als Vollmond zeigte, so ist B die Stellung der Erde, wenn b die Stellung des Mondes ist. In dieser Stellung vermindert die Erde die Geschwindigkeit des Mondes, mit welcher er im Begriff war, einen Kreis um die Sonne zu beschreiben, er muß daher sich der Sonne nähern. Auch wenn die Erde in C und der Mond in c ist, findet diese Verminderung der Geschwindigkeit des Mondes noch in einigem Grade statt, weil noch immer die anziehende Kraft der Erde der Richtung der Bewegung des Mondes, beinahe entgegengesetzt ist; aber die Erde fängt zugleich schon an, eine zu große Annäherung des Mondes zur Sonne zu hindern, indem die Richtung des Zuges der Erde, der Richtung der Attraction der Sonne schon etwas entgegenwirkt. Beim Neumonde ist die Erde in D, der Mond in d, und jetzt wird der Mond viel schwächer gegen die Sonne hin angezogen, als es in a der Fall war, da jetzt der Zug von 15 Fuß in der Minute gegen die Erde hin, von der Sonne abwärts wirkt, statt daß er sich in a mit dem Zuge der Sonne vereinigte. Diese verminderte anziehende Kraft ist nun nicht mehr mächtig genug, um den Mond in der Entfernung von der Sonne, in welcher er sich als Neumond befindet, zu erhalten, und er entfernt sich daher von der Sonne; so wie dieß allemal der Fall ist, wenn die Geschwindigkeit zu groß in Vergleichung gegen die anziehende Kraft ist. Der Mond bleibt hier hinter der Erde zurück und befindet sich erst in e, wenn die Erde in E ist; aber eben indem die Erde ihm voraus eilt, beschleunigt sie auch seine Bewegung, weil ihr Zug einen spitzen Winkel mit der Richtung seiner Bewegung macht, und es läßt sich nun wohl übersehen, wie der Mond nach f kommen muß, indem die Erde nach F gelangt, und daß sie, wenn er in g und sie in G ist, beim Vollmond, wieder seine weitere Entfernung von der Sonne hindert. Alles dieß würde noch deutlicher erhellen, wenn man die Abstände des Mondes von der Erde, die nur den vierhundertsten Theil des Abstandes von der Sonne betragen, in richtigerm Verhältniß zeichnete.

Daß der Mond, obgleich er so eine Bahn um die Sonne beschreibt, sich uns so zeigt, als ob er eine kreisförmige oder elliptische Bahn um die Erde beschriebe, werden Sie leicht übersehen. Denn in a sehen wir (Fig. 64.) von A aus den Mond der Sonne gegenüber; ist die Erde nach B gekommen, so scheint er uns in b zu östlichen Gestirnen fortgerückt zu seyn, und da die Richtung Bb beinahe senkrecht auf die Richtung nach der Sonne hin ist, so sehen wir ihn dem letzten Viertel zu gehen; bei der Stellung der Erde in C ist die

Richtung Cc offenbar mehr als 90 Grade von der Richtung Cx entfernt, und da Cx, als mit Aa parallel, gegen den Stern hin gerichtet ist, wobei der Mond im Vollmonde erschien, so hat der Mond jetzt mehr als 90 Grade unter den Sternen zurückgelegt, er steht nicht mehr volle 90 Grade von der Sonne, und ist über das letzte Viertel hinaus. Diese Erscheinungen, welche sich leicht weiter verfolgen ließen, würden ganz mit denen übereinstimmen, welche bei einem wahren Kreislaufe um die Erde, ohne Einwirkung der Sonne, statt fänden, wenn die anziehende Kraft der Sonne in allen Entfernungen gleich wäre, indem dann die Einwirkung der Sonne auf die Erde und auf den Mond gleich wäre; die Ungleichheit der anziehenden Kraft in verschiedenen Entfernungen bewirkt aber einige Ungleichheiten in der Bewegung des Mondes.

Wären Erde und Mond allein im Weltraume vorhanden, so durchliefe der Mond eine elliptische, immer gleiche Bahn, in deren einem Brennpunkte sich die Erde befände; aber es läßt sich leicht zeigen, daß die Sonne zu verschiedenen Zeiten diese elliptische Bahn ungleich verändert. Die Bahn wird mehr dem Kreise ähnlich, oder die Abstände des Mondes von der Erde sind in seiner Erdnähe und Erdferne minder ungleich, wenn der Mond zur Zeit der Viertel seine Erdnähe und Erdferne erreicht; dagegen wird die Bahn des Mondes um die Erde mehr elliptisch, oder der kleinste und größte Abstand des Mondes von der Erde sind mehr verschieden, wenn die Apsidenlinie der Mondbahn gegen die Sonne gerichtet ist, das heißt, wenn er in der Erdnähe ist, entweder beim Neumond oder beim Vollmonde. Um dieß zu übersehen, nehmen Sie an, in Fig. 65. sey ABC die Bahn, welche der Mond durchlaufen würde, wenn die Erde in E still stände, die Sonne sey in D, und der Mond in A, als Vollmond, in seiner Erdnähe. Da die Erde wegen dieser geringern Entfernung gerade hier am stärksten auf den Mond wirkt, und die Attraction der Sonne nur wenig schwächer auf den Mond als auf die Erde wirkt, so nöthiget diese vereinte Anziehungskraft ihn, sich hier, in seiner Erdnähe, der Sonne mehr zu nähern, als es der Fall seyn würde, wenn der Mond im Vollmonde seine mittlere Entfernung von der Erde hätte. Er macht daher hier einen stärker gekrümmten Weg, und die Ellipse, die seine relative Bahn um die Erde darstellt, verlängert sich mehr, als es ohne Mitwirkung der Sonne der Fall wäre. Beim nächsten Neumonde ist die Erde nach e, der Mond nach c gekommen, und hier befindet er sich ungefähr am weitesten von der Erde entfernt, weil es so anzusehen ist, als ob seine elliptische Bahn nach e c hinüber getragen wäre. Hier ist nun die auf den Mond wirkende, anziehende Kraft der Erde, wegen der bedeutend größern Entfernung des Mondes, am schwächsten; die anziehende Kraft der Sonne dagegen bedeutend stärker als ihre auf die Erde wirkende Kraft, und daher hält ihn die Kraft der Sonne länger in diesem Theile seiner Bahn auf, und die Sonne zieht ihn näher zu sich hin, als es der Fall seyn würde, wenn der Mond sich beim Neumond in der mittlern Entfernung von der Erde befände. Also trägt die Attraction der Sonne sowohl im Neu- als im Vollmonde zur Verlängerung der elliptischen Bahn bei, wenn die Erdnähe mit dem Vollmonde zusammen trifft. Eben das findet statt, wenn der Mond beim Neumonde der Erde am nächsten ist, was bei der Stellung der Erde in F der Fall seyn würde. Hier nämlich ist die gegen die Sonne hin ziehende Kraft, wenn der Mond in G ist, schwächer als für die mittlere Entfernung des Mondes von der Erde, weil er der Erde nahe, eben deshalb aber von der Sonne entfernter ist, als es im Neumond bei der mittlern Entfernung der Fall wäre; er wird also sich schneller als sonst von der Sonne entfernen, und daher beim nächsten Vollmond noch mehr von der Sonne entfernt seyn, als es die ursprüngliche elliptische Bahn mit sich brachte. Im entgegengesetzten Theile seiner Bahn, bei H, verweilt er dagegen noch länger, als es ohne Mitwirkung der Sonne geschehen würde, weil die Sonne auf ihn sehr viel schwächer als auf die Erde wirkt. Dagegen nähert sich die relative Mondbahn mehr dem Kreise, wenn er in K zur Zeit der Viertel in der Absidenlinie ist, weil die Sonne jetzt die Mondbahn in der Richtung MN zu erweitern strebt, wodurch der kürzere Durchmesser der Ellipse einigermaßen dem längern Durchmesser gleicher gemacht wird.

Da diese von der Sonne hervorgebrachten Wirkungen sehr von der Entfernung der Sonne abhängen, so läßt sich auch aus diesen beobachteten Ungleichheiten auf die verhältnißmäßige Entfernung des Mondes und der Sonne von der Erde zurückschließen. Die Beobachtungen selbst zeigen, daß dieses Verhältniß hier in Betrachtung komme, indem die Bewegung des Mondes etwas anders ist bei der kleinsten Entfernung der Erde von der Sonne im Winter, als bei der größesten Entfernung der Erde von der Sonne um die Zeit des längsten Tages.

Im Allgemeinen trägt die Wirkung der Sonne immer bei, den Mond etwas von der Erde zu entfernen und die Zeit seines Umlaufs um die Erde zu verlängern, und beides bewirkt sie am meisten, wenn sie uns am nächsten ist. Im Neumond nämlich wirkt allemal die Sonne stärker auf den Mond als auf die entferntere Erde, und zieht ihn dadurch näher zu sich hin, weiter von der Erde ab; im Vollmond trägt sie abermals bei, ihn von der Erde zu entfernen, weil der Mond hier schneller fortgeht als die Erde, und eine größere Schwungkraft hat, als durch die Attraction der Sonne im Gleichgewicht gehalten werden könnte, woraus ein Bestreben von der Erde abwärts zu gehen, hervorgebracht wird, das zwar durch die anziehende Kraft der Erde unwirksam gemacht wird, doch aber dem Monde seine Bahn etwas weiter von der Erde entfernt anweist. Beim Neumonde und beim Vollmonde hat also der Mond ein Bestreben, sich weiter von der Erde zu entfernen, als er es haben würde, wenn er sich, frei von der Einwirkung der Sonne, bloß um die Erde bewegte; um die Zeit der Viertel, hat die Sonne zwar einen entgegengesetzten Einfluß, aber dieser ist nicht hinreichend um jenen aufzuheben; und eine genaue Rechnung zeigt, daß jene Einwirkung die überwiegende ist, und daß sie die Umlaufszeit des Mondes etwas vergrößert. Diese Einwirkung ist am größesten, wenn die Sonne der Erde am nächsten ist, und daher sind die Umläufe des Mondes um die Zeit des Perihelii, wenn die Erde der Sonne am nächsten ist, etwas langsamer, als zur Zeit des Aphelii oder der Sonnenferne.

Die Kenntniß dieser jährlichen Ungleichheit in der Bewegung des Mondes, ist dadurch noch merkwürdiger geworden, daß sie Aufschluß über eine lange räthselhaft scheinende Veränderung in der Bewegung des Mondes gegeben hat. Die Astronomen hatten nämlich aus der Vergleichung sehr alter Beobachtungen mit den neueren das auffallende Resultat gefunden, daß in neuern Zeiten der Mond seine Umläufe um die Erde etwas schneller beendige, als vor tausend oder zweitausend Jahren, und daß er also fortwährend der Erde näher gekommen seyn müsse. Diese Aenderung schien nach allen in ältern Zeiten beobachteten Sonnen- und Mondfinsternissen keinem Zweifel unterworfen, aber man konnte lange den Grund dieser Verschiedenheit nicht auffinden, und die Frage, ob denn fortwährend unaufhörlich der Mond der Erde näher wirken würde, nicht beantworten. Erst Laplace kam auf die richtige Erklärung dieser beschleunigten Umlaufsbewegung, die er in der jetzt weniger als ehmals von der Kreisform abweichenden Gestalt der Erdbahn fand. Wenn die Erdbahn (Fig. 66.) ein genauer Kreis wäre, in dessen Mittelpunkte S sich die Sonne befände, so würde jene Einwirkung der Sonne, vermöge welcher der Mond etwas entfernter von der Erde bleibt, immerfort gleich seyn. Gesetzt nun die bis dahin kreisförmige Bahn ABC, würde jetzt elliptisch, so daß die Sonne im Brennpunkte S dieser Bahn DEF stände, so würde die Schwächung der Einwirkung in den entferntern Punkten D, nicht gerade genau eben so viel als die Verstärkung der Einwirkung in den der Sonne nähern Punkten betragen. Die Rechnung zeigt, daß die Einwirkung der Sonne bei einer Kreisbewegung der Erde geringer ist, als bei der Bewegung in einer elliptischen Bahn, also in unserm Jahrtausend, wo die Erdbahn sich der Kreisform nähert, im Abnehmen ist; daß also deshalb die Umläufe des Mondes jetzt nicht ganz in dem Maaße, wie ehmals, verzögert werden, sondern der Mond allmählig der Erde etwas näher rückt und seine Umläufe schneller vollendet. Da nun jene Abnahme der

Eccentricität der Erdbahn endlich eine Grenze erreichen und dann die Erdbahn sich wieder mehr vom Kreise entfernen wird, so wird auch nicht unaufhörlich der Mond der Erde näher kommen, sondern wenn gleich diese geringe Aenderung der Bewegung noch einige Jahrtausende im Zunehmen ist; so wird sie doch endlich wieder abnehmen, und die Ordnung der Erscheinungen, die wir jetzt beobachten, nie sehr wesentlich verändert werden.

Diese Betrachtung aller, selbst geringfügig scheinender Umstände, von welcher ich Ihnen heute einen Begriff zu geben gesucht habe, trägt, wie Sie aus meiner, freilich oberflächlichen Darstellung wohl übersehen werden, sehr dazu bei, die Ueberzeugung zu befestigen, daß die Theorie der gegenseitigen Anziehung in der That alle Erscheinungen der Himmelskörper vollkommen richtig erkläre. Und eben diese theoretische Untersuchung aller Umstände der Bewegung belehrt uns zugleich, daß die Unregelmäßigkeiten, die wir in den Beobachtungen wahrzunehmen glauben, nicht wirkliche Unordnungen sind, daß sie nicht auf eine künftig, wenn auch erst nach Jahrtausenden eintretende Zerstörung der jetzt bestehenden Ordnung hindeuten, sondern daß alle Kräfte so gegen einander abgemessen sind, daß diese kleinen Schwankungen sich immer ausgleichen, und dem Sonnensysteme eine ewige Dauer zuzusichern scheinen.

* *

Eben solche Untersuchungen, wie die sind, welche ich über unsern Mond Ihnen mitgetheilt habe, lassen sich nun auch über die Bewegung der Monde des Jupiter, Saturn und Uranus anstellen. Auch ihre Bewegungen folgen den Attractionsgesetzen, und man kann dieß namentlich von den Jupitersmonden, die sehr viel beobachtet worden sind, und deren Störungen man sehr genau berechnet hat, mit großer Bestimmtheit sagen.

Zu welchen Folgerungen die Beobachtungen aller dieser Monde geführt haben, davon werde ich Sie in der Folge, wo ich Ihnen Mehreres über die natürliche Beschaffenheit der Himmelskörper mitzutheilen gedenke, unterhalten. Hier gebe ich Ihnen nur ein Verzeichniß der Abstände dieser Monde von ihren Hauptplaneten, und ein Verzeichniß der Umlaufszeiten. Von den Monden des Uranus sind nur zwei erwähnt, da das Daseyn mehrerer zwar erwiesen, ihr Abstand und ihre Umlaufszeit aber sehr ungewiß ist.

Der Ring des Saturn ist ein den Saturn umgebender ringförmiger Körper von geringer Dicke. Der Saturn schwebt frei im Mittelpunkte der beiden concentrischen Kreise, welche die Begrenzung des Ringes ausmachen, und da der Durchmesser des Saturn ungefähr 17000 Meilen beträgt, so geben die Zahlen der folgenden Tafel eine hinreichende Vorstellung von seinem Abstande vom Saturn.

		Mittlere Entfernungen der Monde von ihrem Hauptplaneten: in Halbmessern des Hauptplaneten, zu dem sie gehören	Mittlere Entfernungen der Monde von ihrem Hauptplaneten: in geographischen Meilen.	Umlaufszeiten um den Hauptplaneten.		
Mond der Erde		$59\frac{964}{1000}$	51540	27 T.	7 St.	43 M.
Erster	Jupiters-Monde	$5\frac{7}{10}$	54000	1 T.	18 St.	—
Zweiter		$9\frac{5}{100}$	84000	3 =	13 =	—
Dritter		$14\frac{46}{100}$	134000	7 =	4 =	—
Vierter		$25\frac{44}{100}$	237000	16 =	17 =	—
Erster	Saturnus-Monde	$3\frac{8}{100}$	27000	0 =	23 =	—
Zweiter		$3\frac{95}{100}$	35000	1 =	9 =	—
Dritter		$4\frac{89}{100}$	42000	1 =	22 =	—
Vierter		$6\frac{27}{100}$	54000	2 =	18 =	—
Fünfter		$8\frac{75}{100}$	75000	4 =	12 =	—
Sechster		$20\frac{29}{100}$	175000	15 =	23 =	—
Siebenter		$59\frac{15}{100}$	509000	79 =	8 =	—
Erster	Uranus-Monde	$17\frac{2}{100}$	64000	8 =	17 =	—
Zweiter		$22\frac{75}{100}$	85000	13 =	11 =	—
Ring des Saturnus		Kleinster Durchmesser in geograph. Meilen. 31600	Größter Durchmesser in geograph. Meilen. 44500			

Unsers Mondes Durchmesser 469 M. Seine körperl. Größe $\frac{1}{50}$ des Inhalts der Erde.

Drei und zwanzigste Vorlesung.

Unter den Erscheinungen, deren Erklärung die Theorie der anziehenden Kräfte uns darbietet, sind noch zwei übrig, für welche ich mir heute Ihre Aufmerksamkeit erbitten will; das nächste Mal werde ich Sie dann mit den Kometen unterhalten. Jene beiden Erscheinungen sind, das Rückgehen der Nachtgleichen und die Ebbe und Fluth.

Was man unter dem Zurückgehen des Nachtgleichenpunktes versteht, habe ich schon sonst erwähnt *). Die Ecliptik, wenn gleich auch sie nicht Jahrtausende durch, bei denselben Sternen bleibt, ist doch so ungemein wenig veränderlich, daß wir sie hier, wo von einer andern viel merklichern Bewegung die Rede seyn soll, als auf lange Zeiten gleich bleibend ansehen können; und diesen unveränderlichen Kreis, die Bahn der Sonne am Himmel, durchschneidet der Aequator in zwei, einander gerade gegenüber liegenden Punkten, welche die Nachtgleichenpunkte heißen. Diese Punkte nun bleiben nicht unveränderlich, und der ganze Himmels-Aequator geht nicht immer durch dieselben Sterne, und eben deshalb liegt auch der Pol des Himmels, um welchen wir alle Sterne ihre Kreisläufe vollenden sehen, nicht unveränderlich bei den Sternen, wo wir ihn jetzt sehen, sondern ist ehmals weit vom jetzigen Polarsterne entfernt gewesen, und wird sich auch künftig wieder von ihm entfernen.

Sie erinnern sich, daß der Pol des Himmels nur darum uns als Angelpunkt der Himmelskugel erscheint, weil die wahre Axe der Erde gegen ihn zu gerichtet ist, und wenn also der Pol des Himmels seinen Ort ändert, so heißt das nur, die Axe der Erde ändert nach und nach ihre Richtung

*) Am Ende der 7ten Vorlesung.

gegen den Himmel. Die Erdaxe hat, freilich in einem Zeitraume von mehreren tausend Jahren, eine solche, eine Kegelfläche durchlaufende Bewegung, wie wir sie, wenn man so Kleines mit den großen Erscheinungen des Weltgebäudes vergleichen darf, an den Kreiseln bemerken, die sich um eine etwas wankende, nicht ganz senkrecht gegen die horizontale Ebne gerichtete Axe drehen. Die Axe dieser Körper ist von der Verticallinie bald rechts, bald links geneigt, und wenn wir genau beobachten, sehen wir, daß die Axe, während der Kreisel viele Rotationen vollendet, einen kegelförmigen Umlauf um die Verticallinie macht, und diese Umläufe immerfort wiederholt. Bei einem solchen kegelförmigen Umlaufe der Axe um die Verticallinie ist offenbar diese Axe nach und nach gegen andere und andere Punkte des Weltraumes, gegen andere Sterne, die aber alle gleichweit vom Zenith lägen, gerichtet, und wenn der Bewohner des Kreisels diese Sterne nach und nach Polarsterne nennen wollte, so würde er jeden Augenblick einen andern so nennen, immer aber einen der eben so weit, wie bei den vorigen Stellungen, vom Zenith abstände.

Das was ich hier, vielleicht dem Scheine nach halb scherzend, von dem Kreisel und seinen Bewohnern gesagt habe *), läßt sich genau auf die Erde anwenden, nur mit dem Unterschiede, daß hier ein einziger kegelförmiger Umlauf der Erdaxe um die gegen die Ecliptik senkrechte Linie eine Zeit von 25000 Jahren fordert. Die verschiedenen Lagen, welche der Himmelspol im Laufe der Jahrhunderte erhält, liegen sämmtlich in einem Kreise um den Pol der Ecliptik herum, das ist, um den Punkt, welcher die auf die Ecliptik senkrechte Linie bezeichnet; und obgleich wir mit Recht sagen, die Axe der Erde bleibe, während die Erde um die Sonne läuft, mit sich selbst parallel, so ist dieß doch nicht im aller-

*) Und, was da wohl nicht einmahl streng richtig ist, wenn die Drehungsaxe des Kreisels nicht in dem Körper selbst ganz unveränderlich bleibt.

strengsten Sinne richtig, da sie in jedem Jahre sich etwa so viel von ihrer vorigen Lage entfernt, als nöthig ist, um jenen kegelförmigen Umlauf in 25000 Jahren zu vollenden.

Diese Aenderung in der Lage der ganzen Erde gegen die Gestirne ist Ihnen nun gewiß klar, ich will jetzt versuchen, Ihnen den physischen Grund dieser Erscheinung zu entwickeln.

Wäre die Erde eine genaue Kugel, so würde die anziehende Kraft der Sonne auf die Rotation der Erde um ihre Axe gar keinen Einfluß haben; die Erde würde dann wirklich mit immer parallel bleibender Axe ihre Umläufe um die Sonne vollenden; dagegen ist dieß nicht mehr ganz so, da die Erde eine sphäroidische Form hat, oder an den Polen etwas abgeplattet ist. Die Erde bewegt sich nämlich, wie Sie wissen, so in ihrer Bahn, daß die Ebne des Aequators gegen die Ecliptik geneigt ist, und die anziehende Kraft der Sonne hat unaufhörlich das Bestreben, die Ebne des Aequators mit der Ebne der Ecliptik zu vereinigen, den Aequator zur Ebne der Ecliptik herabzuziehen.

Um diese etwas schwierige Betrachtung besser zu übersehen, wollen wir uns eine nicht bloß wenig abgeplattete, sondern eine geradezu tellerförmige Erde denken, die (Fig. 67.) in der Figur als gerade Linie DE dargestellt, gegen die Ebne der kreisförmigen Bahn ABC geneigt, um die Sonne S läuft. Die Schwungkraft erhält, wie Sie schon wissen, indem sie der Anziehungskraft der Sonne das Gleichgewicht hält, die Erde auf ihrer Bahn, und es ist daher ganz so, als ob der Erdenteller DE in seinem Mittelpunkte A fest gehalten würde, und nun, um eine auf DE senkrechte Axe rotirend, die Lage anzunehmen suchte, die der anziehenden Kraft der Sonne gemäß ist. Sie werden sich leicht überzeugen, daß diese Kraft dahin wirkt, diesen Erdenteller platt auf die Ecliptik zu legen; denn die auf den Punkt D wirkende, nach DS gerichtete Kraft kann zwar theils als ein Bestreben, D nebst der ganzen Erde mit AS parallel fortzuziehen, angesehen werden, theils aber zieht diese Kraft auch den Punkt D senkrecht gegen AS zu; und während der erstern Kraft durch die Schwungkraft der auf ihrer Bahn forteilenden Erde das

Gleichgewicht gehalten wird, scheint der letztern gar nichts zu widerstehen. Eben so wie D werden alle Punkte in AD, wenn gleich die näher bei A liegenden schwächer, gegen die Ebne der Ecliptik herangezogen und die in AE liegenden Punkte haben genau eben so ein Bestreben, sich gegen Ae hin zu begeben.

Dieses Bestreben ist also in Beziehung auf jeden einzelnen Punkt D, als eine Kraft, die den Punkt gegen AS zu, oder vielmehr gegen die Ebne der Ecliptik zu, zieht, anzusehen. Betrachten wir nun einen solchen Punkt D, so hat dieser wegen der Rotation des Erdentellers eine Wurfbewegung, vermöge welcher er über die Ebne der Erdbahn weg nach F zu fliegt; die gegen die Ebne der Erdbahn herab ziehende Kraft bringt ihn also nicht geradezu zum Herabfallen, sondern sie kann ihn nur ein wenig von seiner ursprünglichen Bahn ablenken, und ein wenig früher in f zum Einschneiden, in die Ebne der Ecliptik bringen. Seine ganze Bahn, wenn er allein da wäre, würde also nicht DF, sondern Df seyn, und der Punkt D, der, wenn die Sonne nicht so herabziehend auf ihn gewirkt hätte, in der Ebne des Erdentellers blieb, weicht, dem Zuge der Sonne nachgebend, ein wenig von dieser Ebne ab; — oder vielmehr, da er mit dem ganzen Erdenteller verbunden ist, und eine ähnliche Einwirkung auf alle Punkte des Erdentellers statt findet, zieht er den Erdenteller mit fort, die Lage der Ebne des Tellers ändert sich ein wenig, die Drehungsaxe wendet sich nach einem andern Punkte des Himmels. Da die Bewegung des Punktes D, so wie die Rotation der Erde, ostwärts geht, und also der Punkt D in seinem östlichen Fortgange eine solche Aenderung leidet, daß der Einschnittspunkt f etwas westlicher als F liegt, so ist die Durchschnittslinie des Erdentellers mit der Ebne der Erdbahn etwas westlich fortgerückt; denn was ich von einem Punkte sagte, gilt von dem ganzen Teller, mit welchem dieser Punkt fest verbunden ist.

Die Wirkung der Sonne beschränkt sich also, wegen der Rotation des Tellers um eine auf seine Ebne senkrechte Axe, darauf, die Lage seiner Ebne so zu ändern, daß jene Durchschnittslinie beider Ebnen nach und nach zu westlichern Sternen in der Ecliptik fortrückt, und die Neigung des Tellers gegen die Ebne der Erdbahn bleibt ungeändert.

Da die Erde im Laufe des Jahres alle verschiedenen Punkte der Erdbahn durchläuft, so ist die Kraft, welche den Erdenteller auf die Ebne der Erdbahn herabzuziehen strebt, freilich nicht immer gleich, ja in der Gegend B, wo die Sonne sich in der Ebne des Erdentellers selbst befindet, (mit andern Worten, wo sie die eine Seite desselben nicht mehr als die andere bescheint,) hört diese Einwirkung ganz auf; aber dieß geschieht nur zweimal im Jahre, in B und in dem gerade gegenüberliegenden Punkte der Bahn, in allen übrigen Punkten der Bahn dagegen, dauert jene Einwirkung fort, und eine tellerförmige Erde wenigstens würde ein nach Westen, das ist gegen die Ordnung der Zeichen gerichtetes, rückgängiges Fortrücken der Durchschnittslinie, — ein Zurückgehen der Nachtgleichenpunkte, unter den Sternen, auf der Ecliptik darbieten.

Aber eben so verhält es sich auch bei der wenig von der Kugelgestalt abweichenden Erde, nur findet der Unterschied statt, daß es jetzt nur der um den Aequator auf der Erdkugel aufliegende, über die Kugel so wie die Erdaxe sie ergiebt, vorspringende Ring ist, der dieser Wirkung unterworfen ist, und daß, da dieser die ganze übrige mit ihm fest verbundene Erde mit fortziehen muß, die Wirkung nur eine sehr schwache seyn kann. Die Ebne des Aequators ist in der Wirklichkeit das, was ich die Ebne des Erdtellers nannte, und ihre Durchschnittslinie mit der Ebne der Erdbahn zeigt in jedem Augenblicke nach dem Nachtgleichenpunkte am Himmel hin, dessen Rückgehen also hiermit erklärt ist. Eine ähnliche Einwirkung auf die sphäroidische Erde hat auch der Mond, und deshalb geht diese Aenderung in der Lage der Erde nicht gleichförmig fort, sondern leidet diejenigen höchst geringen Aenderungen, die man Nutation der Erdaxe nennt.

Eben die jetzt angestellten Betrachtungen erklären auch die Veränderungen, welche die Lage der Ebne der Mondbahn leidet, oder das Fortrücken der Mondesknoten. Ich bemerkte bei Gelegenheit der Sonnen- und Mondfinsternisse, daß diese immer in einerlei Jahreszeit sich ereignen würden, wenn die Knoten der Mondesbahn immer in demselben Punkte der Ecliptik blieben, daß dieses aber nicht der Fall sey, sondern daß auch diesen Mondesknoten eine rückgängige Bewegung eigen sey. Diese findet in dem Vorigen eine vollkommene Erklärung; denn indem (Fig. 67.) der Mond D in seiner geneigten Bahn seine Bewegung um die Erde vollendet, ist er genau in den Verhältnissen des vorhin betrachteten, geworfenen Körpers. Die Sonne zieht ihn gegen die Ecliptik herab; aber da er mit großer Geschwindigkeit über der Ebne der Erdbahn forteilend, dieser herabziehenden Kraft nicht geradezu folgen kann, so trifft auch er bloß etwas früher in f in die Ebne der Ecliptik ein, und der Knoten der Mondbahn rückt also gegen die Ordnung der Zeichen von F nach f fort. Dieses Fortrücken der Knoten ist so schnell, daß die Knoten in 18 Jahren 7 Monaten einen ganzen Umlauf vollenden.

Wegen dieser Aenderung in der Lage der Mondbahn sehen wir den Mond zuweilen in denselben Gestirnen mehr als zu anderer Zeit vom Aequator entfernt, und seine Bahn macht zuweilen einen bedeutend größern Winkel als zu anderer Zeit mit dem Aequator. Denn wenn der aufsteigende Mondesknoten, das ist derjenige, wo der Mond sich nördlich von der Ecliptik entfernt, mit dem Punkte der Frühlingsnachtgleiche zusammenfällt, so geht der Mond hier nördlich von der Ecliptik durch das Siebengestirn nahe unter den Köpfen der Zwillinge hin, durchschneidet die Ecliptik wieder im Herbstnachtgleichenpunkte, um da (im niedersteigenden Knoten) auf die südliche Seite der Ecliptik überzugehen, und sich auch da weiter, als die Ecliptik, vom Aequator zu entfernen; die Mondbahn ist also dann stärker als die Ecliptik gegen den Aequator geneigt, und der Mond erreicht zu der Zeit, da er sich in den Zwillingen und dem Krebse befindet, eine bedeutend größere Höhe als die Sonne in den längsten Tagen, zu der Zeit dagegen, da er sich in den südlichsten Zeichen befindet, eine bedeutend geringere Höhe als die Sonne in den kürzesten

Tagen. Fällt dagegen der aufsteigende Knoten der Mondbahn mit dem Punkte der Herbstnachtgleiche, der niedersteigende Knoten mit dem Frühlingsnachtgleichen-Punkte zusammen, so bleibt der Mond, während er den Widder, Stier, und die übrigen nördlichen Gestirne durchläuft, südlich von der Ecliptik; dagegen ist er im Schützen, und Wassermann weniger als die Ecliptik südlich vom Aequator entfernt.

Da auf diese Weise es sich ereignen kann, daß der Mond, wenn er in den Zwillingen steht, in gewissen Jahren fast 10 Grade höher als in andern Jahren steht, und daß er ebenso im Scorpion und Schützen in jenen Jahren 10 Grade niedriger als in diesen steht, so erklärt sich daraus theils die, selbst dem gewöhnlichen Beobachter auffallende, zuweilen so sehr niedrige Stellung des Vollmondes im Sommer, theils die regelmäßige Wiederkehr gleicher Sternbedeckungen, nach 18 Jahren. — Die Mondbahn, die immer unter einem Winkel von 5 Graden geneigt gegen die Ecliptik ist, ändert nämlich ihre Neigung gegen den Aequator so, daß diese bald nur 19 Grad, bald über 28 Grade beträgt.

* *

Ich schließe diese Betrachtungen, ohne bei der Erklärung, wie die Lage der Ebne der Erdbahn selbst durch die Attraction der Planeten geändert wird, zu verweilen, um Sie noch mit dem höchst merkwürdigen Phänomene der Ebbe und Fluth zu unterhalten. Diese Naturerscheinung, die freilich ganz der Erde anzugehören scheint, steht, wie Sie sogleich übersehen werden, mit den Kräften, welche die Bewegungen der Himmelskörper regieren, in der bestimmtesten Verbindung, und gewährt der Behauptung, daß alle Weltkörper anziehend auf einander wirken, eine neue Bestätigung.

Die Ebbe und Fluth besteht bekanntlich darin, daß die Meeresoberfläche nicht immer eine gleiche Höhe behält, sondern periodisch sich senkt, und wieder steigt. Wenn man einige einzelne Orte, deren besondere Lage Ausnahmen veranlaßt, nicht in Betrachtung zieht, so kann man im Allgemeinen sagen, die Oberfläche des Meeres erreicht alle Tage zweimal ihren tiefsten, und zweimal ihren höchsten Stand, und dieser Wechsel kehrt alle Tage regelmäßig wieder. Doch ich muß die Erscheinungen sorgfältiger beschreiben.

Wenn Sie am Ufer der Nordsee gerade dann ankommen, wenn die Fluth an einem ruhigen Tage am höchsten gestiegen ist, so finden Sie das Wasser bis an den Rand des mit Gras und Kräutern besetzten Landes heran getreten, und sehen an flach ablaufenden Ufern manche Pflanzen, die im salzigen Wasser gut fortkommen, im Wasser stehend. Aber Sie brauchen nur eine Viertelstunde zu verweilen, um zu bemerken, daß die leichten Wellen, die selbst an stillen Tagen gegen das Ufer heranlaufen, schon nicht mehr ganz so weit auf das flache Ufer herauflaufen, wie vorhin; der nasse Streif, von welchem das Wasser sich zurückgezogen hat, wird von Minute zu Minute kenntlicher, und es dauert nicht lange, so sind schon bedeutende Flächen der seichten Gegenden, die man am Ufer der Nordsee Watten nennt, vom Wasser entblößt. Das Wasser sinkt nun immer tiefer, und wenn Sie jetzt einen Ort, wo tieferes Wasser war, ins Auge fassen und sich einen Anfangs kaum aus dem Wasser hervorragenden Gegenstand, einen Pfahl zum Beispiel wählen, um daran das Fallen zu beobachten, so sehen Sie, wie er nach und nach immer höher aus dem Wasser hervorragt, und nach Verlauf von 6 Stunden, etwa 12 Fuß hoch vom Wasser entblößt ist, wenn er beim höchsten Wasser oder bei der vollen Fluth kaum aus dem Wasser hervorragte. Aber wenn nach etwa 6 Stunden das niedrigste Wasser, die tiefste Ebbe eingetreten ist, alle flachern Gegenden des Wattes vom Wasser frei sind, und Meilen weit entblößt da liegen: so dauert es nicht lange, bis Sie die Fluth zurückkehren, das Wasser in jenen Gegenden, die nicht ganz von Wasser entblößt waren, steigen sehen, dann das Wasser auch über die flachen Uferstrecken wieder herankommen, endlich den Zustand eintreten sehen, der bei Anfang der Beobachtung statt fand.

Diese Erscheinung hat mit dem Stande des Mondes eine so auffallende Verbindung, daß selbst der ununterrichtete

Beobachter an den Ufern des Meeres diese Verbindung bemerkt. Eine mehrere Tage fortgesetzte Beobachtung zeigt nämlich, daß die Zeit des höchsten Wassers nicht immer auf dieselbe Tageszeit trifft, sondern sich eben so wie der Durchgang des Mondes durch den Meridian täglich um drei Viertel Stunden verspätet, und daß die ganze Erscheinung der Fluth und Ebbe nach 14 bis 15 Tagen wieder auf eben die Stunde trifft. Die Beobachtung zeigt ferner, daß um die Zeit des Neumondes und Vollmondes, besonders in den Tagen, welche dem Neumonde und Vollmonde folgen, die Fluth am höchsten steigt und die Ebbe am tiefsten fällt, statt das um die Mondesviertel keine so hohen Fluthen und keine so tiefen Ebben eintreten. Diese Ungleichheiten sind so merklich, daß sie, obgleich ungleiche Winde die Fluth zu einer Zeit höher und früher herbeiführen, zu anderer Zeit sie vermindern und verspäten, dennoch schon nach einigen Mondwechseln jedem Beobachter ganz entschieden erscheinen; in Brest, zum Beispiel beträgt das Fluth-Intervall oder die ganze Höhe des Steigens von der tiefsten Ebbe bis zur vollen Fluth, 18 Fuß bei Neumonde und Vollmonde, und nur 9 Fuß bei den Vierteln. — Eine minder merkliche Verschiedenheit findet endlich bei der Erdnähe und Erdferne des Mondes statt, indem die Fluth unter sonst gleichen Umständen höher als gewöhnlich steigt, zur Zeit der Erdnähe, und nicht so hoch, als gewöhnlich, steigt zur Zeit, da der Mond sich in der Erdferne befindet.

Da wir bisher alle Erscheinungen, welche von der Einwirkung der Weltkörper abhängen, so genügend durch die anziehende Kraft derselben erklärt haben, so ist es am natürlichsten, auch jetzt zu fragen, welchen Einfluß wohl jene allgemein wirkende, anziehende Kraft des Mondes und der Sonne auf die Wasser des Oceans haben kann, und, um dabei nicht an die zufälligen Ungleichheiten denken zu dürfen, die von der verschiedenen Lage der festen Länder und ihrer Ufer abhängen mögen, wollen wir uns jetzt die ganze Erde als mit Wasser bedeckt oder den ganzen Erdkörper als aus Wasser bestehend denken.

Ich will zuerst bei der Wirkung der Sonne allein stehen bleiben, obgleich, wie Sie nachher sehen werden, und auch die Erfahrung zeigt, die Wirkung des Mondes hier die mächtigere ist. ABC sey (Fig. 68.) die Erdbahn, S die Sonne, ED die Erde, die ich freilich größer zeichne, als es den wahren Verhältnissen gemäß ist. Sie wissen, daß der Mittelpunkt der Erde mit einer solchen Geschwindigkeit auf der Bahn fortrückt, wie es das Gleichgewicht zwischen der Schwungkraft und der Anziehungskraft der Sonne fordert, und daß ein etwas entfernter von der Sonne stehender Planet eine langsamere Bewegung haben müßte, wenn die in größerer Entfernung geringere Anziehungskraft der Sonne mächtig genug wirken sollte, um ihn auf einer kreisförmigen Bahn zu erhalten. Der Punkt E an der Oberfläche der Erde befindet sich in etwas größerer Entfernung von der Sonne, als der Mittelpunkt A der Erde; er wird also weniger von der Sonne angezogen als A, und da er dennoch seinen größern Kreis eben so schnell durchlaufen soll, als der Mittelpunkt der Erde seine etwas kleinere Bahn durchläuft, so ist diese Geschwindigkeit für die anziehende Kraft zu groß, und wenn der Punkt E allein, ohne Verbindung mit der übrigen Erde um die Sonne liefe, so würde er nicht in der Entfernung ES von der Sonne bleiben, sondern sich von derselben entfernen. Obgleich nun der Punkt der Erde, welcher am weitesten von der Sonne absteht, durch die Schwere an die Erde gefesselt ist, und er so wenig als die zwischen E und A liegenden Punkte, für welche etwas Aehnliches gilt, sich von der Erde losreißen kann, so bringt doch jenes Uebergewicht der Schwungkraft über die Attractionskraft der Sonne ein Bestreben, jenes Theilchens E, sich von der Sonne zu entfernen, hervor, und daraus entsteht ein Anschwellen des Meeres in der Gegend E, wo die durch die Größe der Schwungkraft an ihrem Drucke gegen die Erde verlierenden Theilchen, durch den Druck der bei H, I, liegenden Theilchen etwas fortgedrängt werden. Eben so entsteht bei D, in den Punkten, welche der Sonne am nächsten sind, ein Anschwellen des Wassers. Denn hier wirkt die anziehende Kraft der Sonne stärker als auf den Mittelpunkt der Erde, und da überdas die Schwungkraft dieses, einen kleinern Kreis durchlaufenden Theilchens schwächer, als für den Mittelpunkt der Erde ist, so würde das Theilchen D, wenn es allein wäre, nicht auf einem von der Bahn des Mittelpunktes A überall gleich entfernten Kreise fortgehen, sondern sich der Sonne nähern, und folglich sich vom Mittelpunkte der Erde entfernen. Dieses Uebergewicht der Anziehungskraft über die Schwungkraft findet, wenn gleich nicht ganz so stark, für alle zwischen D und A liegenden Theilchen statt, und das daraus hervorgehende Bestreben vom Mittelpunkt der Erde abwärts, vermindert die natürliche Schwere dieser Theilchen, vermindert den gesammten Druck derselben gegen den Mittelpunkt der Erde, und bewirkt, daß von I und H aus, wegen der dort unverminderten Schwere, Wassertheilchen gegen D hin gedrängt werden, und das Wasser bei D so gut als bei E sich über die Höhe erhebt, welche es ohne diesen Einfluß haben würde. Es entsteht also durch die anziehende Kraft der Sonne sowohl da, wo die Sonne im Zenith steht in D, als da wo sie im Nadir (in der Richtung, welche wir gerade unter uns nennen,) steht in E, eine Fluth, die offenbar mit einem Sinken des Wassers, mit einem Zustande tiefer Ebbe in H, I, verbunden seyn muß.

Kehrte nun die Erde immer einerlei Punkt D gegen die Sonne, so würde dort und in dem entgegengesetzten Punkte E die größte Anschwellung immer fortdauern; hingegen, da durch die Rotation der Erde immer andere Punkte nach D gelangen, so haben, vermöge der bloßen Einwirkung der Sonne, immer die Punkte volle Fluth, welche die Sonne im Meridian und nicht sehr entfernt vom Zenith sehen; diejenigen haben die tiefste Ebbe, denen die Sonne im Horizont erscheint, und jeder Ort, dem die Sonne im Mittag ziemlich hoch über und um Mitternacht ziemlich tief unter dem Horizonte steht, wird um Mittag die eine, um Mitternacht die andere höchste Fluth haben. So würde es sich verhalten, wenn kein Mond die Erde begleitete; aber freilich würde diese Fluth nicht groß seyn, da gegen die große Entfernung der Sonne die Annäherung um einen Erdhalbmesser ziemlich unbedeutend ist, und daher die Zunahme der Attractionskraft, so wie die Abnahme der Schwungkraft für den Punkt D wenig, und eben so für E nur wenig betragen kann.

Eine ähnliche Wirkung muß aber offenbar auch der Mond haben. Es sey KMLN die Mondbahn, und es stehe zuerst der Mond, als Neumond, in K. Hier verstärkt er die von der Sonne schon hervorgebrachte Wirkung. Zwar wird der verstärkte Zug gegen die Sonne hin, auch den Mittelpunkt der Erde ein wenig aus seiner Bahn, gegen die Sonne zu, ablenken, aber der vom Monde stärker als A angezogne Punkt D wird ein größeres Bestreben haben, sich von der Erde zu trennen, als es ohne Mitwirkung des Mondes der Fall wäre, das heißt, die Fluth wird in D höher steigen, als wenn der Mond nicht in K stände. Eben so verstärkt der Neumond die Fluth in E. Dieser Punkt nämlich wird, der geringern auf ihn wirkenden Anziehungskraft des Mondes gemäß, ein geringeres Bestreben aus seiner Bahn auszuweichen, haben; er bleibt daher, so weit es die Schwere erlaubt, ein wenig hinter der Erde zurück, und so entsteht auch in E eine verstärkte Fluth. Diese verstärkte Fluth in dem der Sonne und dem Neumonde zugewandten Punkte, und in dem gerade gegenüber liegenden Punkte ist offenbar mit einer verstärkten Ebbe in den Gegenden, wo beide Himmelskörper im Horizont stehen, verbunden, da sich in D, E, das Wasser nur dadurch, daß es sich von I, H, wegzieht, anhäufen kann.

Eine eben solche Verstärkung der durch die Sonne bewirkten Fluthen findet beim Vollmond statt. Der alsdann bei L stehende Mond schwächt zwar für alle Punkte der Erde die gegen die Sonne zu ziehende Kraft, und nöthiget daher die Erde ein wenig sich von ihrer eigentlichen Bahn zu entfernen; aber diese Ausbeugung muß für E mehr, für D weniger als für den Mittelpunkt betragen, und der Punkt D hat daher so gut als E ein verstärktes Bestreben, sich von der Erde zu entfernen, so daß die dadurch bewirkte Fluth sowohl in D als in E zur Zeit des Vollmondes höher steigt, oder Mondfluth und Sonnenfluth sich wie beim Neumond, vereiniget.

Das Entgegengesetzte findet zur Zeit der Viertel statt. Erscheint uns der Mond im ersten Viertel in M, so hält seine Attraction die Erde in ihrer Bahn ein wenig auf, und diese Verzögerung der Bewegung ist in dem nächsten Punkte H am stärksten, in dem entferntesten Punkte I am schwächsten; der am wenigsten verzögerte Punkt I eilt daher dem Mittelpunkte der Erde ein wenig voraus, der stärker zurückgehaltene Punkt H bleibt hinter dem Mittelpunkte zurück, und aus diesem Grunde muß der Durchmesser H I sich verlängern, in H und I eine Mondsfluth entstehen, an der Stelle, wo die Sonne Ebbe bewirkt; diese Fluth kann daher nicht so erheblich seyn, als sie ohne die entgegengesetzte Einwirkung der Sonne seyn würde. Auf ähnliche Weise läßt sich zeigen, daß auch beim letzten Viertel die Sonnenebbe mit der Mondsfluth zusammentrifft, und daß daher die schwächsten Fluthen, die man Nippfluthen nennt, mit den Mondesvierteln, so wie die Springfluthen mit dem Neumonde und Vollmonde verbunden sind.

Unter diesen beiden vom Monde und von der Sonne bewirkten Fluthen, welche wir in der Betrachtung trennen können, obgleich sie sich in der Wirklichkeit vermischen, ist die Mondfluth die erheblichere. Aus diesem Grunde tritt die Fluth immer ziemlich nahe bei gleicher Stellung des Mondes gegen den Meridian ein, jedoch etwas früher, wenn die Sonne etwas westlich vom Monde steht, etwas später, wenn die Sonne östlich vom Monde steht; der Gipfel der aus beiden Fluthen gemischten Fluth begleitet nämlich allerdings vorzüglich den Mond, weicht aber doch etwas nach der Seite hin ab, wo die Sonne steht.

Nicht bloß die Erfahrung zeigt, daß die Mondfluth die stärkere ist, sondern auch theoretische Ueberlegungen führen darauf. Allerdings ist die Einwirkung des sehr kleinen Mondes auf die Erde viel schwächer, als die Einwirkung der Sonne; aber da es hier auf den Unterschied der auf die Oberfläche und auf den Mittelpunkt ausgeübten Wirkung ankommt, so läßt sich wohl vermuthen, daß dieser für den Mond bedeutender seyn kann, da der Erdhalbmesser $\frac{1}{60}$ der Entfernung des Mondes, aber nur $\frac{1}{24000}$ der Entfernung der Sonne ist. Wie groß die vom Monde auf die Erde ausgeübte anziehende Kraft ist, das hat man freilich erst aus der Beobachtung der Fluthen gelernt, aber sobald man diese einmal kennt, so lassen sich nun die Erscheinungen, so wie sie am großen Meere statt finden, völlig erklären. Das höhere Steigen und tiefere Fallen des Wassers beim Neu- und Vollmonde, wo die von der Sonne bewirkte Fluth mit der vom Monde bewirkten, und eben so die von der Sonne bewirkte Ebbe mit der vom Monde bewirkten zusammen trifft; das schwächere Steigen und schwächere Fallen zur Zeit der Viertel, wo die eine Fluth auf den Ort fällt, wo der andere Himmelskörper Ebbe macht; die etwas von der Rückkehr des Mondes zum Meridian abweichende Zwischenzeit der Fluthen, die ich oben schon erwähnt habe; ferner auch die mit der kleinsten Entfernung des Mondes von der Erde verbundenen höhern Fluthen, die offenbar wegen der mit der Annäherung zur Erde bedeutend zunehmenden Einwirkung des Mondes statt finden müssen, und die auch wirklich sich so viel höher finden; dieß alles ist hierdurch erklärlich.

Bei den bisherigen Erklärungen ist auf die Umdrehung der Erde keine Rücksicht genommen; aber es erhellt nun leicht, daß, während die Stellung des Mondes in K, und der Sonne in S sich nicht erheblich ändert, der Punkt D, welcher eben die höchste Fluth hatte, sich nach H hin innerhalb 6 Stunden fortdreht, also nun in die Stellung kommt, wo die tiefste Ebbe statt finden muß. Die Fluth gelangt also unterdeß zu dem jetzt nach D hingekommenen Punkte I, und an demselben Orte auf der Erde folgt daher bei Neumond und Vollmond auf die höchste Fluth die tiefste Ebbe, und beim Mondesviertel auf die schwächste Fluth die minder tiefe Ebbe.

Die höchsten Fluthen treten dann ein, wenn Neumond oder Vollmond mit der Erdnähe des Mondes zusammen treffen, vorzüglich dann, wenn der Mond zugleich dem Aequator des Himmels nahe steht.

Wäre die ganze Erde mit Wasser bedeckt, so würde der Gipfel der Fluthwelle beim Neu- und Vollmond genau an dem gegen den Mond gekehrten Punkte und an dem ihm entgegengesetzten Punkte liegen; an dem Tage nach dem Neumonde würde der Gipfel der Fluthwelle zwischen den Punkten liegen, welche den Mond und die Sonne im Zenith sehen u. s. w. Ganz so verhält es sich auf der nur zum Theil mit Wasser umgebenen Erde nicht, indem die Fluthwelle sich nicht so ungehindert über seichte Gründe, durch Meerengen und so weiter fortpflanzt. Wegen dieser Schwierigkeit der Fortpflanzung tritt nicht mit dem Durchgange des Mondes durch den Meridian die höchste Fluth ein, sondern zu andern Zeiten, die sich nach der Schwierigkeit jener Fortpflanzung bestimmen. Daher bringt eben die Fluth, deren höchstes Wasser in Brest um $3\frac{1}{2}$ Uhr eintritt, erst um 9 Uhr bei Havre de Grace, um 12 Uhr bei Ostende höchstes Wasser, woran offenbar die Schwierigkeit des Eintretens durch den Kanal Schuld ist.

Bei diesem Fortrücken der Fluth muß ich aber noch das bemerken, daß das Fortrücken der Fluthwelle nicht als ein in beinahe 25 Stunden die Erde umkreisender Strom anzusehen ist. So wie bei dem scheinbaren Fortlaufen der gewöhnlichen Welle dasselbe Wassertheilchen sich bloß hebt und senkt, ohne bedeutend fortgeführt zu werden, obgleich der Wellenberg sich schnell weiter fortrollt, eben so bleibt auch beim Wechsel der Fluth und Ebbe das bald gehobene bald gesenkte Theilchen ziemlich an eben der Stelle, und würde auf einer ganz mit Wasser bedeckten Erde noch weniger fortrücken, als es allerdings bei dem Zustande der Erde, den wir kennen, wo nämlich ein Einströmen des fluthenden Wassers in Meerengen und Strömen vorkommt, der Fall ist.

Hiemit hätte ich wohl alles gesagt, was zur Erklärung der Hauptphänomene nothwendig ist; aber es wird Ihnen vielleicht angenehm seyn, noch etwas von den auffallenden Ungleichheiten zu hören, die man an verschiedenen Orten in Ansehung der Höhe der Fluthen bemerkt. Die Fluthen steigen allemal an den Ufern ausgedehnter Länder höher als mitten im Meere oder an kleinen Inseln. Dieß scheint gerade eben den Grund zu haben, welcher das höhere Aufbrausen der gewöhnlichen Wellen an den ihnen entgegenstehenden festen Körpern bewirkt, nämlich den, daß die am Ufer gehemmten Wassertheilchen nicht mehr ausweichen, während die herankommenden Wassertheilchen noch immer herbeigeführt werden, und so ein höheres Anschwellen bewirken müssen. Daß dieß der Grund seyn mag, erkennt man am deutlichsten, wenn man die Küsten näher betrachtet, welche durch sehr hohe Fluthen ausgezeichnet sind. Bei Brest und Cap Lizard steigen die Springfluthen etwa 18 Fuß, und ungefähr eben so hoch sollen sie an der südlichen Küste Englands steigen; bei der Insel Guernsey steigt die Springfluth 32 Fuß, bei der Insel Jersey 38 Fuß, bei St. Malo 40 Fuß, also immer desto höher, je enger die aus dem Meere hereindringende Fluth umschlossen wird, und am höchsten, da, wo sie in dem Uferwinkel bei St. Malo zusammengedrängt wird. Eben so ist es am Ausfluß der Saverne; denn statt daß die Fluth bei Cap Lizard nur 18 Fuß steigt, erreicht sie, eingeengt in dem Meerbusen, der sich am Ausfluß der Saverne bildet, bei Barnstable 26 Fuß Höhe, bei Milfordhafen 36 Fuß, bei Hung vor der Saverne, sogar 45 Fuß Höhe. Diese Ungleichheit in der Fluth ist also nicht der verschiedenen Einwirkung der Weltkörper zuzuschreiben, sondern bloß diesen localen Ungleichheiten der Umstände.

Eben solchen örtlichen Umständen muß man es wohl zuschreiben, daß in einigen Gegenden, zum Beispiel bei den Societäts-Inseln die Fluth so ungemein schwach ist. Dieß kann sich am leichtesten da ereignen, wo durch beengte Zugänge die Fluth von zwei Seiten her eintritt; denn wenn da die eine Fluthwelle, in einem langen Kanale fortgepflanzt, 6 Stunden früher, als die von der andern Seite eintretende Fluthwelle ankommt, so würde der Wellenberg von der einen Seite mit dem Wellenthale von der andern Seite zusammentreffen, und folglich weder Steigen noch Fallen, oder wenigstens eines von beiden nur in sehr geringem Maaße statt finden.

Es ist wohl kaum nöthig, daß ich noch die Frage beantworte, warum in kleinen Seen, und selbst im Caspischen Meere und der Ostsee keine Fluth bemerkt wird. Da wo kein Herandrängen des Wassers aus Gegenden, wo die Wirkung des Mondes schwächer ist, statt findet, da entsteht durch die Wirkung des Mondes keine Fluth; denn offenbar kann der Mond das Wasser eines nicht erheblich großen Seees nicht heben, wenn er auch den Druck des Wassers etwas schwächt; es müßte ja sonst das Wasser unten leere Räume lassen, was nicht denkbar ist. In sehr ausgedehnten Meeren dagegen ist es der in I stärkere, von Sonne und Mond, S und K wenig oder gar nicht geschwächte Druck, der in D das Wasser zum Steigen bringt. Die Ostsee hat daher keine Fluth, weil der Mond fast auf alle Punkte ihrer geringen Oberfläche gleich stark wirkt, und daher keiner dieser Wirkung folgen kann, da die Zuflüsse, durch welche Wasser herbei geführt werden könnte, zu eng sind, und überdas nach Gegenden hin gehen, die selbst keine sehr bedeutende Fluth haben.

Aus der Größe der Fluthen, oder eigentlich aus dem Verhältnisse der Mondesfluthen und Sonnenfluthen, deren Größe sich aus Vergleichung der Spring- und Nippfluthen herleiten läßt, bestimmt man die Größe der Attraction des Mondes in Vergleichung gegen die der Sonne, und folglich die Masse des Mondes die Laplace $= \frac{1}{75}$ der Erdmasse findet.

Vier und zwanzigste Vorlesung.

Wenn es schon kühn schien, m. h. H. die Bahnen derjenigen Himmelskörper auszumessen, welche sich regelmäßig seit Jahrtausenden dem Auge des Himmelsbeobachters gezeigt haben, so scheint es unstreitig noch gewagter, wenn wir unternehmen wollen, auch den Weltkörpern, die sich nur auf kurze Zeit unserer Beobachtung darbieten, ihre Bahnen anzuweisen, ihre Lage im Weltraume selbst dann, wenn sie sich lange unsern Augen entzogen haben, zu berechnen, ihre Wiederkehr zu bestimmen. — Aber dennoch hat der menschliche Scharfsinn auch dieses gewagt, und die Erfahrung unsrer, durch so viele neue Entdeckungen beglückten Tage hat gezeigt, daß er es wagen durfte, und daß der Fleiß und Scharfsinn der Astronomen im Beobachten und im Berechnen durch das Eintreffen ihrer Vorausberechnungen auch hier auf das glänzendste belohnt worden ist.

Die Kometen, das Schrecken unserer Vorfahren, denen das Wundervolle ihrer Erscheinung Besorgnisse erweckte, und denen die Pracht ihres ausgezeichneten Glanzes als eine furchtbare Pracht Unglück weissagender Himmelsboten erschien, sind die merkwürdigen Weltkörper, die, ihre Bahnen weit über die Grenzen des Planetensystems ausdehnend, den Astronomen zu jener Uebung ihres Scharfsinns Gelegenheit gegeben haben, und deren Betrachtung uns nun beschäftigen soll.

Da Sie vermuthlich alle, wo nicht den glänzendern Kometen von 1811, doch wenigstens den matter glänzenden, aber doch auch ziemlich großen Kometen von 1825, oder den von 1819, gesehen haben, so habe ich wohl kaum nöthig, das äußere Ansehen eines Kometen zu beschreiben. Die kleineren Kometen gleichen ungefähr den neblichen Sternhaufen, deren einzelne Sterne das Auge nicht mehr erkennt; *) die größern zeichnen sich durch ihren Schweif aus, der von dem helleren Körper des Kometen an sich ausbreitend zwar gegen das Ende hin matter und neblicher wird, aber doch oft durch ganze Sternbilder sich ausdehnt, ja bei einzelnen Kometen sich fast vom Horizont bis an das Zenith erstreckt hat. Unter den Kometen, von welchen wir genauere Nachrichten und Beobachtungen besitzen, haben sich die von 1456, 1472, 1577, 1618, 1664, 1665, 1680, 1744, 1769, 1811, durch vorzüglich große und glänzende Schweife ausgezeichnet, und auch der im Jahre 1825 gesehene hatte einen ziemlich langen, wenn gleich nur sehr matt leuchtenden Schweif. Der von 1819 war nur wenige Tage ansehnlich. Nähere Nachrichten über die Erscheinungen, die diese Kometen darboten, behalte ich einer späteren Mittheilung vor, und beschränke mich jetzt nur auf die Untersuchung, wie wir im Stande sind, aus der beobachteten scheinbaren Bewegung eines Kometen seine wahre Bahn kennen zu lernen.

Die scheinbaren Bahnen der Kometen zeigen sich uns am Himmel in den mannigfaltigsten Richtungen; die Kometen halten sich keinesweges so an die Ebne der Ecliptik wie es die Planeten alle thun, sondern sie entfernen sich unter allen Winkeln von derselben; manche Kometen erscheinen uns rechtläufig, andre rückläufig, und als allgemeines Gesetz ihrer Bewegung scheint kaum ein anderes zu gelten, als das, daß sie scheinbar langsamer fortrücken, wenn ihre scheinbare Größe geringer geworden ist, oder daß — wie es sich wohl voraus vermuthen läßt, — ihr Fortrücken uns langsamer erscheint, wenn sie sich weiter von uns entfernt haben.

Ungeachtet dieser mannigfaltigen, bald schnellen, bald langsamen Bewegung der Kometen, die sehr wenig Regelmäßiges darzubieten scheint, leiteten doch schon im Jahre 1665 Borelli und 1681 Dörfel, der letztere ohne von

*) Wie z. B. der Sternhaufen im Krebse.

den Bemühungen des ersteren etwas zu wissen, aus den Beobachtungen der großen 1664 und 1680 erschienenen Kometen den Schluß ab, daß die Kometen in regelmäßigen Bahnen um die Sonne laufen, und Dörfel wenigstens *) sagte nicht bloß, daß die Bahn eine Parabel sey, sondern auch, daß die Sonne im Brennpunkte dieser Parabel stehe. Dörfel hatte dieß aus den Beobachtungen auf eine recht genügende und gründliche Weise abgeleitet, und obgleich er das Tychonische System annahm, welches in den damals bekannten Erscheinungen noch keine ganz strenge Widerlegung fand, so erkennt man doch in ihm den gründlich mathematischen Forscher, der die Kenntnisse seiner Zeit zu neuen Schlüssen zu benutzen wußte.

Indeß, diese Kenntniß von der Bahn der Kometen konnte nicht eher zu recht nützlicher Anwendung führen, bis Newtons theoretische Untersuchungen lehrten, welche Gestalt nothwendig die Bahnen aller sich um die Sonne bewegenden Himmelskörper haben müßten, und wie man die Schnelligkeit ihrer Bewegung in dieser Bahn nach festen Regeln bestimmen könne. Nach den von Newton gefundenen Gesetzen der allgemeinen Anziehung ließ es sich nämlich als ganz gewiß ansehen, daß auch die Kometen von der Sonne angezogen und in ihren Bahnen erhalten würden, und daß auch für sie, wie für die Planeten, diese Attractionskraft in größeren Entfernungen abnehmend, dem Quadrate der Entfernungen umgekehrt proportionel sey. Aus diesem Gesetze ergab sich die völlig allgemeine Regel, daß ein Planet, dessen größte Entfernung von der Sonne man beobachtet hatte, und den man aus der Sonnenferne zur Sonne zurückkehren sah, nothwendig eine Ellipse durchlaufe, und daß Körper, die man bloß um die Zeit ihrer Sonnennähe beobachten konnte, entweder auch eine Ellipse

*) Borelli's Schrift ist so selten, daß sie vielleicht niemand in Deutschland gesehen hat, und von Zach's Nachricht davon in der Astronom. Zeitschr. von v. Lindenau und v. Bohnenberger 3. Band, erklärt sich nicht ganz vollständig hierüber.

durchlaufen, oder sich in den Linien bewegen, die man in der höheren Geometrie Parabeln oder Hyperbeln nennt. Die strenge mathemathische Untersuchung zeigte, daß es keine anderen Planetenbahnen und Kometenbahnen geben kann, wenn die anziehende Kraft der Sonne den Quadraten der Abstände umgekehrt proportionel ist; sie zeigte zugleich, daß Körper, die ihre Umläufe in sehr langen Ellipsen vollenden, und uns nur in der Nähe des einen Brennpunktes, in welchem nämlich allemal die Sonne steht, sichtbar werden, so angesehen werden können, als ob sie den kleinen, uns sichtbaren Theil ihrer Bahn in einer Parabel durchliefen, und daß wir also der Berechnung der wahren Bahn der Kometen wenigstens nahe kommen, wenn wir diese Bahn als eine Parabel ansehen, in deren Brennpunkte die Sonne steht.

Dieses alles bedarf aber einer umständlichern Erläuterung. Sie wissen schon, daß ein geworfener Körper B, (Fig. 69.) wenn er in B nach einer auf AB senkrechten Richtung sich fortbewegt, und von der Sonne A angezogen wird, sich desto mehr von der Sonne entfernt, je größer die Wurfkraft in B, oder je schneller die in B ertheilte Bewegung ist. Denken wir uns also verschiedene, von B ausgehende, nach A angezogene Körper, denen in B eine ungleiche Geschwindigkeit, nach der auf AB senkrechten Richtung ertheilt ist, so wird der minder schnelle etwa die Ellipse BDG durchlaufen, der mit größerer Geschwindigkeit fortbewegte sich auf einer Ellipse, wie BE bewegen, weil er erst in größerer Entfernung von der Sonne so viel Geschwindigkeit verliert, daß die Sonne ihn wieder näher zu sich heranziehen kann; bei noch größerer Geschwindigkeit würde die Ellipse BF noch viel ausgedehnter werden, und endlich in die Parabel, die ich sogleich näher angeben will, übergehen.

Die **Parabel** ist eine krumme Linie, die von der Axe BC nirgends zum zweiten Male geschnitten wird, eine Linie, der man immer näher kommt, je länger man die Axe der Ellipse nimmt, während man den Brennpunkt A und Scheitel B immer beibehält. Man zeichnet sie (Fig. 70.) am besten, indem man den Abstand des Scheitels B vom Brennpunkte A in 4 oder 9 oder 16 oder 25 Theile theilt, nämlich in eine Anzahl Theile, die durch eine Quadratzahl ausgedrückt wird. Man zieht nun durch den Brennpunkt A die Senkrechte Af und durch jeden einer Quadratzahl entsprechenden Theilungspunkt ebenfalls eine Senkrechte. Die durch den Brennpunkt gezogene nimmt man doppelt so groß als AB, Af = 2 AB, und bestimmt nun die übrigen Senkrechten auf folgende Weise. Enthielt AB, wie in unserer Figur, vier Theile, so ist die Senkrechte durch den ersten Theilungspunkt ae halb so groß als Af, die Senkrechte durch den neunten Punkt, bg, dreimal so groß als ae, die Senkrechte durch den sechzehnten Punkt ch, viermal so groß als ae, die Senkrechte durch den fünf und zwanzigsten Theilungspunkt, di, fünfmal so groß, als ae und so weiter. Hätte man den Abstand des Brennpunktes vom Scheitel in neun Theile zerlegt, so würde die durch den ersten Theilungspunkt gezogene Senkrechte ein Drittel der Af; hätte man jenen Abstand in sechzehn Theile zerlegt, so würde die Senkrechte im ersten Theilungspunkte ein Viertel der Af und so ferner; immer aber wird die Senkrechte im vierten Theilungspunkte doppelt so groß, im neunten dreimal so groß, im sechzehnten viermal so groß als im ersten, und so unaufhörlich fort. Die Parabel entfernt sich also immer mehr von der Axe BC und kann diese nie zum zweiten Male schneiden.

Da die Hyperbel, als die dritte Curve, in welcher ein von der Sonne angezogener Körper sich bewegen kann, hier keine besondere Wichtigkeit für uns hat, indem wir noch nicht mit Sicherheit wissen, ob irgend ein Komet wirklich in einer Hyperbel um die Sonne läuft, so will ich von ihr nur kurz bemerken, daß sie ihre Aeste noch weiter als die Parabel auseinander breitet. Wenn die Wurfgeschwindigkeit in B (Fig. 69.) bei gleichbleibender Anziehungskraft der Sonne A immer größer angenommen wird, so erhält man zuerst immer längere Ellipsen, deren Mittelpunkt und zweiter Brennpunkt in immer größere Fernen hinausrückt; endlich wird die Wurfkraft so groß, daß nirgends die Anziehungskraft, wenn sie gleich die Geschwindigkeit des sich von der Sonne entfernenden Körpers sehr mäßiget, stark genug ist, um ihn zur Rückkehr zur Sonne zu zwingen; der Körper durchläuft den unendlichen Ast einer Parabel. Aber die Wurfkraft könnte noch größer seyn, und dann würde die Bahn eine Hyperbel. —

Nach diesen allgemeinen Vorbereitungen darf ich mich wohl der Hauptfrage, wie man denn die Bahn eines nicht allzu kurze Zeit beobachteten Kometen bestimmt, nähern. — Bekanntlich sieht man einen Kometen immer nur einen kleinen Theil seiner Bahn durchlaufen; und verliert ihn dann wieder aus den Augen. Aus diesem kleinen Theile, der immer dem Scheitel B (Fig. 69.) nahe liegt, sollte nun eigentlich entschieden werden, welche unter den Ellipsen, die um den Brennpunkt A gezeichnet werden können, und ihren Scheitel in B haben, die Bahn des Kometen sey; und wo sich dieß finden läßt, da ist zugleich mit der völlig bekannten Bahn auch die Umlaufszeit bestimmt. Da es aber nur selten möglich ist, aus dem Stücke BD der beobachteten Bahn mit Sicherheit anzugeben, wie groß die sehr lange Hauptaxe der Ellipse sey, so begnügt man sich meistens, nur anzugeben, wo und wann der Komet seine Sonnennähe in B erreicht habe, und in welcher Ebne sich seine Bahn befinde. Die eben genannten Angaben kommen auf das zurück, was man die **Elemente der Kometenbahnen** nennt, und diese Elemente sind bei der Parabel fünf, nämlich, 1. die Neigung der Ebne, worin der Komet sich bewegt; gegen die Ebne der Erdbahn; 2. die Lage des aufsteigenden Knotens der Kometenbahn, das heißt, die Angabe des Punktes der Ecliptik, wo dem Sonnenbewohner der Komet von der Südseite der Ecliptik zur Nordseite überzugehen scheint; 3. die Richtung der Hauptaxe der Parabel, oder die Angabe, in welchem Zeichen der Ecliptik der Komet dem Sonnenbewohner erscheint, wenn er in seiner Sonnennähe ist; 4. der Abstand des Kometen von der Sonne, wenn er im Perihelio oder der Sonnennähe ist; 5. der Augenblick, da er sich in dem Punkte der

Sonnennähe befand. Die beiden ersten Elemente bestimmen die Ebne, in welcher der Komet seinen ganzen Lauf vollendet; das dritte lehrt uns nicht bloß die Gegend im Weltraume kennen, wo der Komet der Sonne am nächsten kommt, sondern zeigt auch auf die entgegengesetzte Richtung hin, wo der Sonnenbewohner hinblicken müßte, wenn sein Auge scharf genug wäre, um den Kometen auch in der Sonnenferne (im Aphelio) aufzufinden; das dritte Element in Verbindung mit dem vierten, lehrt uns die Bahn selbst, so weit als sie in den Bereich unsrer Beobachtungen fällt, zeichnen, und sodann mit Hülfe des fünften von Tag zu Tag den Ort, den der Komet einnimmt, bestimmen. Ueber die größte Entfernung, welche der Komet erreicht, belehren uns diese Bestimmungen nicht, da, wie ich wohl nicht noch einmal zu sagen brauche, das berechnete Stück BD der Parabel so nahe mit allen ziemlich langen Ellipsen, die Scheitel und Brennpunkt mit der Parabel gemein haben, zusammentrifft, daß nur bei den aller vollkommensten Beobachtungen, oder; nur dann, wenn die Bahn keine so sehr lange Ellipse ist, die Abweichung des beobachteten Kometen von dieser Parabel gut bemerkt werden kann.

Diese Elemente, wenn sie gleich nicht zureichend sind, um die Zeit der Wiederkehr des Kometen zu berechnen, gewähren dennoch zwei wesentliche Vortheile, indem man aus ihnen, wenn sie aus den frühesten Beobachtungen des Kometen sogleich hergeleitet werden, den ganzen künftigen Lauf des Kometen während seiner Sichtbarkeit voraussagen, ja zuweilen Zeitpunkte, wo er nach seiner Conjunction mit der Sonne wieder sichtbar werden wird, bestimmen kann, und zweitens früher erschienene Kometen als mit diesem übereinstimmend oder nicht übereinstimmend erkennen kann. Der erstere Vortheil ist offenbar, da aus dem bekannten wahren Orte des Kometen und dem wahren Orte der Erde, auch der scheinbare Ort des Kometen unter den Sternen gefunden wird. Aber auch das ist klar, daß wir einen jetzt beobachteten Kometen als einen zur Sonne zurückgekehrten früheren Kometen ansehen dürften, wenn bei beiden, die vier ersten Elemente der Bahn ganz gleich wären; denn diese Gleichheit bewiese ja, daß der früher beobachtete und der jetzt beobachtete Komet denselben Bogen BD (Fig. 69.) durchlaufen hätten, und obgleich es da möglich wäre, daß der eine die eine, in Fig. 69. gezeichnete Ellipse, der andere die andere Ellipse durchlaufen hätte, so ist doch kaum zu glauben, daß gerade dieser täuschende Fall eintreten sollte, sondern es ist dann viel glaublicher, daß es derselbe Komet ist, der nach Vollendung seiner ganzen Bahn zur Sonne zurückgekehrt ist.

Diese Uebereinstimmung war es, die Halley, den ersten, der aus älteren Beobachtungen eine Reihe Kometenbahnen zu berechnen unternahm, veranlaßte, die Wiederkehr des 1682 erschienenen Kometen auf das Jahr 1758 vorauszusagen. Er fand nämlich, daß die Elemente der Bahn des im Jahre 1682 beobachteten Kometen sehr nahe übereinstimmten mit denen, die sich aus den Beobachtungen der im Jahre 1456, 1531, 1607, erschienenen Kometen ergaben, und da der ungefähr gleiche Zeitraum von 75 bis 76 Jahren, der zwischen der Erscheinung dieser Kometen verflossen ist, auf wiederholte Umläufe hinzudeuten schien, so wurde es um so glaublicher, daß ein und derselbe Weltkörper mehrere Male erschienen sey. Die im Jahre 1758 und 1759 wirklich erfolgte Wiederkehr dieses Kometen hat die Richtigkeit jener Berechnungen Halley's gezeigt, und dieser Komet giebt daher eine Bestätigung der Behauptung, daß gleiche Elemente der Bahnen bei Kometen, die zu verschiedenen Zeiten erschienen sind, auf eine Wiederkehr eines und desselben Kometen hindeuten.

Um aber aus den Beobachtungen selbst diese Elemente der Bahn herzuleiten, bedarf es noch einiger Vorkenntnisse, die sich als Erweiterungen an unsere früheren Betrachtungen anschließen.

Wir nehmen jetzt, wie ich schon gesagt habe, an, daß der Komet in einer Parabel um die Sonne laufe, in deren Brennpunkte die Sonne steht. Auch in der Parabel sind, vermöge jenes Keplerschen Gesetzes, dessen allgemeine Gültigkeit ich gezeigt habe, die Ausschnitte, welche der Komet durchläuft, in gleichen Zeiten gleich, und wenn man also wüßte, daß der Komet in der parabolischen Bahn a k d (Fig. 71.) den Bogen a h in vier Tagen durchliefe, und daß der Sector k A l dem Sector a A h gleich ist, so würde man auch k l als einen, während vier Tagen durchlaufenen Bogen der Bahn anerkennen, und sich folglich im Stande finden, den Ort, welchen der Komet am Ende jedes Tages erreicht hat, anzugeben. Die Frage aber, wie weit denn auf einer gegebenen parabolischen Bahn der Komet sich in einem Tage fortbewegen wird, läßt sich eben so leicht theoretisch beantworten, wie wir es bei der Bewegung auf dem Kreise konnten.

Um diese Bestimmung am bequemsten an eine schon bekannte Bewegung anzuknüpfen, sey A die Sonne, B C D die Erdbahn, die ich hier als einen Kreis ansehe, und es sey nun eine Kometenbahn B C gezeichnet, in welcher der Komet zur Zeit der Sonnennähe eben so weit als die Erde von der Sonne entfernt bleibt; a k d sey eine parabolische Kometenbahn, deren perihelischer Abstand a A nur halb so groß ist; der Abstand in der Sonnennähe sey in der dritten nur ein Viertel, in der vierten nur ein Zehntel des Abstandes A B. In dem Sonnennähepunkte jeder dieser Bahnen kennen wir die Stärke der anziehenden Kraft der Sonne; denn da sie die Erde in B durch 35 Fuß in der ersten Minute zu sich hin ziehen würde, so sind 140 Fuß in a, 560 Fuß in F, 3500 Fuß in G, die Fallhöhen, die man als Entfernung von der Berührungslinie am Ende der ersten Minute auftragen müßte. Daraus aber beantwortet sich von selbst die Frage, wie weit, zum Beispiel auf der Parabel a h k d der Komet in einer Minute von a an fortgehen muß, um durch die Attraction der Sonne auf der Parabel erhalten zu werden; denn wenn h der Punkt der Parabel wäre, wo nach richtigem Maaßstabe der Abstand g h der Tangente, von der Parabel 140 Fuß betrüge, so müßte der Komet eine Geschwindigkeit in a haben, die ihn in einer Minute bis g fortführte, damit er durch die Sonne um 140 Fuß angezogen auf dieser Parabel bleibe. *)

Obgleich nun keine Zeichnung so genau ausgeführt werden kann, daß sie bei einem Abstande Aa, der über 10 Millionen Meilen beträgt, noch 140 Fuß angeben könnte, ja wenn auch für den Lauf eines ganzes Tages die Zeichnung noch nicht mit gehöriger Genauigkeit den richtigen Fortgang des Kometen darstellen kann, so erhellt dennoch, daß in diesem Verfahren das, was geschehen sollte, und was durch Rechnung allemal geleistet werden kann, richtig angedeutet ist. Wir sind also im Stande, den Bogen anzugeben, welchen der Komet in einer Stunde durchlaufen muß, wenn er sich auf der Parabel ad bewegen soll, und da aus dem Bogen ab offenbar der Flächenraum aAb gefunden wird, und die Geometrie unfehlbar Regeln giebt, um gleiche Flächenräume aAb, bAi, in der Parabel zu zeichnen, so erhalten wir eine Eintheilung der Parabel, die uns, um nur bei ganzen Tagen stehen zu bleiben, den Ort des Kometen am Ende des ersten, zweiten, dritten Tages angiebt.

Ohne also für jetzt von einem bestimmten Kometen zu reden, ist es offenbar möglich, zu berechnen, wie weit auf unseren vier Parabeln, und eben so wie weit auf jeder andern gegebenen Parabel, deren Brennpunkt mit der Sonne zusammenfällt, ein Komet in einem Tage oder in 10 Tagen fortgehen muß; und nach diesen Regeln sind in der Zeichnung die wahren Räume für den zwanzigsten, vierzigsten, sechzigsten Tag und so ferner aufgetragen.

Ausgerüstet mit solchen im Voraus berechneten, und eingetheilten parabolischen Bahnen, deren man am besten eine ganze Folge sich vorbereiten möchte, können wir nun an die

*) Ein Körper, der eine größere Geschwindigkeit hätte, würde auf einer Hyperbel sich nach außen hin von der Parabel entfernen, ein langsamer bewegter Körper würde sich auf einer Ellipse nicht so sehr als auf unsrer Parabel von der Sonne entfernen.

Bestimmung der wahren Bahn eines beobachteten Kometen gehen. Um die Darstellung zu erleichtern, um nicht an eine von der Ebne der Erdbahn verschiedene Lage der durch Sonne, Erde und Kometen gelegten Ebne denken zu dürfen, nehme ich an, der Komet bewege sich in der Ebne der Erdbahn selbst, und sey zu drei verschiedenen Zeiten von der Erde aus beobachtet worden. Da wir unsere Bahnen (Fig. 71.) nach zwanzigtägigen Zwischenzeiten eingetheilt haben, so will ich annehmen, auch die Zwischenzeit der Beobachtungen sey zwanzig Tage; der Komet sey nämlich zuerst als die Erde sich in A befand, (Fig. 72.) nach der Richtung AB gesehen worden, 20 Tage später bei der Stellung der Erde in C sey er in der Richtung CD erschienen, und noch 20 Tage später, als die Erde nach E gerückt war, habe man EF als die Richtung zum Kometen hin gefunden. Wir müssen nun probiren, welche von unsern im Voraus gezeichneten Kometenbahnen diesen Beobachtungen entspricht. Und da ist es nun zuerst leicht, irgend eine derselben so zu legen, daß die zwei ersten Gesichtslinien AB, CD (Fig. 72.) einen für 20 Tage passenden Zwischenraum einschließen; die in Fig. 71. mit BE bezeichnete Bahn zum Beispiel müßte, wenn ihr Brennpunkt auf die Sonne G (Fig. 72.) gelegt wird, die Lage HPIK erhalten, damit IK einen für 20 Tage passenden Weg enthielte. Aber eine geringe Aufmerksamkeit zeigt, daß der auf KIPH laufende Komet freilich in 20 Tagen von der Linie AB oder vom Punkte K bis an die Linie CD oder den Punkt I kommen, in den nächsten 20 Tagen aber nur bis P gelangen, die Gesichtslinie EF also ungemein viel später erreichen würde. Diese Bahn ist also nicht die richtige. Wenn wir so mehrere Bahnen so anlegten, daß ein zwanzigtägiger Zwischenraum zwischen AB, CD fiele, der Brennpunkt aber in der Sonne läge, so würde der zwischen CD und EF fallende Theil der Bahn zwar allmählig besser passen, wenn wir kleinere perihelische Abstände wählten, aber nicht eher völlig passen, bis man die Bahn LMNO versucht, nämlich die, an deren Scheitel in Fig. 71. F steht. Auf dieser ist, wenn der Brennpunkt auf G gelegt, und sie nun so gedreht wird, daß AB, CD, 20 Tage zwischen sich abschneiden, auch der zwischen CD, und EF abgeschnittene Raum 20 Tagen entsprechend, und LMNO ist die richtige Bahn.

Sie übersehen freilich leicht, daß man sehr große und sehr genau gezeichnete, auf einzelne Tage und Theile von Tagen richtig eingetheilte Bahnen haben müßte, um durch dieses Probiren die wahre Bahn ziemlich genau zu erkennen; aber Sie sehen doch zugleich auch, daß die Bestimmung der wahren Kometenbahn aus drei Beobachtungen möglich ist, und selbst Ihnen bei einiger Sorgfalt so weit möglich seyn würde, als es mit oberflächlichen Hülfsmitteln statt finden kann. Etwas schwerer wäre dieß freilich, wenn der Komet, wie das fast allemal der Fall ist, sich nicht in der Ebne der Ecliptik bewegte. Dann müßte man auf einer großen Tafel die Orte der Erde, so wie in Fig. 72. auftragen, und die Länge des Kometen anwenden, um Linien den AB, CD, EF, entsprechend, zu ziehen; über das aber Richtungslinien außer der Ebne der Tafel so gegen AB, CD, EF, geneigt, wie es die beobachtete Breite des Kometen fordert, feststellen; und nun jene Kometenbahnen, mit dem Brennpunkte an den Mittelpunkt der Erdbahn gelegt, den drei, oberhalb AB, CD, EF, geneigten Gesichtslinien anzupassen suchen.

Hat man so die Bahn gefunden, welche den drei gewählten Beobachtungen entspricht, so kann man die ferneren Orte, die der Komet, und die Orte, welche die Erde gleichzeitig erreicht, aufsuchen, und indem man die Gesichtslinie von der Erde zum Kometen zieht, bestimmen, in welcher Länge und Breite er uns erscheinen muß. Die wirkliche Beobachtung zeigt dann, ob diese Vorausberechnung richtig war, und jede neue Beobachtung dient also zur Bestätigung oder zur Berichtigung der gefundenen Bahn.

Bemerkenswerth ist hiebei noch, daß die scheinbare Bewegung des Kometen oft sehr unregelmäßig seyn kann. Dieß ist besonders dann der Fall, wenn der Komet der Erde nahe kommt, und würde für den Kometen, dessen Bahn wir eben gesucht haben, recht auffallend werden, wenn wir annähmen, er erreichte eben die Punkte ONM seiner Bahn etwas später. So wie wir vorhin die Stellungen der Erde in A, C, E, voraussetzten, durchlief der Komet scheinbar einen bedeutend größern Bogen in den 20 letzten Tagen, als in den 20 ersten Tagen; denn CR, EQ sind die nach dem Sterne, bei welchem der Komet zuerst erschien, gezogenen Linien, und der Winkel QEF ist offenbar mehr als das Doppelte des RCD, und diese Winkel zeigen an, wie weit der Komet bei der zweiten und bei der dritten Beobachtung sich von der Stellung entfernt hatte, die er bei der ersten Beobachtung einnahm. Wäre der Komet 20 Tage später zu eben jenen Punkten seiner Bahn gelangt, so wäre die Ungleichheit noch auffallender. Dann hätte sich (Fig. 73.) der Beobachter in C befunden, als der Komet in O war, die Stellung der Erde in E wäre mit der Stellung des Kometen in N, endlich die Stellung der Erde in S mit der Stellung des Kometen in M gleichzeitig gewesen; und wenn man EQ, ST parallel mit CO zieht, um die Richtung nach dem Sterne, bei welchem zuerst der Komet erschien, zu bezeichnen; so sieht man, daß während der ersten 20 Tage der wirklich rechtläufige Komet als rückläufig erschien, indem der Winkel QEN rechts von EQ liegt; in den folgenden 20 Tagen hat er seine rückläufige Bewegung so stark fortgesetzt, daß er seiner ersten Stellung fast genau gegenüber erscheint, und die Ungleichheit seiner Bewegung würde noch auffallender, wenn man sie von Tag zu Tag verfolgte. In 5 Tagen kommt die Erde von E nach a, der Komet von N nach b, und die Linie ab zeigt, daß er in 5 Tagen 80 Grade rückläufig zurückgelegt hat; in 10 Tagen ist die Erde nach c, der Komet nach d gekommen, und seine rückläufige Bewegung hat schon abgenommen und geht endlich in eine scheinbar rechtläufige über. Nähmen wir die Zeit der Ankunft des Kometen noch etwas anders an, so daß u, O gleichzeitige Stellungen bei den ersten Beobachtungen, V und N die gleichzeitigen Stellungen 20 Tage später, E und b die gleichzeitigen Stellungen noch 5 Tage später sind, so hat der Komet scheinbar in den ersten 20 Tagen kaum 5 Grade rechtläufig, dagegen in den nächsten 5 Tagen über 80 Grade, und in 7 Tagen 130 Grade rechtläufig zurückgelegt.

Bei jeder andern Stellung der Erde ist seine scheinbare Bewegung eine andere, und obgleich diese in dem hier vorausgesetzten Falle nie von der Ecliptik abweicht, so übersehen Sie doch wohl, daß da, wo die Kometenbahn nicht in der Ebne der Ecliptik läge, die ganze scheinbare Bahn eine andre seyn könnte, wenn die Erde sich zur Zeit der Erscheinung des Kometen in andern Punkten ihrer Bahn befunden hätte. Aus diesem Grunde ist die scheinbare Bahn eines Kometen, der wieder zur Sonne zurückkehrt, oft ganz verschieden von der bei frühern Erscheinungen beobachteten Bahn.

Dieß mag von der Bestimmung der Bahnen im Allgemeinen genug seyn, das nächste Mal werde ich Sie noch mit einigen Bemerkungen, welche einzelne Kometen betreffen, unterhalten.

Fünf und zwanzigste Vorlesung.

Die große Gleichförmigkeit, die sich uns in der Bewegung der Planeten zeigte, vermöge welcher sie in wenig geänderten Bahnen ihre Umläufe regelmäßig in immer gleichen Zeiträumen vollendeten, findet bei den Kometen nicht ganz so statt. Die Planeten sind in so weit von einander entfernten Bahnen, daß die Störungen, welche der eine im Laufe des andern hervorbringt, nur geringe sind, und die natürliche Beschaffenheit der Planeten, wenigstens unserer Erde, scheint auch eine nur so geringe Veränderlichkeit der Bahnen zu gestatten, um so fortdauern zu können, wie das Leben und Gedeihen der Geschöpfe auf derselben es fordert. — Anders verhält es sich mit den Kometen, und da wir nicht zweifeln dürfen, daß die ordnende Weisheit, die der Erde ihren passenden Platz anwieß, auch in der Wahl der Bahnen der Kometen sich eben so groß zeige, so müssen wir vermuthen, daß die ihnen ertheilte natürliche Beschaffenheit selbst bei bedeutenden Ungleichheiten der Bahnen bestehen könne. Ohnehin ist es einleuchtend, daß die bald ungemein große, bald sehr geringe Entfernung des Kometen von der Sonne, eine ganz andere natürliche Beschaffenheit, als die unsrer Erde voraussetzt, und es kann uns also minder befremden, wenn wir die Weltkörper, die diesen großen Wechseln gemäß eingerichtet seyn müssen, auch mit weniger Gleichförmigkeit ihre Bahn durchlaufen sehen.

Die Störungen, denen die Kometen ausgesetzt sind, müssen oft sehr erheblich werden, da ihre lang ausgedehnten Bahnen oft nahe an einer oder der andern Planetenbahn vorbei gehen, und der Planet also, wenn er sich gerade im nächsten Theile seiner Bahn befindet, indem der Komet dort ankommt, diesen stark von seiner eigentlichen Bahn abziehen kann. Diese Störungen waren es, die dem Halleyschen Kometen zwischen 1607 und 1682 eine Umlaufszeit von 74 Jahren und 11 Monaten, und zwischen 1682 und 1759 eine Umlaufszeit von 76 Jahren und 6 Monaten gaben, und es bedarf daher einer sehr mühsamen Rechnung, um die Zeit seiner Wiederkehr ganz genau voraus zu bestimmen. — Damoiseau giebt sie auf 1835 im November, also die Zeit des jetzigen Umlaufs 76 Jahre 8 Monate an. Aber noch viel auffallendere Störung scheint der Komet erlitten zu haben, welcher 1770 vom Juni bis October beobachtet wurde. Die damals angestellten Beobachtungen zeigten, daß er eine sehr kurze Ellipse durchlaufen müsse, und darnach in $5\frac{1}{2}$ Jahren zu seiner Sonnennähe zurückkehren sollte, aber diese Wiederkehr ist eben so wenig beobachtet, als man ihn vor 1770 jemals beobachtet hatte. Das Ergebniß der Rechnung scheint in Beziehung auf die Bahn, in welcher der Komet sich 1770 bewegte, keinen Zweifel zu leiden, und die Rechnung selbst scheint einen Grund darzubieten, warum der Komet weder vorher noch nachher gesehen worden ist. Sie zeigt nämlich, daß der Komet im Jahre 1767 sehr nahe am Jupiter vorbeigegangen war, und daß diese Einwirkung ihn aus einer, so weit die Rechnung zu schließen gestattet, viel größeren Bahn, in diese Bahn brachte, auf welcher er sich der Sonne so sehr näherte, statt daß er sonst seine Umläufe fast ganz außerhalb der Jupiterbahn scheint vollendet zu haben. In dieser neuen Bahn gelangte der Komet 1770 im August zur Sonnennähe, und sollte nun in ihr seine Umläufe, nachdem des Jupiter Einwirkung aufgehört hatte, in $5\frac{1}{2}$ Jahren vollenden; dem gemäß mußte er 1776 im Frühling wieder in die Sonnennähe kommen, aber da konnte er uns wohl unsichtbar bleiben, da er sich gerade zu der Zeit, als er der Erdbahn am nächsten kam, hinter der Sonne befand, also von ihrem Glanze verdeckt wurde. Während er sich aber nun, nach seiner Sonnenferne, wieder der Sonne aufs Neue näherte, traf er abermals den Jupiter an, und dieser mußte einen starken Einfluß auf ihn haben, und wie Laplace zeigt, seine Bahn so verändern, daß er künftig, selbst bei der größten Annäherung zur Sonne weiter als Ceres von ihr entfernt, also immer uns unsichtbar bleibt. In Fig. 74. sind die Stellungen des Jupiter für jene zwei Zeitpunkte angegeben. A ist da die Sonne, CD die Erdbahn, FGH ein Theil der Bahn des Jupiter. Von dem Jahre 1767 näherte sich der Komet in einer Bahn, die durch KI dargestellt ist, der Sonne, wurde in der Gegend I so zur Sonne hingezogen, daß er eine stark gegen die Sonne zu gekrümmte Bahn zu durchlaufen anfing, und als die Einwirkung des Jupiter aufhörte, hatte der Komet eine Richtung und Geschwindigkeit, die der Ellipse ILE entsprach, auf welcher er seinen weiteren Umlauf vollendete. Um die Zeit, als er beim folgenden Umlaufe wieder nach E kam (im März 1776), befand sich die Erde in M, und während die Erde nach D, der Komet nach B gelangte, blieb der Komet in der Nähe der Sonne unsichtbar. Nach Vollendung des zweiten Umlaufs traf der Komet wieder, im Jahre 1779, nahe mit dem Jupiter zusammen; der Jupiter war während des größten Theiles der Zeit seiner Einwirkung entfernter, als der Komet von der Sonne, und zog ihn daher aus seiner Bahn heraus von der Sonne abwärts; dieser kam dadurch in eine Bahn OP, die ihn nie in die Nähe der Erde gelangen läßt, und wird diese Bahn vermuthlich so lange verfolgen bis vielleicht einmal ein neues Zusammentreffen mit dem Jupiter ihn wieder von dieser Bahn ablenkt, und ihn in unsern Gesichtskreis bringt.

Diese Bestimmungen, wenn sie auch nicht mit großer Schärfe so durchgeführt werden können, daß man die jetzige Bahn des Kometen genau angeben könnte, scheinen doch genügend, um die nicht erfolgte Wiederkehr zu erklären.

Man hat zuweilen gefragt, ob es nicht wohl möglich sey, daß Kometen auf wirklich parabolischen Bahnen sich völlig von der Sonne entfernten, und endlich in das Gebiet anderer Sonnen übergingen; — unmöglich ist das freilich nicht, und bei unserer völligen Unkunde dessen, was auf den

Kometen, der dortigen Natur der Dinge angemessen sey, können wir uns kein Urtheil, ob eine solche Anordnung der Bahn zweckmäßig sey, anmaßen; wollten wir indeß nach dem urtheilen, was unsere irdischen Sinne und Geistesvermögen uns darbieten, so würden wir uns einen solchen Hinübergang zu einem anderen Sonnensysteme, der viele Tausende von Jahren fordern müßte, (wie wir nach dem Attractionsgesetze mit Sicherheit annehmen dürfen,) nicht gerade als etwas Angenehmes denken, selbst wenn das völlige Erstarren der ganzen irdischen Natur auch nicht einträte, wie es doch wohl ohne allen Zweifel in so großen Entfernungen von der Sonne der Fall seyn müßte.

Da es nicht meine Absicht ist, mich in Vermuthungen zu verlieren, über deren Richtigkeit, wenigstens wenn wir sie auf Bewohner des Kometen beziehen wollen, nie ein Sterblicher entscheiden wird, so verlasse ich diesen Gegenstand, um Sie noch von dem Kometen zu unterhalten, den wir seit wenigen Jahren als einen beständigen Begleiter unserer Sonne kennen gelernt haben.

Im Anfange des Jahres 1819 wurde ein Komet beobachtet, bei dessen Berechnung man nicht allein fand, daß eine Ellipse, in welcher der Komet nur etwa eine Umlaufszeit von 4 Jahren haben konnte, den Beobachtungen viel besser als jede längere Ellipse entspreche, sondern daß auch die Ebne seiner Bahn und die Lage seiner Sonnennähe sehr nahe eben so sey, wie bei dem im October und November 1805 beobachteten Kometen. Die hieraus sogleich gefaßte Vermuthung, daß der Komet von 1805 wieder zurückgekehrt sey, veranlaßte Encke die Berechnung, welche auf eine Ellipse von $3\frac{1}{2}$ Jahr Umlaufszeit hindeutete, sorgfältig zu wiederholen, und er fand nun, daß die Voraussetzung, der Komet habe in den 14 Jahren vier Umläufe gemacht, nicht bloß den, in den Jahren 1805 und 1819 angestellten Beobachtungen völlig entsprach, sondern auch daß die schon sogleich nach jener ersten Entdeckung von Olbers geäußerte Vermuthung, auch der 1795 beobachtete Komet sey eben derselbe, völlig richtig sey. Der Komet war also schon zweimal beobachtet, weil man ihn aber in einer parabolischen Bahn berechnet hatte, stimmten die gefundenen Elemente nicht so gut überein, als es nun der Fall war, wo man die elliptische Bahn aufzusuchen veranlaßt war.

Da man jetzt die wahre Bahn dieses Kometen mit ziemlicher Sicherheit kannte, so ließ sich die Frage beantworten, welchen scheinbaren Lauf der Komet nehmen werde, wenn er in andern Jahreszeiten, das heißt bei andrer Stellung der Erde, in diejenigen Theile seiner Bahn, wo er gut gesehen werden konnte, käme, und da bemerkte Olbers, daß er im Januar so erscheinen müsse, wie ein im Jahre 1786 beobachteter Komet, dessen Bahn man, weil er nur an zwei Tagen beobachtet worden, gar nicht hatte berechnen können. Die genauere Berechnung zeigte, daß wirklich der öfter beobachtete Komet sich im Januar 1786 in dem Theile seiner Bahn befand, und daß die Beobachtung wirklich denselben Kometen zum Gegenstand gehabt hatte. Nachdem Enke alle diese Beobachtungen benutzt und mit einer unermüdeten Sorgfalt daraus die für alle am besten passenden Resultate gefunden hatte, ließ sich auch die Wiederkunft desselben voraus bestimmen. Er mußte gegen Ende des Mai 1822 seine Sonnennähe wieder erreichen, aber seine Stellung war so ungünstig, daß man kaum hoffen durfte, ihn in unseren Gegenden in der Abenddämmerung zu sehen; dagegen blieb er auf der südlichen Halbkugel lange genug nach Sonnenuntergang über dem Horizont, um gesehen zu werden, und die Astronomen äußerten daher den Wunsch, daß dort im Juni 1822 beobachtet werden möchte. Glücklicher Weise ward dieser Wunsch durch Rümkers Anstellung als Astronom in Paramatta erfüllt; dieser fand den Kometen an der bestimmten Stelle, und nun war es also entschieden, daß dieser Komet in 3 Jahren und 109 Tagen zur Sonne zurückkehrt, daß er in der Sonnennähe 6 Millionen Meilen und in der Sonnenferne 85 Millionen Meilen von der Sonne entfernt ist, also sich bis innerhalb der Mercursbahn der Sonne nähert, und sich nicht bis zur Bahn des Jupiter, aber doch bis weit außerhalb der Pallasbahn von der Sonne entfernt. Nach dieser glücklichen Wiederauffindung des Kometen berechnete nun Encke seine Wiedererscheinung im Juli 1825, und seine mit seltnem Fleiße durchgeführte Berechnung wurde durch die Freude, den Kometen fast im strengsten Sinne in dem Punkte erscheinen zu sehen, wohin die Berechnung ihn setzte, belohnt. Im Herbste des Jahres 1828 wird er wieder beobachtet werden können, und obgleich er als ein kleiner Weltkörper nicht durch seine Schönheit merkwürdig ist, so wird er es doch durch seine öftere Wiederkehr und durch den Scharfsinn, welchem wir die Bestimmung seiner Bahn verdanken, immer in hohem Grade seyn.

Noch ein erst in diesem Jahre als in kurzer Periode wiederkehrend erkannter Komet beschäftigt gerade jetzt die Aufmerksamkeit der rechnenden Astronomen; ich werde von ihm und von anderen Kometen, über deren Umlaufszeit wir etwas wissen, bei einer anderen Gelegenheit etwas sagen.

* * *

Diese Untersuchungen vollenden nun das, was ich Ihnen über die Anordnung der Weltkörper unsers Sonnensystems mittheilen kann. Habe ich Sie gleich nicht auf eine so gründliche Weise, wie es der Mathematiker fordert, mit den Gesetzen des Laufes der Weltkörper bekannt machen können, habe ich gleich nur eine schwache Andeutung von dem, was die Astronomen beobachtet, und von den Regeln, nach welchen sie gerechnet haben, mittheilen können, so hoffe ich dennoch, daß ich Sie gründlich überzeugt habe, das was die Astronomen über die Ordnung und den Lauf der Himmelskörper angeben, sey wohl begründet und stütze sich auf Beobachtungen und Schlüsse, deren Richtigkeit man ohne alle Hülfe der Mathematik übersehen kann. Sie haben in den Entwickelungen, womit ich Sie unterhalten habe, vielfache Gelegenheit gefunden, die Sorgfalt der Beobachter, den Scharfsinn der Mathematiker und den Fleiß der Rechner zu bewundern, und die Freude über die durch diese Bemühungen herbeigeführten Entdeckungen mit zu genießen. Aber wenn auch die Freude über die Erfolge des menschlichen Fleißes und Scharfsinnes, die Bewunderung dessen, was der Mensch hier gethan hat, unseren Geist angenehm beschäftiget, so steht doch die Empfindung noch höher, mit welcher wir, jetzt mit berichtigten Ansichten, die Wunder einer unendlich wirkenden Macht und eines weise ordnenden Verstandes anschauen. Habe ich Sie gleich nur mit dem, was unser Sonnensystem darbietet, unterhalten, so schließt sich doch an die durch so viele Gründe bestätigte Gewißheit, daß die Fixsterne ungemein entfernt sind, die Ueberzeugung an, daß auch sie große Weltkörper, daß auch sie Sonnen sind, die wahrscheinlich andern Weltkörpern Licht und Leben ertheilen, so wie unsere Sonne der Erde Licht, Wärme und alle Annehmlichkeiten des Lebens gewährt. Und dieser Sonnen sind so unermeßliche Heere, daß schon die uns deutlich sichtbaren viele Tausende ausmachen, und unzählige sich uns im fernsten Raume zeigen, wenn wir mit immer verstärkter Sehekraft durch Fernröhre tiefer in die Ferne blicken. Der Raum, durch welchen diese unzähligen Weltkörper ausgebreitet sind, kann unstreitig im vollsten Sinne des Wortes unermeßlich heißen; denn so wie wir die Erde als verschwindend klein gegen ihren Abstand von der Sonne, und diesen Abstand, obgleich er 20 Millionen Meilen beträgt, als verschwindend klein in Vergleichung gegen die Entfernung des nächsten Fixsternes erkannt haben, eben so scheint die Entfernung des nächsten Fixsternes verschwindend klein gegen den Abstand der Sterne, die wir bei Tausenden in der Milchstraße vereiniget sehen; und selbst diese liegen nicht an den äußersten Grenzen der Schöpfung, sondern so wie unsere Fernröhre stärker werden, so zeigen sich uns, unerschöpflich, immer neue Weltenheere, und überzeugen uns, daß nie ein sterbliches Auge den Schauplatz ganz übersehen wird, auf dem diese Werke der Allmacht sich dem staunenden Geiste darbieten. — Doch ich wage es nicht, die Gedanken weiter ausgeführt auszusprechen, die sich hier jedem tiefer denkenden Betrachter des Himmels darbieten; aber jeder von Ihnen wird wohl anerkennen, daß der an die erhabensten Gedanken gewöhnte Dichter Recht hatte, zu sagen:

Mit Graun füllt und Ehrfurcht, der Anblick mit Entzücken
Das Herz deß, der sich da freut, wo Freud' ist, nicht allein ihn
Ihr Phantom täuscht. —

Verbesserungen.

An mehrern Stellen steht der Zenith, muß aber heißen: das Zenith.

An mehrern Stellen steht proportionel, muß aber heißen: proportional.

FSC
www.fsc.org
MIX
Papier | Fördert
gute Waldnutzung
FSC® C083411

Zeitfracht Medien GmbH
Ferdinand-Jühlke-Straße 7
99095 Erfurt, Deutschland
produktsicherheit@kolibri360.de